KB241218

한 권으로
독파하는

중국
10대
병법

글·그림 | 노 병 천

연경문화사

하나를 알면 열을 깨치는 지혜

중국인과 유대인이 강한 이유는 그들만의 독특한 민족이야기가 있기 때문이다. 중국인은 수천 가지의 고사를 가지고 있고, 유대인은 구약성경과 탈무드를 가지고 있다. 이러한 이야기들은 그들 민족이 위기에 처할 때마다 적합한 처방을 제시해주는 훌륭한 지침이 되고 있다. 그렇기 때문에 그들은 이러한 민족이야기를 소홀히 하지 않고 그들의 후손들에게 정성을 다해 물려주고 있으며, 또한 현재 그들의 자식들에게도 세뇌화되도록 교육을 시키고 있다.

고사와 더불어 중국인이 가지고 있는 또 다른 진귀한 재산은 바로 그들의 병법이다. 그 유명한 〈손자병법〉〈오자병법〉〈육도〉〈삼략〉〈사마법〉〈위료자〉〈이위공문대〉로 엮어지는 무경칠서(武經七書), 그리고 천하통일의 위업을 이룬 유방의 책사 장량이 교과서로 보았다는 〈황석공소서〉, 삼국지의 모략가 제갈공명이 쓴 〈제갈량심서〉, 36계 줄행랑의 근원이 된 〈36계〉 등은 난세에 수천 년 간 중국인의 정신을 지배해온 보물과도 같은 병법서들이다.

지혜로운 사람이란 남이 힘들게 터득한 지혜를 손쉽게 내 것으로 만들 줄 아는 사람이다.

이 책자는 독자들의 수준에 따라서는 마음에 차지 않는 내용도 많을 것이다. 보는 관점에 따라서 해석의 방향도 달라질 수 있을 것이다. 이 책자를 보면서 독자들이 나름대로 깨달은 바가 있다면 그것으로 만족한다.

사실상 학문에는 정답이라는 게 없다. 정답이 있다면 그 자체가 오답이다. 학문하는 근본 목적이 무엇이겠는가? 그것은 세상의 이치를 깨닫는 것이며, 또한 그 깨달음을 삶에 지혜롭게 적용하는 것이다. 그리고 중요한 것은 그것을 통하여 어떤 형태로든지 남에게 유익을 가져다주는 것이다. 그리고 자신은 물론 남을 좋은 방향으로 변화시키는 것이다.

아무리 높은 학식이나 깨닫는 지혜가 있다 할지라도 그것을 말이나 글이나 행동으로 표현하여 인간에게 유익을 가져다주지 못한다면 아무짝에도 쓸모가 없다. 머릿속에만 잔뜩 들어있다면 그게 무슨 유익이 된단 말인가. 변화시키지 못하는 학문은 죽은 것이다.

이 책의 원고는 이미 1992년에 완성되었었다. 그러나 세상에 내지 못하고 그냥 묻어두었다. 세상에 내기에 부끄러웠기 때문이다. 그로부터 또다시 10년이 지난 지금, 필자가 병법을 연구한지 25년이란 세월이 지난 시점에 이르러 오늘의 세태를 업그레이드하여 세상에 펴내기로 했다. 아직도 많은 면에서 미흡하지만 그래도 뭔가를 나누고 싶은 일종의 사명감에서이다. 또한 이렇게라도 내놓지 않으면 필자의 머릿속에서 나오는 이러한 글들은 영원히 지구상에서 존재하지 못할 것이기 때문이다.

〈오자병법〉 「치병(治兵)편」에는 다음과 같은 좋은 말이 있다.

'용병지법 교계위선 일인학전 교성십인 십인학전 교성백인 백인학전 교성천인 천인학전 교성만인 만인학전 교성삼군(用兵之法 敎戒爲先 一人學戰 敎成十人 十人學戰 敎成百人 百人學戰 敎成千人 千人學戰 敎成萬人 萬人學戰 敎成三軍)'

이 말은 한 명이 깨치면 열 명을 가르칠 수 있고, 열 명이 깨치면 백 명을 가르칠 수 있고, 백 명이 깨치면 천 명을 가르칠 수 있고, 천 명이 깨치면 만 명을 가르칠 수 있고, 만 명이 깨치면 전군을 가르칠 수 있다고 하는 의미다. 하나를 알면 열을 깨치는 깨달음의 피라밋(pyramid)원리를 잘 설명하고 있다.

이와 같은 원리로, 이 책자를 통해 수천 년 지혜의 중국 병법을 읽어 가면서 하나가 열을 깨치는 깨달음을 얻었으면 좋겠다. 인생은 죽을 때까지 깨달음의 과정이다. 깨달음도 결국 깨닫는 사람의 수준에 의해 그 깊이가 정해진다고 할 수 있다. 똑같은 것을 보더라도 그저 하나를 깨닫는 사람이 있는가 하면 영감이나 통찰력(insight)를 얻어 열을 깨치는 사람이 있는 것이다.

필자가 깨달아 보니 병법은 크게 세 가지의 기능을 한다고 할 수 있다. 첫째는 전쟁을 막는 기능이요, 둘째는 유사시에 전쟁에서 가장 경제적으로 승리를 거두는 기능이요, 셋째는 처세에 있어서 지혜로운 경쟁의 방식이나 삶의 방법을 가르쳐주는 기능이 그것이다.

사실 10권의 중국병서는 〈손자병법〉이나 〈오자병법〉을 제외하면 군사적 측면보다는 오히려 처세술에 가까운 철학적인 내용들로 가득차 있다. 이러한 철학적인 내용들도 살아가는데 있어서 우리를 돌아보게 하는 매우 유용한 것들이다.

필자는 만화를 그리는 재주를 조금 가지고 있다. 그래서 흥미를 돕기 위하여 중간 중간에 만화를 그려 넣었다. 함축적인 글과 함께 병법을 이해함에 도움이 되었으면 한다.

한 평생을 살면서 어느 한 사람에게라도 좋은 영향을 미치며, 작은 감동을 주는 일을 했다고 하면 그로써 세상에 존재한 보람과 가치가 있다고 생각한다.

오늘날 우리가 많은 배움을 얻는 것은 누군가의 고통과 고뇌를 통한 산물임을 생각할 때 그들에게 감사하기 그지없다. 죽을 때까지 배우고 깨닫는 삶이 계속되어진다면 그보다 복된 삶이 없을 것이다.

사실 인간이 열심히 공부하고 노력하여 궁극적으로 깨닫는 그 무엇이 있다면 그것은 바로 인간이 가지고 있는 분명한 '한계(限界)', 예를 들어, 평생을 공부해도 머리에 들어있는 것은 너무나도 작은 양의 지식, 아무리 재치와 지혜를 발휘해도 한치 앞을 내다볼 수 없는 인간의 무능력, 특히 생(生)과 사(死)에 관한 예측불허의 영역 등이 될 것이다. 이러한 한계를 잘 아는 사람이야말로 삶을 보다 진지하게, 그리고 겸허한 자세로 살아가게 될 것이다.

어려운 출판환경에서도 오직 사명감으로 이 책자를 출판하여 주신 연경문화사의 이정수 사장님과 편집진, 그리고 항상 헌신적인 내조로 수고하는 사랑하는 아내 수라에게 감사 드리며, 깨달음의 지혜를 주신 하나님께 영광을 돌립니다.

노병천

10권의 병서 소개

　무경칠서(武經七書)는 〈손자병법〉〈오자병법〉〈육도〉〈삼략〉〈사마
법〉〈위료자〉〈이위공문대〉의 고대 중국 병서 7종을 가르킨다.

　송(宋)나라 신종(神宗, 1078~1085) 때 반포되어 군사전략, 전술을
연구함에 있어서 필독서가 되었으며, 명(明)나라 초기부터 무과시험
과목으로 채택되었다. 우리나라에서는 고려 말에 선풍적으로 이 책들
이 읽혔으며, 조선조부터는 무과시험 과목에 들게 되었다. 무경칠서
는 중국 춘추전국시대의 오랜 전란기를 거치면서 축적된 실전경험과
동양적인 인본사상이 배합되어 만들어진 걸작들이다. 중국에서 만들
어졌으나 동양권의 한·중·일 삼국에서는 오래 전부터 이들을 공유해
왔으며, 세계의 병서로서 국가를 초월한 전 인류의 정신적 유산이 되
고 있다. 오늘날 미국을 비롯한 서구에서는 동양의 신비로운 정신 특
히 병법에 대한 관심이 지대하여 중요한 군사학교에서는 이러한 동
양병서를 공부시키고 있다. 이들은 서구적 사고로는 풀 수 없는 문제
들을 이러한 동양병서를 통하여 해답을 얻고자 하는 것이다.

무경칠서 외에 〈삼십육계〉 〈황석공소서〉 〈제갈량심서〉를 함께 수록하였다. 특히 〈황석공소서〉는 장량이 10년 동안 익혀 유방을 도와 한(漢)을 개창하는 데 결정적인 역할을 했던 책이라 전해진다.

兵法의 세가지 기능

목 차

손자병법(孫子兵法)

1. 전쟁은 나라의 큰일이다/ 2. 도(道)는 더불어 한마음이 되는 것이다/ 3. 천(天)은 조물주의 영역이다/ 4. 장(將)은 지·신·인·용·엄을 갖추어야 한다/ 5. 병(兵)은 궤도(詭道)이다/ 6. 준비되지 않은 곳을 치고 뜻하지 않은 곳으로 나아간다/ 7. 승산이 많아야 이긴다/ 8. 졸속(拙速)하라/ 9. 양식은 적의 것을 취한다/ 10. 장수는 백성들의 생명을 맡은 자로 국가안위를 좌우하는 주인공이다/ 11. 싸우지 않고도 적을 굴복시키는 것이 가장 좋은 방법이다/ 12. 가장 좋은 전쟁 방법은 벌모(伐謀)이다/ 13. 반드시 온전함으로써 천하의 승부를 다툰다/ 14. 보좌가 긴밀하면 반드시 나라가 강해진다/ 15. 상하가 하고자 함이 같으면 이긴다/ 16. 적과 나를 알면 백 번 싸워도 위태하지 않다/ 17. 먼저 적이 이길 수 없도록 해놓고 적에게 이길 수 있는 기회를 기다린다/ 18. 여러 사람의 입에서 잘했다고 칭찬 받는 승리는 최선의 승리가 아니다/ 19. 잘 싸우는 자의 승리는 기이하다거나, 이름도, 공적도 나타나지 않는다/ 20. 이겨놓고 싸운다/ 21. 정(正)으로 대하고 기(奇)로써 승리한다/ 22. 부대 전체에서 세(勢)를 구하되 개인에게서 구하지 않는다/ 23. 적을 이르게 하되 이름 받지 않는다/ 24. 적이 어디를 지켜야 할지 모르도록 공격하고 적이 어디를 공격해야 할지 모르도록 지킨다/ 25. 적이 반드시 구해야 할 곳을 치고 적의 기도하는 바를 어긋나게 하라

〈손자병법〉의 저자인 손무(孫武)는 춘추시대 말엽, 생몰 연대는 정확하지 않으나 대체로 B.C. 541년에 태어나서 B.C. 482년 59세의 나이로 죽은 것으로 추정하고 있다. 손무가 태어난 곳은 오(吳)나라였을 가능성이 높다. 명나라 여소어(余邵魚)가 만든 〈동주열국지〉에 보면 '손무는 오나라 사람이었다'라고 기록하고 있다. 물론 사마천의 〈사기(史記)〉에는 '손자 무(武)는 제(齊)나라 사람이다'라고 되어 있는데 생몰 연대가 정확히 고증되지 않아서 이런 기록들이 차이가 난다.

손무의 조상은 본래 진(陳)나라의 왕족이었으며, 본성은 손씨가 아닌 위(嬀)씨였다. B.C. 627년에 제(齊)나라로 망명하였고 이때 전(田)씨로 개성하여 100여 년을 지내다가 조부 전서(田書)가 전공을 세우자 손(孫)씨 성을 하사받았다. 손무의 집안은 당시 나라의 쟁화를 피하여 B.C. 547년에 장강이 흐르는 오(吳)나라로 망명을 하였는데 이때 손무는 아직 태어나지 않았고, 망명한 지 약 6년 후에 태어났다 (B.C. 541). 만약 제나라에서 태어났다고 하는 〈사기(史記)〉의 기록이 맞는다면 아마도 손무는 아주 어린 시절에 오나라에 온 것으로 추정할 수 있다. 어쩌면 〈사기(史記)〉에서는 손무의 집안이 제나라에서 망명해 왔기 때문에 손무가 제나라 사람이라고 했을 수도 있다.

어쨌든 손무는 오나라에서 어린 시절을 보냈고, 〈손자병법〉이 완성되는 29세 때까지 이전부터 전래되어 온 강태공의 병법 등 수많은 병서들을 읽고 주워들으면서 자신의 병법을 체계화했을 것이다.

손자병법이 탄생하기까지

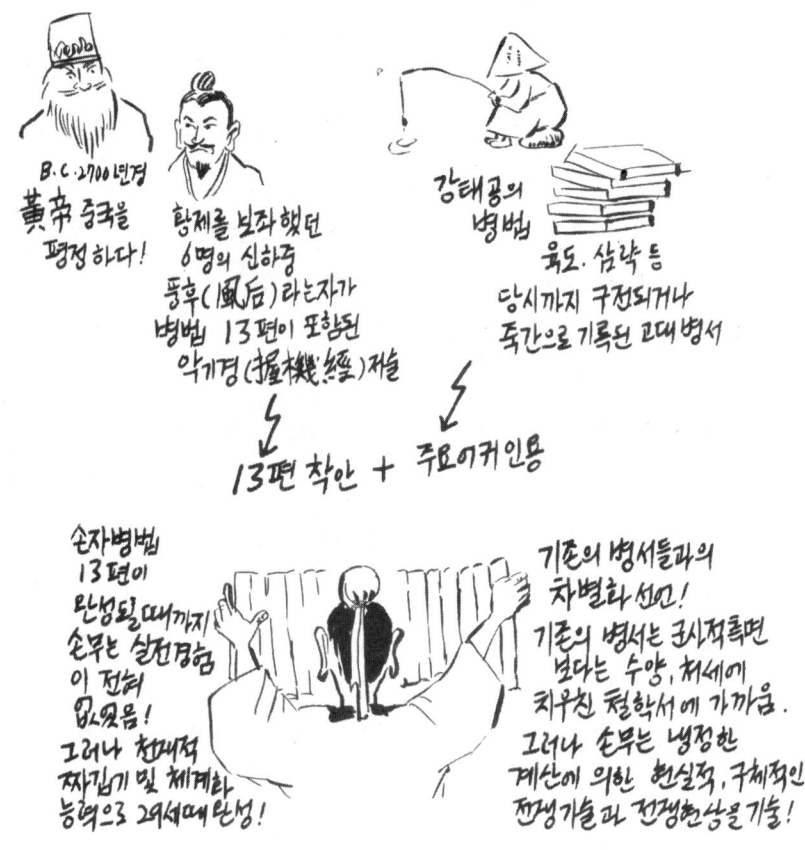

B.C.2700년경
黃帝 중국을 평정하다!

황제를 보좌했던 6명의 신하중 풍후(風后)라는자가 병법 13편이 포함된 악기경(握機經)저술

강태공의 병법
육도·삼략 등 당시까지 구전되거나 죽간으로 기록된 고대병서

13편 착안 + 주요어귀인용

손자병법 13편이 탄생될때까지 손무는 실전경험이 전혀 없었음! 그러나 천재적 짜임기 및 체계화 능력으로 29세때 탄성!

기존의 병서들과의 차별화 선언! 기존의 병서는 군사적측면 보다는 수양, 처세에 치우친 철학서에 가까움. 그러나 손무는 냉정한 계산에 의한 현실적, 구체적인 전쟁기술과 전쟁현상을 기술!

　당시는 수십 개의 제후국이 난립하여 천하의 패권을 차지하고자 전쟁이 끊일 날이 없었던 춘추 말기였는데, 손무는 마침 인재를 찾고 있던 오자서의 눈에 띠어 오나라 왕 합려에게 천거되었고, 이때 손무는 병법 13편을 오왕에게 보여주었다. 병법의 실전가능성을 시험코자 궁

중여인 180명을 조련하였고, 이에 감탄한 오왕에 의해 장수로 임명되었으니 이때가 대략 29세로 B.C. 512년이다.

당시 오왕 합려는 그의 사촌인 요왕을 암살하고 왕으로 즉위한 지 2년 밖에 되지 않아서 흔들리는 나라의 기반을 잡고자 인재가 절실히 필요한 차였고, 그때 손무를 만났던 것이다. 장수로 임용된 손자는 그동안 72년을 끌었던 오·초 전쟁을 8년 만에 승리로 종결지었다(B.C. 504).

〈손자병법〉은 제나라에서 망명하여 오나라에 정착한 손무의 입장에서 볼 때 출세를 하기 위한 하나의 방편이었다. 어떻게 하든지 그가 자란 오나라에서 발탁되어 출세를 하고 싶었을 것이다. 물론 오나라 왕이 받아들이지 않았다면 다른 제후국으로 갔을 지도 모를 일이다. 그러나 일차적인 대상은 오나라였기에 〈손자병법〉이 완성되어 가는 마지막 즈음에는 구체적으로 합려를 겨냥한 어구가 등장하고 있다.

「구지(九地)」제11에 보면 '제귀지용야(諸劌之勇也)'라고 나오는데 이때 '제(諸)'는 합려를 등극시키기 위해 요왕을 암살했던 자객 전제(專諸)를 말하고 있다. 이런 것을 보면 손무는 합려를 처음 만났을 때 막 〈손자병법〉을 완성했다고 했으니 이런 어구들은 막판에 집어넣었을 가능성이 높다.

어쨌든 손무는 29세까지 나이가 차도록 출세를 하지 못했으니 〈손자병법〉을 도구로 삼아 가능한 오나라의 합려, 아니면 다른 제후에게라도 발탁되어 출세를 하고 싶었을 것이다. 그래서 머리 회전이 빠른 손무는 당시 패권 전쟁을 하고 있었던 제후들의 구미에 딱 맞을 새로운 병법에 눈을 떴고, 그리하여 임용 직전에 막 완성된 〈손자병법〉은 기존의 수많은 병서들을 참고로 하였으되 그 접근방식은 판이하게 달랐던 것이다. 즉 당시까지 대부분 기존의 전래 병서들은 전쟁과는 직접 연관이 적은, 그저 처세와 수양을 다루는 철학적인 내용들 위주였다.

전쟁에 대한 개념도 매우 추상적이며, 대의명분에 지나치게 의존하였고, 뜬구름 잡는 듯한 형이상학적이었으며, 점(占)에 주로 의지하였고, 막연한 감(感)으로 때려잡는 그러한 허구적인 내용들로 가득하였다.

그러나 <손자병법>에서는 전쟁을 철저히 현실로 인식하여, 막연한 감으로 때려잡는 것이 아닌 사전 치밀한 계산을 중시하였고, 미신적인 점(占)을 철저히 배격하였으며, 모든 현상들도 있는 그대로 직시하도록 하였으며, 지휘관의 냉정한 판단과 합리적인 신중함을 강조하였던 것이다. 결국 이런 전혀 다른 병법은 오왕 합려의 눈을 번쩍 뜨게 하였고, 드디어 손무는 꿈에도 그리던 장군이 되어 그 뜻을 이루었다. 당시의 풍토에서는 가히 개혁적인 사고라 아니할 수 없다.

<손자병법>은 손무가 합려에게 발탁되어 장수로 활약하기 이전에 이미 완성한 것이기 때문에 사실상 실전경험이 녹아들어가지 못한 한계가 존재하였는데, 오늘날 우리가 보고 있는 이 <손자병법>도 당시 합려가 보았던 바로 그 <손자병법>이다.

손무는 이러한 한계를 느끼고 오·초 전쟁 후 은퇴하여 초야에 묻혀 자기 병법 13편의 내용 중 애매한 어구들을 재해석하는 데 세월을 보내며 59세에 죽었다. 그 보완된 내용들이 1972년 산동성에서 죽간으로 출토된 것이다.

〈손자병법〉의 핵심을 담은 그림

머리
Leader
(君·將·CEO)

智가 우선!
(명쾌한 분석력.
정확하고 합리적인
판단·조직의 목표.
방향. vision 제시)

知(정보가 힘!)
적과나의
利害·虛實·強弱파악

道 (상하가 하나가 되는것이
가장 중요!)

五事(대충 감으로
때려잡는 것이 아닌
철저한 계산으로 彼我 나를
계측!)

勝算(반드시 이길 수 있을 때
전행!)

몸·조직·system
(군대·국가·회사)

貴勝, 拙速
(승리가 귀하다!
가급적 단기전
으로 끝장내라)

不戰勝
自保而全勝
(가능한 피흘림 없이
목적을 달성하라!)

分數(효율적인 군대편성)
形名(효율적인 지휘통제체제)

迂直之計
(돌아가지만 결과적으로는
빠르게!)

形(이길수 있는 태세(준비))

勢(실전에서 위력발휘!
system 능을 극대화.
조직의 응집된 힘발휘)

以利動之
以利而制權
(반드시 이익에
비추어 이익에 따라
행동한다!)

兵形象水
순

奇(변화·융통성 찬받은
아이디어)

正(원칙·기본교기초)

虛

實(적의 虛·弱을 확장·
나의 實·強을 확장

九變之利
(모든상황은 이익에
맞도록 융통성있게 쥐라!)

致人而不致於人
(주도권을 장악!
적을 내 의도에 따라
주무르라!)

(고정관념 타파!)戰勝不復·應形無窮 (끝임없이 변하라!)

1. 전쟁은 나라의 큰일이다

병(兵)이란 다양한 뜻을 가진 한자로서 〈손자병법〉에서 약 70회 사용된다. 대표적인 뜻으로는 군대, 병기(兵器), 병사(兵士), 군사(軍事), 전쟁, 무력, 전투력 등이 있으며 여기서는 전쟁으로 해석하였다. 사생지지(死生之地)는 국민의 삶과 죽음을 의미하며, 존망지도(存亡之道)는 국가의 존망여부를 의미하고 있다.

지(地)는 소(所)와 같으며 도(道)는 기로(岐路 : 갈림길)라고 풀었다. 1972년 4월 중국 산동성 임기현 은작산에서 발굴된 〈손자병법〉 죽간인 한간본(漢簡本)에 따르면 '병자국지대사' 뒤에 야(也)자가 있다. 야(也)자는 위에서 다 이룬 문장을 끝맺음할 때 사용되는 어미이다. 이에 반해 기존의 무경칠서 등의 책에서는 이러한 야(也)자가 없다.

전쟁은 나라의 큰일이다!

원정! 단기전으로 결판내라!

초

장기전서 제3국 침략시 속수무책!

월

손자병법은 적이 나를 칠때 대비하는 병법이 아니라, 내가 패권을 잡기 위해 적의 나라로 원정으로 침략할 때를 겨냥한 일종의 "정복전"지침서이다.

손무는 제후에게 발탁 받기 위해 기존의 병서와는 전혀 다른 차원의 병법 13편을 만들어 제시하면다.

제후는 신중을 기해 전쟁을 결심해야 했다. 만약 잘못된 판단으로 원정을 감행 하다가 실패 한다면 제3국의 침공으로 다시는 재기가 어렵다.

그렇기 때문에 전쟁 결심은 남을 쳐서 결정해서도 안되고, 대충 감[感]으로 넘겨 결심해도 안된다!

'병자국지대사'라고 하는 이 어구는 사실상 손무가 처음 사용한 말이 아니고 이미 손무보다 600여 년 전에 활약한 강태공의 〈육도(六韜)〉「논장(論將)」 제19에 '병자국지대사(兵者國之大事) 존망지도(存亡之道)'라 하여 등장했었다. 〈손자병법〉에는 이와 같은 경우가 자주 등장되는데, 이를 보아 〈손자병법〉은 손무의 독창적인 작품이라기보다 당시까지 전해져 내려오던 많은 병서를 손무가 참고로 하였으며, 그를 토대로 꼭 필요한 어구만을 체계적으로 정리하여 13편으로 엮은 것으로 판단된다.

전쟁은 나라의 큰일이 아닐 수 없다. 일단 전쟁이 나면 국가가 피폐해지고, 국민들이 헐벗고 시달리며, 많은 고통이 따르기 때문이다. 그래서 전쟁 억제는 평시 최고의 전략이며 목표이다.

전쟁을 직접 겪어보지 못한 세대들은 전쟁의 참혹함과 고달픔을 모른다. 어떤 대가를 치루더라도 전쟁은 없어야 하는 것이다.

춘추시대 말엽, 수많은 정복전쟁으로 인하여 피폐해진 산하를 보고 손무는 그의 병법 첫머리에 '전쟁은 나라의 큰일이다'라고 기록하고 있다.

<손자병법>의 두드러진 특징 중의 하나는, 원정을 전제로 하되 단 하나만의 적을 상대하는 것이 아니라 주변의 여러 라이벌을 동시에 고려하고 있다는 것이다. 전쟁을 함에 있어서 오래 끌지 말아야하는 이유가 바로 여기에 있다. 그래서 고도의 외교전략과 심리전략이 <손자병법>의 저변에 깊숙이 깔려 있다.

또한 지도자는 지금 눈앞의 전쟁에서의 승리도 중요하지만, 전후 장기적인 관점에서 국익에 비추어 유리한 전략환경 조성에 보다 많은 관심을 가져야함을 강조하고 있다. 이는 당시 상황에서 볼 때 손무가 가진 놀라운 전략적 혜안이 아닐 수 없다.

2. 도(道)는 더불어 한마음이 되는 것이다

시계 제1

도자영민여상동의야(道者令民與上同意也)
고가여지사(故可與之死)
가여지생(可與之生)이불궤야(而不詭也)

도(道)란 백성들로 하여금 위와 더불어 한마음이 되는 것이다.
고로 가히 함께 죽을 수 있고,
가히 함께 살면서 의심하지 않는 것이다.

손무는 전쟁을 하기 위해서는 우선 다섯 가지 요소(이를 五事라 부르기도 한다)를 가지고 계측을 하여 과연 전쟁을 할 만한 준비가 되어 있는가를 따져보도록 하고 있다.

그 다섯 가지 요소는 도(道), 천(天), 지(地), 장(將), 법(法)인데 그 중에서 가장 중요하며 우선 되는 요소로서 도(道)를 들고 있다.

원정군임을 감안할 때 도의 요소는 아무리 그 중요성을 강조해도 지나침이 없을 것이다. 왜냐하면 백성과 군주가 한마음이 되지 못한 상태에서 원정을 나가게 되면 과연 그 결과가 어떻게 되겠는가. 원정군에게 필요한 물자공급이나 병력공급은 물론이고 상황이 급박해지면 자국 내에서 모반을 꾀할 위험이 항상 내재되어 있는 것이다. 뒤가 튼튼해야 원정을 할 수 있는 것이다.

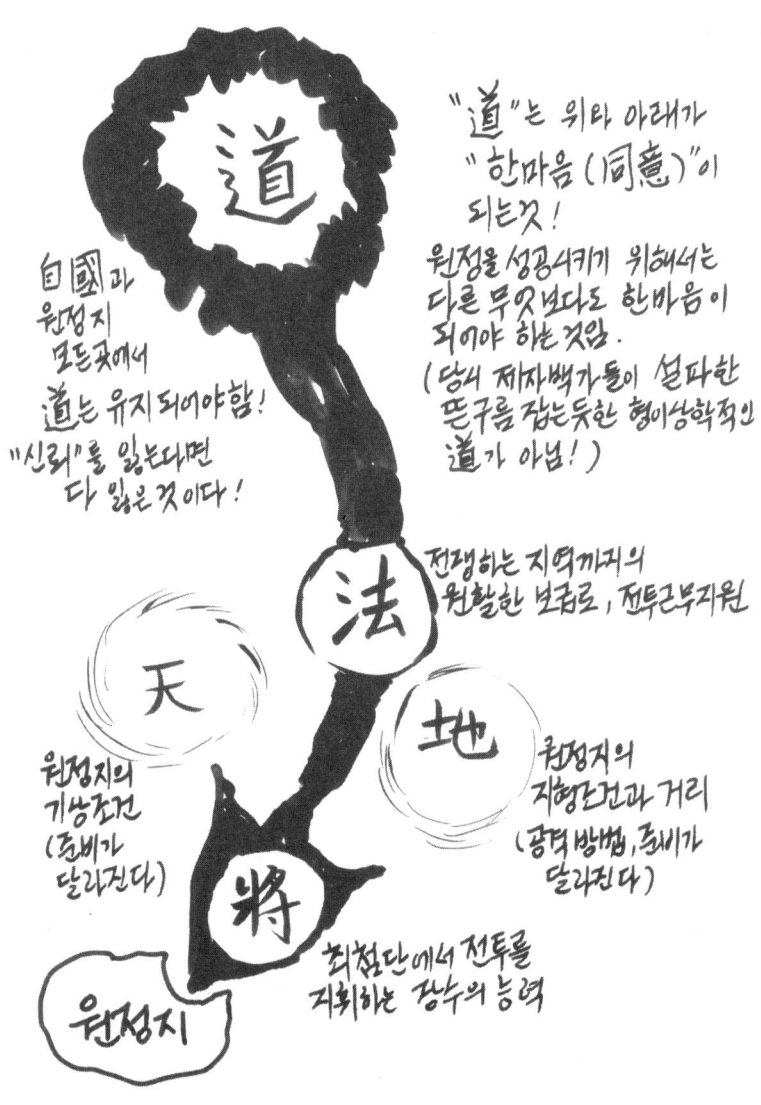

"道"는 위타 아래가
"한마음(同意)"이
되는것!
원정을 성공시키기 위해서는
다른 무엇보다도 한마음이
되어야 하는 것임.
(당시 제자백가들이 설파한
뜬구를 잡는듯한 형이상학적인
道가 아님!)

自國과
원정지
모든곳에서
道는 유지되어야함!
"신뢰"를 잃는다면
다 잃은 것이다!

전쟁하는 지역까지의
원활한 보급로, 전투근무지원

天

원정지의
기상조건
(준비가
달라진다)

地
원정지의
지형조건과 거리
(공격 방법, 준비가
달라진다)

將
최첨단에서 전투를
지휘하는 장수의 능력

원정지

　도(道)는 '한마음'을 만드는 것이다. 이는 비단 원정을 위한 필수조
건이기 전에 평상시에도 조직을 관리하는 모든 리더들이 명심해야 하
는 중요한 요소이다.

어떤 일을 행할 때 다른 어떤 조건보다도 조직원이 '한마음'이 되었는가를 점검해 보는 것이 우선 순위가 되어야 한다.

도(道)가 이루어지지 않은 상태에서는 어떤 일도 해서는 안 된다. 리더십의 핵심이 바로 이 부분이다. 도는 대내적으로는 동의(同意), 동욕(同欲)의 뜻이지만, 대외적으로는 대의명분(大義名分)을 말하고 있다. 전쟁을 함에 국제적으로도 지지를 받을 수 있어야 하는 것이다.

제2차 중동전쟁 당시 이스라엘은 수에즈만을 국유화하고 아카바만을 봉쇄하려는 아랍의 기도에 대하여 선제공격을 감행, 시나이반도를 차지하였지만 국제여론에 밀려 이를 고스란히 반납하게 되었다.

군사적 승리가 정치적 승리를 결정했던 과거의 논리를 무색케 하였던 이 전쟁은 대외적인 '도(道)' 즉 '대의명분'을 앞세운 외교책략에서 아랍에게 한 수 뒤진 중요한 전례가 되었다.

무경칠서 등에서는 마지막 어구인 '이불궤야(而不詭也)'가 '이민불외위야(而民不畏危也)'로 되어 있으나 한간본(漢簡本)은 '이불궤야(而弗詭也)'라 되어 있다. 여기서 '궤(詭)'란 '의심하다'의 의미를 지니고 있다.

3. 천(天)은 조물주의 영역이다

천자 음양 한서 시제야(天者 陰陽 寒暑 時制也)

천이라는 것은 밤과 낮, 추위와 더위, 사계절의 변화 등을 말한다.

원정을 할 때 천(天)의 요소는 중요할 수밖에 없다. 날씨와 계절에 따라 준비하는 장비와 복장, 방법들이 달라져야 하기 때문이다. 1812년 6월 22일 상승장군 나폴레옹은 패기만만하게 45만 명이나 되는 대군을 이끌고 꿈에도 그리던 모스크바 함락작전에 돌입했지만, 지루하게 지연전을 펼친 러시아군의 작전에 휘말려 예상치도 못한 동계작전에 임하게 되자 동계피복이나 장비보호대책 없는 상태에서 지리멸렬 패배하게 되었다.

그해 12월 8일 끈질긴 러시아군의 추격에서 겨우 빠져나와 살아남은 프랑스군은 불과 1,600여 명이었으니 얼마나 혹독한 동장군(冬將軍)의 위력이었는가. 나폴레옹을 닮으려던 히틀러도 역시 1941년 6월 22일, 나폴레옹의 모스크바 침공일시와 똑같은 날에 모스크바 침공에 나섰지만 소련의 극심한 동장군과 진흙장군(General Mud)의 위력 앞에 무릎을 꿇고 말았다.

이와 같이 원정을 하려는 나라는 반드시 날씨와 계절의 변화에 준비를 해야한다. 머리 속으로는 단기전을 원하지만 전쟁이란 의지와 무관하게 진행되게 마련이기 때문에 반드시 장기전으로 발전될 수 있음을 유념하지 않으면 안 된다. 한국전쟁 당시 김일성도 이 점에서 실패했다.

김일성은 50일 이내로 전쟁을 종결시킬 수 있을 것으로 확신하였기 때문에 장기전에 대비하지 못하여 결국 미국을 비롯한 유엔군의 공격 앞에 무릎을 꿇고 말았다.

천(天)의 요소는 이와 같이 날씨와 계절에 관계되는 말이지만 또 다른 의미로 확대 해석할 수 있다. 그것은 이러한 자연적인 요소 외에 '조물주의 주권 영역'에 대한 문제이다. 다시 말해 전쟁 준비를 잘하여 반드시 이길 수밖에 없는 전쟁인데도 지게 되는 경우, 혹은 졌어야

자연현상은 있는 그대로 보라!

天의 요소

① 원정지의 기상조건

원정하는 지역의 기상조건과 때를 있는 그대로 파악하여 적절한 복장과 전투장비 등을 준비해야 한다.

※ 天이란 애매모호한 형이상학적인 철학적인 요소로 보지 않고 전쟁준비를 위한 기상조건으로 파악하고 강조한 손무의 현실적 접근방식!

동장군

나폴레옹

히틀러

② 절대자의 영역
(손무 + α 생각)

손무의 의도와는 전혀 다르지만, 天의 요소는 결과에 대한 절대자의 영역(주권)을 인정하라는 것. 과정은 인간의 영역, 결과는 天神의 영역!

하는 전쟁인데도 이기게 되는 경우가 실재에는 존재한다는 것이다.

아무리 이를 해석해 보고자 해도 납득이 어려울 때 우리는 그것은 '조물주의 주권영역'에 속한다고 말할 수 있다. 인간의 힘으로는 도저히 해결할 수 없는 영역, 또한 어찌할 수 없는 영역 그것은 바로 조물주만이 가지고 있는 고유영역이다. 모든 지도자들은 이러한 영역을 겸손히 인정해야 한다. 그래서 〈성경〉에 보면 '전쟁은 여호와께 속한 것인즉…'(「삼상」 17:47)이라고 하고 있다.

제갈공명이 상방곡에서 사마중달 군대를 맞아 마지막 승리를 쟁취하려는 순간 억수같은 비가 쏟아져 불(火) 공격이 좌절되자, '모사재인(謀事在人) 성사재천(成事在天)' 즉 '일을 꾀하는 것은 사람에게 있지만 일을 이루는 것은 하늘에 달렸다'고 탄식한 말과 통한다.

사람이 할 수 있는 것은 과정상의 행동들이다. 사람은 어떤 목적을 달성하기 위하여 최선을 다하여 노력할 수 있다. 그러나 결과만큼은 어찌할 수 없는 것이다. 사실 사람이 결과마저 쥐고 자기 욕심대로 하려고 하니까 고통이 오고 좌절에 빠지는 것이다.

결과는 인간의 영역이 아니다. 단지 사람은 열심히 노력할 뿐이요, 그에 대한 결과는 좋든 나쁘든 신의 손에 달려 있음을 인정한다면 마음은 한결 가볍고 자유로워질 것이다. 진인사대천명(盡人事待天命)은 바로 이것을 두고 하는 좋은 말이다. 결과로부터 자유로워지는 지혜를 가지자.

4. 장(將)은 지·신·인·용·엄을 갖추어야 한다

시계 제1

장자지신인용엄야(將者智信仁勇嚴也)

장은 지(智) 신(信) 인(仁) 용(勇) 엄(嚴)의 다섯 가지 덕을 잘 갖추어야 한다.

장수가° 갖추어야 할 다섯 가지 덕목을 말하고 있다. 여기서 가장 먼저 지(智)가 나왔다. 지(智)는 '달인지정(達人之情)' 즉 '인간의 감정과 심리'에 정통하고, '견사지미(見事之微)' 즉 '일의 시작과 끝을 잘 분별하고 예측하는 눈을 가지는 것'을 말하며, 모든 허상과 혼돈으로부터 실상을 분별하여 의혹을 끊고 정각(正覺)을 얻는 능력이라 할 수 있다.

지(智)는 다른 어떤 요소보다 중요하다. 특히 생사의 결단을 내려야 하며, 조직의 목표와 방향을 정해야 하는 리더에게 있어서 지(智)가 부족하다면 그 조직은 오래가지 못한다. 만약 지(智)는 부족한데 리더가 지나치게 용감하다거나 엄하거나 하면 어떻게 되겠는가? 그야말로 용감하고 무식한 리더가 되어 조직을 망치게 한다.

지(智)는 배로 말하면 방향을 잡아주는 키와 같다. 에디슨이 언급한 "천재는 1%의 영감과 99%의 노력에 의해 만들어진다"의 진정한 의미가 무엇인가? 이 말에 대해 많은 사람들은 천재란 99%의 노력 즉 엄청난 노력에 의해 비로소 탄생된다고 하는 의미로 이해하고 있지만, 사실 에디슨이 말한 의미는(실제로 그렇게 자신이 부연 설명했다) 99%의 노력(perspiration)도 중요하지만 1%의 영감(inspiration)이 보다 중요하다는 것이다.

많은 경우에 리더의 잘못된 방향설정으로 인해 부하들이 엄청난 땀(노력)만 흘리게 되는 우를 범할 수 있다. 어떤 경우에는 노력한 만큼 손해보는 경우도 있다. 그래서 천재의 역할은 1%의 영감을 받아 정확한 방향으로 노력을 지향토록 하는 것이라 할 수 있다.

1%의 번득이는 영감! 이것이 일의 성패와 미래의 운명을 가늠한다.

지(智)는 지(知)와 왈(曰)로 구성되어 있다. 이를 볼 때 지(智)의 전제조건으로 우선 많이 알아야 한다(知). 열심히 공부하고, 연구하고, 두

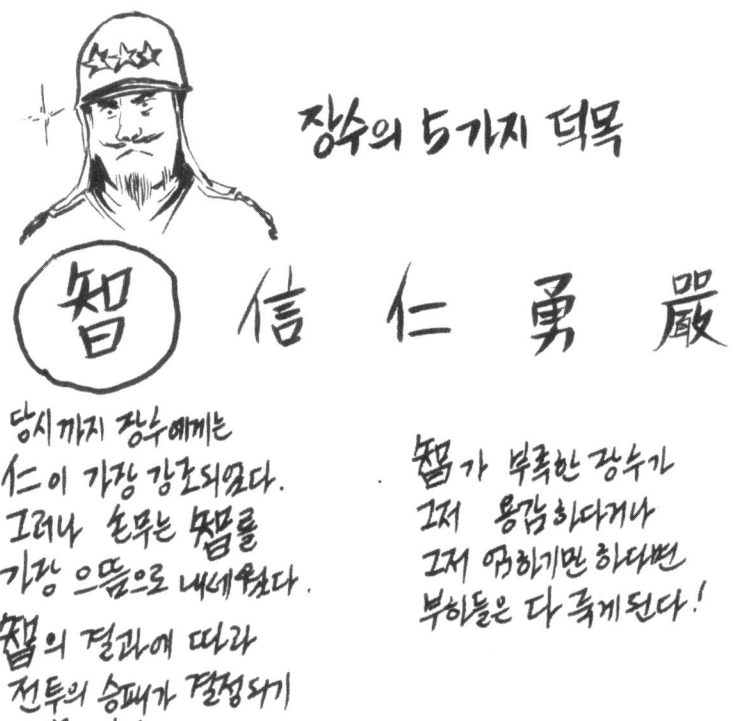

장수의 5가지 덕목

智 信 仁 勇 嚴

당시까지 장수에게는
仁이 가장 강조되었다.
그러나 손무는 智를
가장 으뜸으로 내세웠다.
智의 결과에 따라
전투의 승패가 결정되기
때문이다!

· 智가 부족한 장수가
그저 용감하다거나
그저 엄하기만 하다면
부하들은 다 죽게된다!

루 책을 보며 식견을 넓혀야 한다. 그래서 리더는 열심히 공부하는 자세가 필요하다. 그리고 많이 습득한 지식을 정확하고 시의 적절하게 표현(日)할 수 있어야 한다. 표현의 방법은 말일 수도 있고 글일 수도 있다. 어떤 형태가 되던 리더는 자신이 알고 있는 바를 정확하고 조리 있게 표현할 수 있는 능력을 갖추어야 하는 것이다. 그래서 글도 적어 보고, 논문도 쓰며, 욕심껏 책도 집필해 보는 것이 필요하다.

미국의 패튼 장군 하면 그저 용감하고 무식한 장군으로 인식하기 쉬우나 사실상 그는 놀라운 독서광이었고 많은 논문을 학술지에 게재한 군사전문가였다. 그런 바탕 위에서 그는 지(智)를 발휘하여 위기에 직면한 전장상황을 타파하였으며, 독일군이 가장 무서워하는 장군으로 군림하게 되었던 것이다. 다른 어떤 요소보다 지(智)가 부족한 사람이 높은 위치에 올라서는 결단코 안 된다. 왜냐하면 그로 인해 받는 피해가 너무도 크기 때문이다.

5. 병(兵)은 궤도(詭道)이다

병자궤도야(兵者詭道也)

군사작전은 속임수로 이루어진다.

여기서 병(兵)은 군사작전으로 풀이했다. 물론 전쟁으로 풀어도 무방하다. 군사작전은 많은 속임수로 이루어진다. 그러나 여기서 말하고 있는 14가지의 궤도는 꼭 속임수만을 열거하고 있는 것은 아니다. 궁극적인 궤도의 목적은 적을 속이고 약화시키며, 나의 약점을 보강하고 강점을 이용하면서 전세의 주도권을 잡기 위한 것이다. 궤도로써 적을 속이게 되면 적은 또 속지 않을까 하는 우려 때문에 적시 적절한 결심이 지연되고 우유부단해 질 수 있다. 그러나 모든 사람에게 언제나 속일 수는 없기 때문에 이는 상황을 잘 판단해서 적용해야 한다.

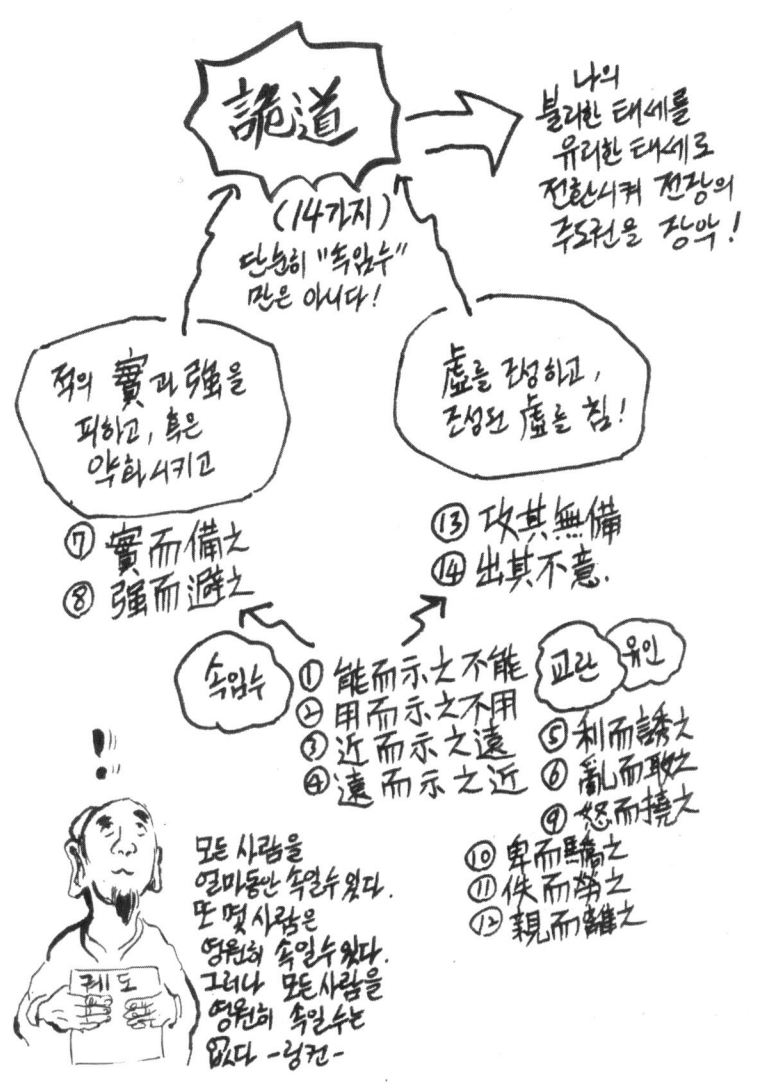

궤도는 국가전략적 차원에서도 이용할 수 있고(예를 들어, 전쟁의 시기를 정함에 있어서 임박한 시기임에도 불구하고 멀리 있는 것처럼 속이고…), 전술적 차원에서도 이용할 수 있다(예를 들어, 바로 앞의 진지를 공격함에도 불구하고 멀리 있는 진지를 공격하는 것처럼 보이고……).

궤도는 5사(五事)의 요건 중에 부족한 부분이 발생되면 이를 보완하는 시간을 벌거나, 적을 속여 감히 공격하지 못하도록 만드는 데도 이용할 수 있다.

궤도는 '실이비지(實而備之) 강이피지(强而避之)' 즉 '적이 실하면 대비하고, 적이 강하면 피하라'고 하는 어구와 '공기무비(攻其無備) 출기불의(出其不意)' 즉 '적의 준비되지 않은 곳을 공격하고 적이 생각하지 못한 바를 향하여 나아가라'고 하는 어구에 특히 유념해야 한다. 적이 잘 준비되었거나 강하면 절대 무리해서 공격하지 말고 현명하게 대비하거나 피했다가 다음을 기약해야 하는 것이다.

의지만을 앞세운 무모한 공격은 돌이킬 수 없는 과오를 낳게 한다. 또한 공격할 때는 준비가 되지 않은 곳, 그리고 의표를 찌르는 방법을 동원하여 공격하라는 것이다. 궤도는 우리가 사는 실생활에도 얼마든지 응용할 수 있다.

여러 가지 상황에 부딪칠 때 궤도의 14가지 방법을 잘 이용하면 지혜롭게 처세할 수 있을 것이다. 여기서 간과해서는 안 될 중요한 사실은 궤도는 능사가 아니라는 것이다. 궤도는 일시적인 변통에 가깝다. 궤도는 그 자체가 목적이 아니라 아군에게 유리한 조건을 만들어 주기 위한 수단이다. 항상 정(正)의 힘 즉 근본이 되는 능력, 본체를 튼튼하게 만들어 놓아야 한다.

6. 준비되지 않은 곳을 치고 뜻하지 않은 곳으로 나아간다

공기무비(攻其無備) 출기불의(出其不意)

그 준비되지 않은 곳을 치고 그 뜻하지 않은 곳으로 나아간다.

이 어구는 궤도의 마지막 부분이다. 여러 가지 방법으로 적을 속이고 교란한 결과 내가 원하는 공격지점에 적의 허점이 발견되면 이를 놓치지 말고 공격하라는 것이며, 그 방법 또한 적의 의표를 찌르는 방법을 택하라는 말이다.

'무비(無備)' '불의(不意)'의 개념은 적의 실(實)과 강(強)을 피해 허(虛)와 약(弱)을 노리는 것이다. 결국 궤도란 적의 허와 약을 노출시키거나 확장하며, 상대적으로 나의 실과 강을 강화하고자 하는 계략들이라 할 수 있다. 다른 측면에서 공기무비, 출기불의를 구분하자면, 공기무비는 목표상의 빈틈을, 출기불의는 기동로상의 불의한 통로를, 공기무비는 물리적인 측면에서, 출기불의는 심리적인 측면에서 접근할 수 있다.

영국의 군사이론가 리델하트는 공기무비, 출기불의의 개념에서 그의 독특한 전략인 간접접근전략을 착안했다. 즉 최소의 전투, 최소의 희생으로 최대의 성과를 달성하려는 것이 바로 간접접근전략이며 이는 공기무비, 출기불의의 정신으로 통한다.

리델하트는 〈손자병법〉의 정신에 입각하여 20여 권의 책을 집필하졌다(그의 저서 전략론의 서문에 언급되어 있다).

리델하트는 클라우제비츠를 깊이 연구하였고, 클라우제비츠는 나폴레옹의 포로가 되면서까지 나폴레옹을 깊이 연구하였으며, 나폴레옹은 〈손자병법〉의 원리에 정통하였고 그의 전략은 〈손자병법〉에 기인하고 있다.

이러한 맥락에서 보면 리델하트가 당연히 〈손자병법〉과 깊이 연관되어 있음을 쉽게 알 수 있다. 당대의 군사적 천재였던 리델하트, 클라우제비츠, 나폴레옹은 모두 동양의 손무에 의해 가르침을 받은 제자였던 셈이다.

출기불의(出其不意)는 적이 도저히 생각할 수 없었던 부분을 찌르는 기습작전을 의미하고 있는데, 1453년 5월 29일 오스만투르크족이 동로마 제국을 멸망시켰을 당시 오스만투르크의 메메드 2세가 발상한 기상천외의 작전이 이에 관한 좋은 예가 되겠다.

동로마 제국의 수도 비잔틴이 어떠한 공격에도 무너지지 않자 메메드는 밤을 기해 72척의 배를 원통나무 위에 굴려 산을 넘어 비잔틴성의 후방인 금각만으로 옮기는 기습적인 작전을 구사하여 성을 함락시켰다. 메메드는 이때 "내 수염 터럭 하나가 내 생각을 안다면 나는 그것을 뽑아 버릴 것이다"라고 말할 정도로 철저히 비밀을 유지하였고, 적이 도저히 상상할 수 없는 의표를 찔렀던 것이다. 천 년의 고도 비잔틴은 그렇게 순식간에 무너졌던 것이다.

7. 승산이 많아야 이긴다

> **다산승**(多算勝)
>
> **소산불승**(少算不勝)
>
> **이황어무산호**(而況於無算乎)
>
> **이길 셈이 많으면 이길 것이요**
>
> **이길 셈이 적으면 질 것이라**
>
> **하물며 셈이 전연 없고서야 어찌 이길 수 있겠는가**

손무의 만전(萬全)사상을 잘 보여주고 있는 대목이다. 손무는 사전에 철저히 계산된 승산의 결과에 따라 전쟁(원정)을 할 것인가 말 것인가를 면밀히 판단할 것을 강조하고 있다. 확실하게 이길 수 있는 경우에 한하여 전쟁을 수행해야 하고, 막연한 희망만을 갖고 승산이 없는 전쟁을 하면 결코 안 된다는 것이다.

춘추시대 말기 당시에는 한번 잘못된 원정을 하여 패하게 되면 다시는 일어설 수 없는 지경에 처하게 되고 그로써 나라가 망해버리기 때문에 아무리 승산의 중요성을 강조해도 지나침이 없었을 것이다. 이는 충분한 전쟁준비 없이 무모한 '의지'만을 내세워 전쟁을 해서는 안 됨을 말하고 있다.

'의지'는 분명히 중요한 요소이지만 준비 없는 의지는 자살행위에 불과하다. 의지만 갖고는 전쟁에서 승리할 수 없다. 반드시 이길 수 있는 준비를 갖춘 후에 이길 수 있다고 하는 의지가 합쳐질 때 승리를 기약할 수 있음을 명심해야 한다. 모든 지휘관들은 이 점에 특별히 유의해야 한다. 산(算)은 수를 헤아릴 때 사용하던 '산 가지'를 말하고 있는데 이는 '승리의 계산'을 가리킨다. 오늘날 우리들이 자주 쓰는 승산(勝算)이란 말이 여기서 나왔다.

8. 졸속(卒速)하라

작전 제2

병문졸속(兵聞卒速)
미도교지구야(未睹巧之久也)
부병구이국리자(夫兵久而國利者)
미지유야(未之有也)

전쟁에 미흡하지만 빨리 끝내는 것은 들어봤지만
교묘하게 하여 오래 끄는 것은 아직 보지 못했다.
무릇 전쟁을 오래 끌어 나라에 이로웠다고 하는 것은 아직 없었다.

손무가 주창하고 있는 핵심은 전쟁이란 가능한 단기속결전이 되어야 한다는 것이다. 그도 그럴 것이 당시 춘추말기의 상황에서 원정을 오래 끌어 나라에 이로울 바가 극히 없었기 때문이다. 원정군의 입장에서 생각해 보면 이는 자명한 일이다. 오래 끌면 그만큼 전비가 더 들어가고, 병사들은 지치고 사기가

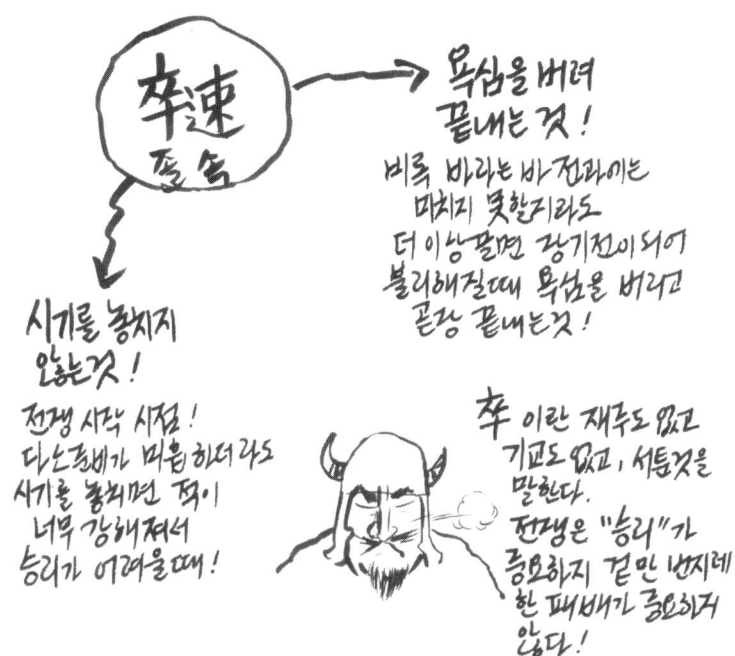

卒速
졸속

→ 욕심을 버려 끝내는 것!
비록 바라는 바 전과에는 마치지 못할지라도 더 이상끌면 장기전이 되어 불리해질때 욕심을 버리고 곧장 끝내는것!

시기를 놓치지 않는것!
전쟁 시작 시점!
다소준비가 미흡하더라도
사기를 놓치면 적이
너무 강해져서
승리가 어려울때!

卒 이란 재주도 없고 기교도 없고, 서튼것을 말한다.
전쟁은 "승리"가 중요하지 결코 난지레 한 패배가 중요하지 않다!

떨어지며, 염전사상이 팽배해지고, 그렇게 되면 군 내부에서의 모반의 가능성과 자국에서의 쿠데타 가능성이 높아지게 된다.

그렇기 때문에 결코 전쟁은 오래 끌어서는 안 되는 것이다. 그래서 졸속(卒速)이라고 하는 눈에 익은 어구가 나온다. 졸속은 '미흡하지만 빨리'라는 뜻이다. 비록 바라는 전과에는 미치지 못할지라도 과감히 욕심을 버리고 그 상태에서 끝낼 수 있어야 함을 말하고 있다. 조금이라도 더 얻어볼 요량으로 끝내야 할 때 끝내지 못하고 전쟁을 질질 끌게 되면 자칫 큰 화를 당할 수 있다.

전쟁종결 면에서 졸속은 전후처리를 어떻게 할 것인가에 지대한 관심을 가져야 한다. 전쟁을 끝냈다고 만세 부를 것이 아니라 전후 어떠한 조건으로 전략환경이 바뀌어질 것인가를 면밀히 검토해야 한다. 한국전쟁은 전후처리가 아주 잘못된 대표적인 예다.

졸속은 처세에 있어서 용퇴(勇退)와도 관련이 있다. 욕심이 잉태한, 즉 죄가 되고 죄가 장성하면 사망에 이른다고 성경은 말하고 있다. 조금 더 버티겠다고 지저분하게 있느니 차라리 적절한 시기에 뒤로 물러서는 것이 아름다운 결과를 가져올 수 있다.

이러한 졸속은 전쟁종결의 문제에 직결되는 문제이지만 전쟁의 시작 측면에서도 적용할 수 있다. 즉 조성된 상황이 전쟁을 피할 수 없을 경우, 시간이 지체될 수록 적국이 아국보다 우세해 질 경우에 비록 준비와 여건이 미흡하지만 시기를 놓치지 않고 전쟁을 감행하는 경우가 바로 이러한 측면의 '졸속'이다. 그래서 지도자는 이러한 졸속의 정신을 잘 이해해야 하며, 신중에 신중을 기하여 결단해야 한다.

9. 양식은 적의 것을 취한다

작전 제2

> 취용어국(取用於國)
> 인량어적(因糧於敵)
> 고군식가족야(故軍食可足也)
>
> (무기나 군용품 등은) 본국에 의존하지만
> 식량은 적에게서 취한다.
> 고로 군의 양식은 가히 족할 수 있다.

원정군의 입장에서 볼 때 식량은 현지 조달하는 것이 당연할지 모른다. 손무는 같은 편에서 '지장무식어적(智將務食於敵)'이라 하여 '지혜로운 장수는 적에게서 빼앗아 먹기를 힘쓴다'고 하였다. 그러나 여기서 주의해야 할 것은 적의 것을 빼앗되 적지의 주민들에게 원성을 듣는 무자비한 징발이 되어서는 안 된다는 것이다. 그렇게 되면 이들은 제2전선을 형성, 후방의 강력한 적으로 돌변하게 된다.

모택동은 이러한 점에 깊이 착안하여 그의 대장정 때 결코 현지 농민들에게 피해를 주지 않도록 하였고, 만약 피해를 주었을 경우에는 반드시 보상을 하도록 하였다. 그래서 모택동의 군대가 지나가는 마을의 주민들은 모두가 모택동을 환영하였던 것이다. 이러한 평판이 후일 모택동이 중공을 세우게 될 때 결정적인 도움이 되었다.

만약 우선 눈앞에 있는 이익이나 편리함을 위해 현지 주민들의 것을 무자비하게 징발하였다면 모택동의 군대는 오래 버티지 못하였을 것이다.

이와 반대되는 경우의 예를 들어보자.

1812년 나폴레옹의 군대가 러시아를 침공했을 때, 당시 러시아 국민들은 로마노프가의 전제정치로부터 해방을 기대하며 나폴레옹 군대를 반갑게 맞았으나 무자비한 현지 식량징발과 약탈로 인해 오히려 적대감이 고취, 결국 나폴레옹 군대의 등을 쳤다.

1941년 히틀러가 러시아를 침공했을 때에도 이와 같은 우를 범하고 말았다. 당시 스탈린 압제에 시달리고 있었던 러시아 국민들은 오히려 독일군을 환영했지만, 히틀러의 친위대는 이들을 학살하고 약탈하는 만행을 저지름으로서 돌연 적으로 변하고 말았던 것이다.

원정군으로서 이 점은 특히 유의해야 한다. 그래서 적의 것을 빼앗되 원성이 없도록 지혜롭게 대처해야 하며, 가급적 적지의 주민의 것이 아닌 적국의 군대의 식량을 빼앗는 방향으로 나아가야 할 것이다.

10. 장수는 백성들의 생명을 맡은 자로 국가안위를 좌우하는 주인공이다

작전 제2

지병지장(知兵之將)
민지사명국가안위지주야(民之司命國家安危之主也)

전쟁을 잘 아는 장군은 백성들의 생명을 맡은 자요
국가안위를 좌우하는 주인공이다.

장기전을 회피하고 단기전을 추구하는 전쟁방식을 잘 아는 장수는 지혜로운 자이니 이런 장수야말로 백성들의 생명을 맡은 자요, 국가안위를 좌우하는 주인공이라 할 수 있다.

사명(司命)이란 사명성(司命星)을 일컫는 천문학적인 용어로서 사람의 길흉화복을 주재한다고 믿는 별(星)이다. 적어도 무리를 이끄는 리더는 이러한 혜안과 사명감이 있어야 한다.

'태평본시장군치(太平本是將軍致) 불허장군치태평(不許將軍致泰平)' 즉 '천하를 태평하게 하는 것은 장수가 해야할 바이지만 장수 자신은 스스로 태평하게 두어서는 안 된다'고 하는 이 말은 무릇 장수된 자의 바람직한 마음가짐을 일깨워주고 있다.

여기서 태평(太平)은 천하가 한가로워 평안한 것을 말하고, 태평(泰

平)은 일신의 평안함을 말하고 있다.

　사람은 사명(使命)을 먹고 산다고 한다. 사명감 없이 사는 것은 곧 죽은 것과 같다. 시계가 시간을 정확히 가리키는 것에 실패하면 그 시계는 사명을 다한 고로 쓰레기통에 던져진다. 인간이 동물과 달리 고귀한 이유는 바로 사명을 깨닫고 사명을 위해 땀을 흘릴 수 있는 존재이기 때문이다. 사명을 망각하면 동물과 다름이 없고 무생물체와 다름이 없다.

　하물며 조직이나 국가의 운명을 좌우하는 지도자의 경우에 있어서 사명의 중요성은 아무리 강조해도 조금도 지나침이 없을 것이다. 사명이 있는 자는 어떤 난관에서도 오뚝이처럼 일어설 수 있다.

　사명은 사람을 살리기도 하고 죽이기도 하는 강력한 동기부여의 핵이다. 모든 리더들은 조직원들이 이러한 사명감을 가질 수 있도록 독려하고 자신이 먼저 모범을 보여야 할 것이다. 장수는 백성과 나라의 운명을 좌우하는 주인공이니 날마다 이를 잊지 말고 그 책무를 다해야 할 것이다. 또한 장수가 어떤 공을 세우면 그 공은 혼자의 공이 아니라 그 공을 위하여 수많은 부하들의 희생이 있었다는 것을 잘 알지 않으면 안 된다.

　당나라의 노 시인 조송(曹松)이 당시 전란의 세태를 안타까워하며 지은 시가(詩歌) 중에 이런 어구가 나온다. '일장공성만골고(一將功成萬骨枯)' 즉 '장군 한 사람의 공에는 만 병졸의 뼈가 마른다'고 하는 이 유명한 어구는 바로 그것을 지적하고 있다. 무릇 장수는 국가안위의 주인공이라는 사명감과 함께 그 밑에는 항상 자신을 위하여 피와 희생을 바치는 부하들이 있음을 알고 있어야 한다.

11. 싸우지 않고도 적을 굴복시키는 것이 가장 좋은 방법이다

모공 제3

> 백전백승(百戰百勝)비선지선자야(非善之善者也)
> 부전이굴인지병(不戰而屈人之兵)선지선자야(善之善者也)
>
> 백 번 싸워 백 번 이기는 것이 가장 좋은 것은 아니다.
> 싸우지 않고도 적을 굴복시키는 것이 가장 좋은 방법이다.

우리가

흔히 말하는 '부전승(不戰勝)' 즉 '싸우지 않고도 이기는…' 어구가 여기에 나온다. 사실 부전승이라고 정확히 명기된 어구는 없으나 위의 '부전이굴인지병(不戰而屈人之兵)'이라는 어구를 두고 부전승(不戰勝)으로 지칭하고 있다.

부전승에는 두 가지 의미가 있다.

첫째, 내가 적을 향해 내 의도를 관철시키고자 할 때 나의 압도적인 위세(혹은 나의 능력을 과도히 평가하여 적이 지레 겁을 먹든지, 나의 의도적인 행위의 결과로 인하여 나를 과대 평가하도록 오판케 하든지 하는 방법을 통해)로 인해 싸움이 없이도 적이 순순히 내 의도에 따를 때 부전승을 얻을 수 있다.

둘째, 그 반대 상황으로 적이 나를 향해 그의 의도를 관철시키고자 할 때 이를 교묘히 어긋나게 하는 방법(괴기소지 : 乖其所之)으로 그 뜻이 이루어지지 못하도록 하는 것이 있다.

부전승은 이렇게 싸우지 않고도 목적을 달성하는 것을 말한다. 그런데 사실상 부전승을 이루기 위해서는 실질적인 힘이 뒷받침되어야 한다. 일시적인 편법으로나 잠시 눈가림으로 얻는 것은 오래가지 못한다. 그래서 부전승을 달성한다는 것은 매우 어려울 수밖에 없다.

'백 번 싸워 백 번 이긴다'고 해서 결코 좋은 것이 아닌 것은 싸우게 되면 어차피 그만큼 적도 나도 피해를 입게 마련이기 때문이다. 〈오자병법〉에 나오는 '다섯 번 싸워 이기면 아무리 이길지라도 망하게 된다'고 하는 경구와 맥을 같이 하고 있다. 깨어짐[破]은 결코 바람직하지 못하다.

12. 가장 좋은 전쟁 방법은 벌모(伐謀)이다

모공 제3

상병벌모(上兵伐謀)
기차벌교(其次伐交)
기차벌병(其次伐兵)
기하공성(其下攻城)

가장 좋은 전쟁 방법은 적의 꾀를 치는 것이고
그 다음이 적의 외교관계를 치는 것이고
그 다음이 야전에서 병력을 치는 것이고
가장 나쁜 것이 성을 공격하는 것이다.

여기서는 전쟁에 대한 4단계의 스펙트럼을 말하고 있다. 이 네 단계의 스펙트럼은 곧 부전승과 깊이 연관되어 있다. 그래서 앞에서 나온 내용과 다소 중복이 되더라도 손무 사상의 핵심인 '부전승(不戰勝)'과 '전승(全勝)'을 이 네 가지 스펙트럼과 연관하여 다시 설명하고자 한다. 왜냐하면 그만큼 이것은 중요하기 때문이다. 이것을 잘 이해하면 많은 유익이 있다.

부전승의 진정한 의미는 무엇인가? 그것은 가장 경제적이고 효과적으로 전쟁을 하자는 것이다. 엄청난 전비를 쏟아 붓고, 많은 인적 물적 피해를 입고 승리를 거둔다면 그것은 매우 차원이 낮은 전쟁방법이다. 그래서 꾀를 써서 전쟁을 하는 방법을 논한 〈손자병법〉 제3 「모공(謀攻)」의 첫머리는 '전국위상(全國爲上) 파국차지(破國次之) 전군위상(全軍爲上) 파군차지(破軍次之)' 즉 '나라를 온전히 보존하는 것이 가장 좋은 것이요, 나라를 깨뜨리는 것은 다음이며, 군대를 온전히 보존하는 것이 가장 좋은 것이요, 군대를 깨뜨리는 것은 다음이다' 라고 하는 어구로 시작하고 있다.

모름지기 깨어지면서 어떤 목적을 달성한다면 그것은 전략을 모르는 자들이 수행하는 하책(下策)이다. 이러한 전(全)의 개념은 곧 부전승과 그 맥을 같이 한다. 〈손자병법〉 제4 「군형(軍形)」에 보면 '자보이전승(自保而全勝)' 즉 '나를 온전히 보존하고 그리고 완전한 승리'를 거두는 것을 우리가 추구해야 할 이상적인 승리라고 말하고 있다.

가능하면 적도 나도 깨어짐이 없이 온전한 상태에서 목적을 달성하는 것이야말로 최상의 승리라는 말이다. 적이 깨어지면 필연적으로 나도 피해를 각오해야 되기 때문에 이것은 바람직한 방법이 아니라고 하는 것이다. 그래서 〈손자병법〉 제4 「모공(謀攻)」에는 4단계의 전쟁 수행 단계를 제시하고 있다. 첫째는 벌모(伐謀)요, 둘째는 벌교(伐交)요, 셋째는 벌병(伐兵)이요, 마지막은 공성(攻城)이다.

첫번째 단계인 벌모(伐謀)라 함은 '꾀를 치는 것' 즉 '적이 감히 내게 덤벼들 생각조차 못하도록 하는 것'을 말한다. 이것이 가능하기 위해서는 실제로 내가 그만큼의 힘이 있어야 한다. 국민이 지도자를 중심으로 똘똘 뭉쳐 있고, 군대가 강한 훈련과 첨단 전투력으로 무장되

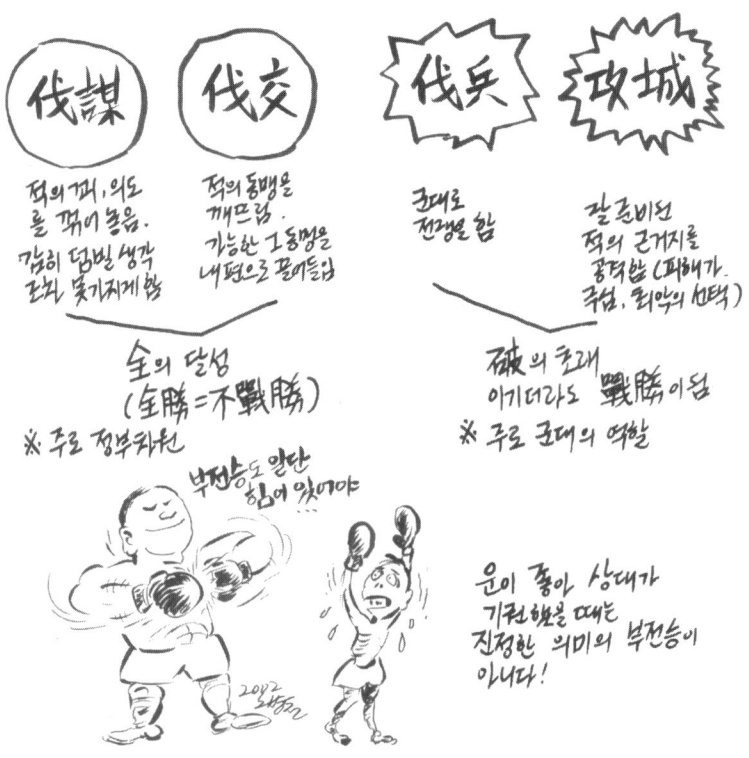

不戰勝의 개념

伐謀
적의 꾀, 의도
를 꺾어 놓음.
감히 덤빌 생각
조차 못가지게 함

伐交
적의 동맹을
깨뜨림.
가능한 그 동맹을
내편으로 끌어들림

伐兵
군대로
전쟁을 함

攻城
잘 준비된
적의 근거지를
공격함 (피해가
극심, 최악의 선택)

全의 달성
(全勝=不戰勝)
※ 주로 정부차원

破의 초래
이기더라도 戰勝이 됨
※ 주로 군대의 역할

부전승도 일단
힘이 있어야

운이 좋아 상대가
기권했을 때는
진정한 의미의 부전승이
아니다!

어 있다면 이러한 벌모는 가능하다.

만약 적의 의도를 꺾을 만큼 힘이 축적되지 못한 상태라면, 일시적
으로는 적을 속이고 판단을 흐리게 하는 궤도(詭道)의 계략으로 시간
을 벌 수 있다. 그러나 그것은 오래가지 못하고 언젠가는 실체가 드러
나게 마련인데 그때는 새로운 위기에 봉착하게 될 수 있다.

따라서 벌모는 근본적으로 실제적인 힘이 뒷받침되어야 하는 것이
다. 벌모가 이루어지면, 적은 감히 덤빌 생각조차 하지 못하게 되고,

또한 화해가 유리하다고 스스로 판단하게 되어 우리가 주도권을 잡고 일을 끌어나갈 수 있게 된다. 그래서 최고의 전략은 벌모를 이루는 것인데, 사실 매우 힘든 과정을 거쳐야 가능한 단계이다.

두번째 단계인 벌교(伐交)는 적이 의지하고 있는 동맹관계를 치는 것이다. 이것은 적과 동맹국 간의 결속된 연결고리를 끊어버리는 것을 말한다. 보다 바람직한 방향은 그 연결고리를 끊음과 동시에 그들을 내편으로 만드는 것이다. 그래서 이것은 고도의 외교전략을 요구한다.

세번째 단계인 벌병(伐兵)이라 함은 벌모와 벌교가 실패하여 어쩔 수 없이 군대로 하여금 전쟁을 하는 단계를 말한다. 즉 적의 병력을 치는 것이다. 이 단계부터는 부전승이 성립되지 못한다. 이미 문제해결을 위해 전쟁이란 수단을 택했기 때문이다. 부전승은 벌모, 벌교단계에서 이루어진다. 그리고 이때의 승리가 전승(全勝)이 된다.

벌병에 이르고 그리고 마지막 단계인 공성(攻城)으로 치달으면 문제는 더욱 심각해진다. 공성은 '성을 공격하는 것'으로서, 적이 자신이 택한 가장 유리한 곳에 위치하여 아군을 유인하며, 마지막까지 버티면서 아군의 출혈과 피해를 강요하는 것인데, 이 작전을 두고 손무는 "최악의 방법이며 가능한 피하라!"고 주의를 주고 있다.

벌병과 공성의 단계에서 요행히 승리를 거둔다해도 이것은 '깨어짐' 즉 '파(破)'를 통한 전승(戰勝)인 것이다. 즉 부전승이 아닌 전승(戰勝)이다. 피를 흘리고 깨어지는 전쟁을 통한 승리라는 것이다.

부전승을 이루는 단계인 벌모와 벌교는 국가지도자의 정치적 역량과 직접적인 관계가 있으며, 국가전략 차원에서 다루어진다. 그리고 이것은 겉으로는 잘 보이지 않는 물밑에서 이루어지는 경우가 많다. 무형(無形)에 가까운 것이며 아직 피를 흘리지 않는 무혈(無血)단계이다.

벌병과 공성에 이르면 국가전략보다는 군사전략 차원에서 군대의 역할이 중요해지며, 공성으로 내려갈수록 간부 특히 초급간부의 능력에 의해 승패가 좌우된다. 이것은 그 행동이 겉으로 드러나는 유형(有形)이며 피를 흘리게 되는 유혈(流血)단계이다.

엄밀한 의미에서의 부전승은 벌모와 벌교에 국한되지만 벌병과 공성의 단계에서도 군의 지휘관은 최소의 희생으로 최대의 성과를 달성하는 부전승의 정신으로 전투를 이끌어나가야 한다.

또한 정부차원에서도 비록 부전승에 실패하여 벌병과 공성의 단계에서 전쟁을 하고 있는 상태이지만 전쟁의 피해를 최소화하고 전쟁의 목적을 달성하기 위해서 부단히 벌모와 벌교를 진행시켜야 한다. 그리고 군대는 평소에 최악의 상황인 공성을 언제나 준비하지 않으면 안 된다.

실전적인 교육훈련을 하며, 전쟁을 대비한 빈틈 없는 준비태세를 갖추는 이러한 모든 노력은 바로 공성까지의 단계를 염두에 둔 일련의 행동들이다. 이것이 바로 벌모로 이어져 결국 부전승을 가능하게 만드는 것이다. 이러한 부전승의 진정한 의미를 깊이 숙고하자.

13. 반드시 온전함으로써 천하의 승부를 다툰다

모공 제3

선용병자(善用兵者)
굴인지병이비전야(屈人之兵而非戰也)
발인지성이비공야(拔人之城而非攻也)
훼인지국이비구야(毀人之國而非久也)
필이전쟁어천하(必以全爭於天下)
고병불둔이리가전(故兵不頓而利可全)
차모공지법야(此謀攻之法也)

잘 싸우는 자는
적을 굴복시키되 싸움으로 하지 않는다.
적의 성을 빼앗되 공격으로 하지 않는다.
적국을 함락시키되 장기전으로 하지 않는다.
반드시 온전함을 유지하여 천하의 승부를 다투니
군대가 손상을 받지 않고 가히 그 이익을 온전히 보존할 수
있게 하니 이것이 바로 모공의 법이다.

다시

한번 「모공(謀攻)」의 법을 언급하고 있다. '단기속결, 부전승 달성'이 그 핵심이다. 문제는 이기되 온전함으로 이겨야 진정한 승리가 된다는 것이다.

처세에 있어서, 이는 무한경쟁 사회에 살아가는 우리들에게 좋은 교훈을 준다. 상대를 죽이거나 망하게 해야 내가 살아남는 살벌한 사

회에서 과연 진정한 승리는 무엇일까? 그것은 서로가 모두 승리하는 길(win-win전략)을 택하는 것이다. 그러기 위해서는 절대평가의 기준으로 우리 자신의 척도를 바꾸어야 한다. 상대평가는 극소수의 승자만이 존재하며 나머지는 모두 패배자가 되는 제도이다.

로버트 글레이저 박사는 성경에 나오는 달란트의 비유에서 절대평가의 기법을 착상하였고 전 세계적으로 이를 확산시켰다.

글레이저 박사는 어떤 기준을 두고 이에 도달하면 성취자, 도달하지 못하면 미성취자, 기준 이상으로 도달하면 과성취자라고 분류하여 남과 비교하는 것이 아니라 스스로의 기준으로 평가할 수 있도록 절대평가의 기준을 만들었다. 유대인들은 천재라고 생각될지 모르지만 사실 유대인들은 천재가 아니라 이러한 절대평가, 절대가치의 기준에 스스로를 맞추어 노력하면서 인구의 대부분이 성취자 혹은 과성취자가 되도록 한 데서 그 우수성이 있는 것이다.

절대가치의 기준을 두고 살아간다면 남과 비교하는 것이 아니라 결국 '자기 자신과의 싸움'이 되어 상대적인 패배감이 사라지고 모두가 승리하는 삶을 살아갈 수 있게 된다.

14. 보좌가 긴밀하면 반드시 나라가 강해진다

모공 제3

> 부장자국지보야(夫將者國之輔也)
> 보주즉국필강(輔周則國必强)
> 보극즉국필약(輔隙則國必弱)
>
> 무릇 장수는 나라의 보목(輔木)과 같은 자이니
> 보목이 주밀하면 나라가 반드시 강해지고
> 보목에 틈이 있으면 나라가 반드시 약해진다.

여기서 보(輔)는 보목(輔木)을 말한다. 수레에서 보목이 튼튼하지 않으면 수레가 쉽게 부서지며 오래 견딜 수 없다. '대개 보거(輔車)는 한 곳인데 나뉘어 두 개의 이름이 있을 뿐이니, 보(輔)는 바깥의 겉[表]이고 거(車)는 안쪽의 뼈대[骨]이므로 서로 의지한다'라고 고문서에는 풀이되어 있어 보(輔)와 거(車)는 반드시 서로 의지를 한다고 하였다.

이와 같이 임금과 장수의 관계도 마찬가지이다. 두 사람이 주밀하게 하나로 되어 있으면 그로 인하여 나라가 반드시 강해지고, 반대로 둘 사이에 틈이 생기면 그로 인하여 나라가 반드시 약해지는 것이다. 그래서 손무가 첫머리에서 강조하였던 '상하가 한마음이 되는 도(道)'가 얼마나 중요한 것인지를 말해주고 있다.

겉으로 보기에는 상하가 한마음이 되어 있는 것처럼 보이나 실상은 틈이 생겨 있는 경우가 허다하다. 계급이나 직책에 의한 권위 때문에,

아니면 출세를 위한 임시방편으로 윗사람의 비위에 맞도록 행동하지만 마음속으로는 상관을 경멸하거나 진정으로 존경하지 못하는 경우가 현실적으로 존재하니, 윗자리에 있는 사람들은 이러한 점에서 면밀히 아랫사람을 돌아보지 않으면 안 된다. 그저 자신에게 좋은 말이나 하고 굽실거리며 매사에 깎듯이 챙겨주는 것에 만족할 것이 아니라 진정으로 아랫사람과 한마음이 되었는가를 냉정히 살펴보는 것이 무엇보다도 중요하다.

예로부터 직언은 될 수 있는 한 삼가라고 하였다. 직언을 하면 자신이 망하고 직언을 하지 않으면 조직이나 나라가 망한다고 한다. 그래서 자신이 망하는 것을 피하기 위해서 대부분의 소인배들은 직언을 삼가게 되고 오히려 아부를 떠는 모습으로 처세를 하게 되기 일쑤이다. 지나치게 칭찬하는 자를 경계하라고 〈삼략(三略)〉에는 기록되어 있다. 주변에 직언을 아끼지 않는 사람을 둔 상관은 참으로 복 받은 사람이 될 것이다. 그리고 그 직언을 순수하게 받아들일 수 있는 포용력이 있는 상관을 둔 아랫사람도 복이 있는 사람들이다.

유비와 제갈공명, 힌덴부르크와 루덴돌프, 이순신과 유성룡 등의 만남은 만남이 얼마나 역사를 바꿀 수 있는 것인가를 보여주는 대표적인 예들이다.

15. 상하가 하고자 함이 같으면 이긴다

지승유오(知勝有五)
지가이여전불가이여전자승(知可以與戰不可以與戰者勝)
식중과지용자승(識衆寡之用者勝)
상하동욕자승(上下同欲者勝)
이우대불우자승(以虞待不虞者勝)
장능이군불어자승(將能而君不御者勝)

승리를 알 수 있는 다섯 가지가 있다.
싸울 수 있는 적인지 아닌지 잘 알면 이길 수 있다.
병력의 집중과 절약을 잘 쓰면 이길 수 있다.
상하가 하고자 함이 같으면 이길 수 있다.
대비함으로써 대비하지 않은 적을 상대하면 이길 수 있다.
장수가 능하고 군주가 간섭하지 않으면 이길 수 있다.

승리를 미리 알 수 있는 다섯 가지 경우가 열거되어 있다. 첫번째 나오는 것은, 적과 나의 전력비(戰力比)를 따져보아 승산을 판단한 후에 결코 무모하게 적과 상대하지 말아야 함을 강조하고 있다. 싸워 이길 확률이 적음에도 불구하고 의지만을 가지고 덤벼들었다가는 위험하기 그지없다. 그래서 중요한 것은 먼저 상대가 과연 싸울 만한 적인지 아닌지를 확실하게 아는 것이다.

두번째는, 병력의 집중과 절약에 관한 문제이다. 보통의 경우 적을 압도할 만한 우세를 점하기란 쉽지 않기 때문에(설사 그러한 우위를 점하고 있다 하더라도) 병력의 집중과 절약의 운용을 잘하는 것은 매우 중요하다. 나폴레옹은 병력의 집중과 절약에 있어서 천재성을 과시하였다. 그는 열세한 병력이라도 결정적 지점에, 결정적 시간에, 상대적 우세의 병력을 투입하여 승리를 쟁취하였다. 또한 계획적 분산 및 집중의 원칙을 적용·분산함으로서 적의 분산을 유도하고 적이 분산되었을 때 압도적인 기동력으로 집결하여 상승장군이 되었다.

그는 동맹된 적과 싸울 때는 동맹군의 접합부(joint)를 향한 중앙돌파를 시도, 분리된 적을 각개 격파하는 전법으로 승리를 쟁취하였는데, 이러한 집중과 분산, 절약의 원리는 〈손자병법〉에서 기인한다.

「허실」제6에 보면 '아전이적분(我專而敵分)'이라 하여 '나는 오로지 하나로 하고 적은 분산시킨다'고 하여 집중과 절약에 대한 여러 가지 어구들이 나온다. 나폴레옹은 손무의 전략을 항상 명심하였고 그의 정신적 제자였다.

세번째 나오는 '상하동욕자승'은 만고의 진리이다. 마지막 어구는 약간의 주의를 요한다. 군주가 간섭하지 못할 조건으로 장수가 일단 유능해야 함을 깊이 생각해볼 일이다.

16. 적과 나를 알면 백 번 싸워도 위태하지 않다

지피지기백전불태(知彼知己百戰不殆)
부지피이지기일승일부(不知彼而知己一勝一負)
부지피부지기매전필태(不知彼不知己每戰必殆)

적과 나를 알면 백 번 싸워 위태하지 않고
적은 모르고 나만 알면 승리의 확률은 반이고
적도 모르고 나도 모르면 매번 싸울 때마다 위태하다.

손자병법 에서 가장 유명한 어구 중의 하나이다.
그런데 지피지기백전불태(不殆)인지 아니면 지
피지기백전불패(不敗)인지 여러 사람들이 혼돈하고 있는 경향이 있다.
결론은 불태(不殆)가 맞다. 태(殆)는 '위험하다' '위태하다'의 의미가
있다. '적과 나를 알면 단지 위태하지 않을 수준에 불과하지, 결코 패
배하지 않는다'고는 얘기할 수 없기 때문이다.

「지형」 제10에 보면 '지피지기승내불태(知彼知己勝乃不殆) 지천지
지승내가전(知天知地勝乃可全)'이라 하여 '적과 나를 아는 것은 승리
가 위태하지 않을 수준이며 천과 지까지를 알아야 승리가 가히 온전
해질 수 있다'고 하는 어구가 있다. 적과 나를 아는 수준에 그치면 단
지 승리가 위태하지 않을 수준밖에 도달하지 못한다는 것이다.

따라서 백전불패(百戰不敗)가 아니라 백전불태(百戰不殆)가 타당하
다. 그러나 마지막 어구인 '부지피부지기매전필태(每戰必殆)'는 문헌

知彼 知己 百戰不殆

百戰百勝이 아니다! 백전백승이라는 말은 손자병법에 없다!

知? 무엇을 알아야 하는가?
① 적과 나의 강·약·허·실
② 知勝有五 (다섯가지 승리조건)

승리를 온전히 하기위해서는
+ 知天 知地
= 勝乃可全
(地形 제10)

知(안다)?
그냥 듣고 지식적으로 아는것이 아닌, 그 본질을 체득하고 행동에 옮길 수준에 있을 때 비로소 "안다"고 할수 있다!

에 따라 '매전필패(每戰必敗)'라고 기록되어 있다. 그래서 이 어구는 태(殆)나 패(敗) 둘 다 맞다. 고문헌에는 가끔씩 이렇게 혼용되어 사용되기도 하기 때문인데, 무경칠서나 앵전본(櫻田本)에서는 필패(必敗)로 되어 있고 십일가주본(十一家注本)이나 통전(通典)에는 필태(必殆)로 되어 있다.

지피(知彼)는 적의 허실, 강약을 아는 것을 말하고 지기(知己)는 나의 허실, 강약을 아는 것을 말한다. 물론 이 어구 바로 앞에 제시된 지승유오(知勝有五)의 의미를 적과 나의 관점에서 아는 것도 포함될 수 있다. '적은 모르고 나만 안다면 승리의 확률은 반이다'고 했는데, 당시 춘추말기 상황에서 볼 때 '한번은 이기고 한번은 진다'라고 얘기하기는 곤란하다. 왜냐하면 이기면 이기는 것이고 지면 회복하기 어려울 정도로 치명적으로 지게 되는 것이니 한번은 이기고 한번은 진다는 것은 맞지 않는다.

그러므로 '승리의 확률이 반이다'라고 하는 것이 타당하다. 적과 나를 아는 것, 이것은 아무리 강조해도 지나침이 없다. 정보전의 중요성을 일찍부터 간파한 손무의 혜안이 무섭다. 그래서 그 당시에는 수많은 간첩들이 활동하고 있었으며, 손무는 〈손자병법〉 마지막 편을 할애해서 간첩을 부리는 방법인 용간(用間)을 상세히 기록하였다.

17. 먼저 적이 이길 수 없도록 해놓고 적에게 이길 수 있는 기회를 기다린다

선위불가승이대적지가승(先爲不可勝以待敵之可勝)
불가승재기(不可勝在己)가승재적(可勝在敵)
고선전자능위불가승(故善戰者能爲不可勝)
불능사적필가승(不能使敵必可勝)
승가지이불가위(勝可知而不可爲)

먼저 적이 이길 수 없도록 해놓고
적에게 이길 수 있는 기회를 기다린다.
적이 나를 이길 수 없도록 하는 것은 나에게 달려 있고
내가 적을 이길 수 있는 것은 적에게 달려 있다.
그러므로 잘 싸우는 자는 능히 적이 나를 이길 수 없도록
할 수는 있지만 내가 반드시 적을 이기도록 하기란 어렵다.
어떻게 하면 이길 수 있는가 알 수는 있지만
그렇게 만드는 것은 매우 어려운 것이다.

적이 나를 이길 수 없도록 만든다는 것은 내가 완전한 준비태세를 갖출 때 비로소 가능하다. 그래서 이는 나에게 달려 있으므로 재기(在己)이다. 반대로 내가 적을 이길 수 있는 것은 적의 약점이 노출되고, 적의 준비가 미흡한 경우인데 이는 적에게 달려 있으므로 재적(在敵)이다. 적이 나를 이길 수 없도록 하는 것은 비교적

쉽다. 왜냐하면 이는 나에게 달려 있기 때문에 내가 부지런히 이길 수 있는 전투준비태세를 갖추면 되기 때문이다. 그러나 내가 반드시 적에게 이기는 것은 적에게 달려 있기 때문에 적을 내 마음대로 다루기는 어려워서 이는 매우 힘든 것이라 하는 것이다.

그러므로 현명한 장수는 우선 내가 할 수 있는 것, 즉 적이 나를 이길 수 없도록 철저한 전투준비태세를 갖추는 일부터 해놓고, 그 다음에 적을 이길 수 있는 허점이나 약점을 노리는 길을 택하는 것이다.

18. 여러 사람의 입에서 잘했다고 칭찬 받는 승리는 최선의 승리가 아니다

군형 제4

견승불과중인지소지(見勝不過衆人之所知)
비선지선자야(非善之善者也)
전승이천하왈선(戰勝而天下曰善)
비선지선자야(非善之善者也)

승리를 보는 것이 불과 여러 사람들이 아는 바에 지나지 않음은
최선의 승리가 아니다.
전쟁에 승리함에 천하에서 잘했다고 칭찬 받는 승리는
최선의 승리가 아니다.

보통 사람들도 승리를 알 수 있는 '눈에 보이는 뻔한 승리'나 '그들 입에서 잘했다'고 칭찬할 정도의 승리는 고차

바람직한 승리!

정말 잘 싸우는 자는
잘 싸운다고 하는 이름도
드러나지 않는다!

이삼류 승리자가 대중들 눈에
띠어 약간의 명성을 얻는다.

고수는 흔적이 없다.
고로 새로운 적도 나타나지
않고 따로 긴장할 필요도
없다! 적을 만드는 승리는
하수의 승리다!

원적인 승리가 될 수 없다. 은밀하게 조치가 되고 겉으로는 드러나지 않으면서 완벽하게 승리를 거둘 경우, 보통 사람들의 눈에는 그 승리가 보이지 않고 그렇기 때문에 잘했다고 칭찬할 수 없다.

이러한 수준이 되어야 비로소 고차원적인 승리가 될 수 있다. 승리는 승리로되 승리에도 차원이 있음을 말해주고 있다.

19. 잘 싸우는 자의 승리는 기이하다거나, 이름도, 공적도 나타나지 않는다

고선전자지승야(故善戰者之勝也)
무기승(無奇勝) 무지명(無智名) 무용공(無勇功)

그러므로 잘 싸우는 자의 승리에는 기이한 승리도 없고,
지혜롭다는 명성도 없으며, 용맹스럽다고 하는 공적도 없다.

여기서 무기승(無奇勝)은 한간본(漢簡本)에 근거하여 첨가하였다. 물론 다른 본에는 없는 어구이다. 진정한 승리는 과연 어떤 승리인가를 보여주는 차원 높은 수준의 어구이다.

잘 싸우는 자의 승리는 워낙 잘 싸울 수밖에 없도록 모든 조처가 이루어져 있었기 때문에 (기소조필승 : 其所措必勝) 겉으로 드러나는 '기이한 승리'라든지, '지혜롭다고 하는 명성'이라든지, '용감히 싸웠다고 하는 공적' 등이 없을 수밖에 없다.

두목(杜牧)은 이 어구를 주해함에 있어서 "싹이 아직 트지 않았을 때 승리해서 천하가 알지 못하므로 지혜롭다는 명성이 없고, 일찍이 칼날에 피를 묻히지 않고도 적이 이미 항복하므로 용감하다고 하는 공적이 없다"고 하였다.

본래 비슷비슷한 수준끼리 싸울 때 범인들이 보면서 아슬아슬하여 박수도 치고 용감하다고 하는 공적도 금방 드러나는 것이다. 이는 저 차원적인 승리이다. 여기서 주의해야 할 것은 승리가 귀하지 승리 외에 공적이 드러나기를 애쓴다거나 잘했다고 하는 박수를 기대해서는

본질에서 벗어나지 말라!
박수를 의식해서 큰일을 그르치는 어리석음!

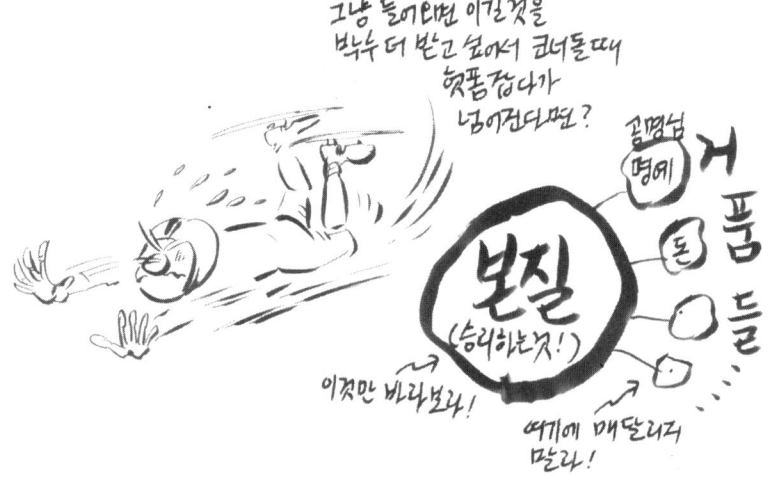

그냥 들어오면 이길 것을
박수 더 받고 싶어서 코너돌 때
헛폼잡다가
넘어진다면?

공명심
명예
돈

거품들

본질
(승리하는 것!)

이것만 바라보라!

여기에 매달리지 말라!

안 된다는 것이다. 전쟁에서는 승리가 가장 귀하다.

쓸데없는 공적놀음이나 하고 사람들에게 우쭐대기를 기대하는 방향으로 처신을 하거나 전쟁을 이끌어 나가면 자칫 패하게 될 수 있다. 스케이트 시합 때 그대로 진입하면 자동적으로 일등을 할 터인데 코너를 돌 때 멋지게 박수를 받으려고 헛폼을 잡다가 넘어진다면 그 쓰라림을 어디에 호소할 것인가?

승부 세계에서 쓸데없는 공명심은 금물이다. 말레이시아 속담에 '암탉이 알을 낳을 때는 온 동네가 다 알지만, 거북이는 수만 개의 알을 낳으면서도 죽은 듯이 조용하다'는 재미있는 얘기가 있다. 이는 처세에도 그대로 적용된다. 진정한 승리자는 겉으로 그 공적이 드러나지 않으면서도 목적을 이루는 자이다.

공적이 찬란하게 드러나면 반드시 그에 따르는 부작용이 있게 마련이다. 시샘을 하는 무리가 생기거나 험담하여 깎아내리려는 무리가 생기고 새로운 적이 출몰하게 마련이다. 떠들썩한 어리석은 승리를 피해야 한다. 이기는 것이 귀하지 그 외 어떤 것도 승리에 대처할 수 없다. 본래 속이 깊고 실력을 갖춘 사람은 오히려 바보처럼 보이며, 겸손하다. 속에 든 것이 없을수록 겉으로 화려하게 치장하고 나타내기를 좋아하는 법이다.

주위로부터 예리하고 똑똑하다는 평가를 받는 것보다, 실제로 실력은 있으나 주위로부터 둔감한 사람이라는 평가를 받는 것이 궁극적으로는 유리할 수 있음도 깊이 생각하자.

여기에 또 다른 측면을 신중히 살펴볼 필요가 있다.

살아가면서 우리는 대부분 '반드시 이기는(必勝)'것에 목표를 두고 있다. 그러나 가끔씩은 '지지 않는(不敗)'것에 목표를 둘 필요도 있다. 반드시 이기는 것에 목표를 두면 그에 따른 많은 부작용(경우에 따라서는 파멸에 이르게 하는)이 생겨날 수 있지만, 욕심을 낮추어 그저 '지지 않는 것'에 목표를 둔다면 많은 부분에서 자유로울 수 있다.

무기승(無奇勝), 무지명(無智名), 무용공(無勇功)의 지혜를 배우자.

20. 이겨놓고 싸운다

고선전자(故善戰者)
입어불패지지(立於不敗之地)
이불실적지패야(而不失敵之敗也)
시고(是故)
승병(勝兵)선승이후구전(先勝而後求戰)
패병(敗兵)선전이후구승(先戰而後求勝)

그러므로 잘 싸우는 자는
패하지 않을 태세에 서서
적이 패할 기회를 놓치지 않는다.
이런 까닭에
이기는 군대는 먼저 이겨놓고 그 후에 싸움을 구하고
지는 군대는 먼저 싸움부터 하고 그 후에 승리를 구한다.

'이겨놓고

싸운다'고 하는 유명한 〈손자병법〉의 어구가 나온다. 이겨놓고 싸우기 위해서는 먼저 조건이 충족되어야 한다.

'입어불패지지(立於不敗之地)' 즉 먼저 패하지 않을 태세를 갖추어 놓아야 한다. 이는 지기(知己)차원이며, 나의 태세를 면밀히 검토해 보아 나의 약점이나 허점이 무엇인가를 알아내어 그것을 보완하기에 노력하고, 나의 강점을 더욱 살려서 완벽한 전투준비태세를 유지하는 일이 바로 이러한 '입어불패지지'에 들어서는 것이다. 먼저 이런 태세를 갖춘 후에 '지피(知彼)'차원에서, 적의 허점과 약점을 정탐하여 적이 패할 수 있는 기회가 포착될 시에는 즉각 이를 놓치지 않고 공격하는 것이 바로 '불실적지패야(不失敵之敗也)'의 개념이다. 여기서 시기를 놓치지 않는 것은 매우 중요하다. 그래서 '지피'를 위한 다양한 방법의 정보활동은 언제나 중요시 된다.

이러한 두 가지가 충족될 때 비로소 '이겨놓고 싸운다'고 하는 어구인 '승병선승이후구전(勝兵先勝而後求戰)'이 가능하다. 아무런 준비도 없이 무조건 '의지'만을 앞세워 '이겨놓고 싸운다'라고 해서는 곤란하다. 전쟁은 자기가 생각하는 것처럼 호락호락하지 않기 때문이다. 만약 위의 두 가지 조건이 충족되지 못할 때에는 '패병(敗兵)'이 되기 쉽고, 그렇게 되면 아무 대책 없이 일단 싸우면서 그 가운데 승리할 구멍을 급급하게 찾게 되는 꼴이 되어 '패병선전이후구승(敗兵先戰而後求勝)'이 되는 것이다.

21. 정(正)으로 대하고 기(奇)로써 승리한다

범전자(凡戰者)
이정합(以正合)
이기승(以奇勝)

무릇 싸움은
정(正)으로 대하고
기(奇)로써 승리한다.

여기서 정(正)과 기(奇)의 개념이 나온다. 합(合)이란 '대하다, 교전한다'는 의미가 있다. 그래서 문자 그대로 풀면 '전쟁은 정(正)으로써 교전하고 기(奇)로써 승리를 다툰다'고 할 수 있다. 보다 정확하고 광범위하게 이 의미를 살리기 위해서는 정(正)과 기(奇)에 대한 개념부터 이해해야 한다.

정(正)은 두 가지로 크게 나누어 설명할 수 있다.

첫째는 국가적 차원이다. 이는 국가의 경제력, 국민의 단합, 전쟁지휘체제를 비롯한 국가의 전쟁수행능력 등으로 볼 수 있다.

둘째는 군사적 차원이다. 이는 부대의 전투력, 숙달된 훈련, 무기와 장비, 근본이 되는 교리 등을 말할 수 있다.

전쟁이란 이러한 정(正)의 힘으로 적과 대하게 되는 것이다.

그 다음은 기(奇)에 관한 것이다. 정(正)으로 교전하면서 결국 승리를 결정짓는 것은 기(奇)의 몫이다. 기(奇)는 말 그대로 기책(奇策), 전

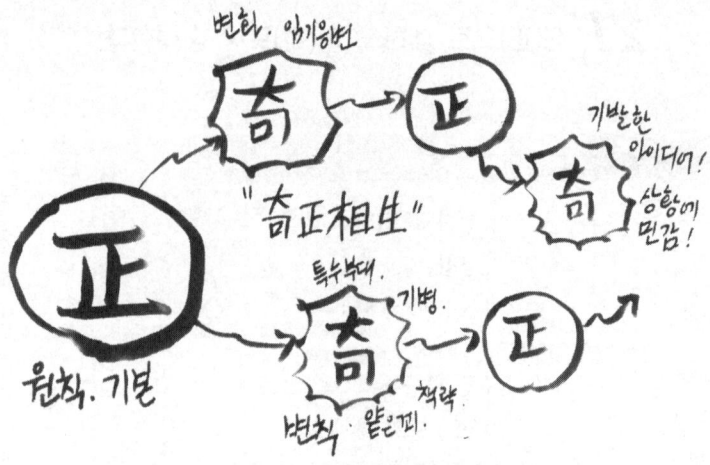

변화. 암기응변

奇 → 正

기발한 아이디어!

상황에 민감!

"奇正相生"

正

원칙. 기본

특수부대.

奇 기병. → 正

변칙 · 얇은 피. 척략

※ 正의 힘이 근본적으로 탄탄해야 하며, 장기적 차원에서 승리의 기반이 된다 (원칙으로 승부한다!)

※ 奇는 正을 바탕으로 결정적 시기에 승리를 낚아채는 기법

※ 正이 약한 상태에서 奇는 지나치게 강하다면 오래가지 못함.

략(戰略), 전법(戰法), 꾀 등을 말하고 있다. 정(正)이 고정된 형태의 하드웨어라고 비유한다면 기(奇)는 상황에 따라 수시로 변하는 소프트웨어라 할 수 있다.

여기서 주의해야 할 것은 정(正)의 힘이 부족한데 무모한 의지만을 가지고(이는 만용임) 잔머리만 굴리는 기(奇)를 발휘한다면 그 전쟁의 결과는 지게 될 것이 자명하다. 기(奇)의 크기와 범위는 정(正)의 크기에 비례해야 안전하다. 그래서 지도자들은 평소에 기(奇)를 배양하기 위한 노력을 기울이되 결코 힘의 근본이 되는 정(正)을 배양하기 위한 노력을 게을리 해서는 안 된다. 우선 순위는 어디까지나 정(正)이다. 정(正)이 부족한 상태에서는 합전(合戰) 자체를 근본적으로 재고해야 한다.

처세에 있어서도 이러한 관계는 그대로 적용된다. 근본적인 힘과
능력[正]을 잘 갖춘 후에 그에 따라 실생활에 적용하는 기(奇)를 발휘
해야 한다. 실재에 있어서는 빈껍데기인데 겉으로만 그럴듯하게 잔꾀
를 부리며 처세를 한다면 결코 오래가지 못한다. 인생은 오래 가는 데
그 생명이 있다. 순간 반짝하였다가 이내 져버리는 삶이 되어서는 바
람직하지 못하다. 오래 가되 가치 있고 실속 있게 가는 것이 지혜로운
사람의 삶이 될 것이다.

22. 부대 전체에서 세(勢)를 구하되 개인에게서 구하지 않는다

> **병세 제5**
>
> 선전자(善戰者)
> 구지어세(求之於勢) 불책어인(不責於人)
> 고능택인이임세(故能擇人而任勢)
>
> 잘 싸우는 자는
> 부대 전체의 세를 구하되 개인에게서 구하지 않는다.
> 그러므로 적재적소에 배치하여 세를 맡긴다.

〈손자병법〉에서 대단히 강도 높게 다루고 있는 세(勢)
에 대한 문제이다. 실제 전쟁을 함에
있어서 위력을 발휘하여 적을 굴복시키는 실체는 바로 '세(勢)'이다.
「군형(軍形)」은 세(勢)를 만들기 위한 조건에 불과하다.

〈손자병법〉 13편 전체의 저변에 흐르고 있는 정신은 바로 세(勢)에 관한 것이라 할 수 있다. 세(勢)가 제대로 발휘되지 못한다면 그 전쟁의 승패는 자명하다. 그래서 지휘관들은 어떻게 하면 최대의 세(勢)를 발휘하게 할 수 있을까 하는 문제를 두고 고민하고 연구해야 한다.

위 어구에서 말하고 있는 세(勢)는 「병세편」의 핵심인데 두 가지로 구분하여 설명할 수 있다.

첫째는, 세를 구하되 개개인에게서 구하지 말고 부대나 조직 전체에서 구하라는 것이다. 이는 시스템적 부대관리를 말하고 있다. 개인이 아무리 똑똑해도 그것이 전체의 세에 기여하지 못한다면 아무 소용이 없다. 경우에 따라서는 조직목표 달성에 방해가 되는 존재가 될 수 있다. 조직의 분위기가 열심히 일하며, 성실히 자기 임무를 수행할 수 있는 분위기로 만들어져야 한다. 게으름 피우고 싶어도 조직의 세(勢)에 밀려 열심히 일할 수밖에 없는 체제로 만들어야 하는 것이다.

이러한 시스템적 관리가 잘 된 나라가 바로 로마였으며, 오늘날에는 미국을 비롯한 선진국들이다. 로마를 공포로 몰아넣었던 한니발을 굴복시킨 로마에는 한니발보다는 조금 못한 장군 11명이 존재했다. 조직적으로 잘 관리된 11명의 장군들이 존재했기 때문에 독불장군 한니발은 궁극적으로 무릎을 꿇었다. 사장이 없어도, 지휘관이 없어도 저절로 주어진 일을 성실하게 해치우는 조직은 '세(勢)'가 살아 있는 조직이다.

위에서 말하는 두번째 의미는, 적재적소(適材適所)의 문제이다.

조직이나 부대 전체의 세(勢)를 극대화하기 위한 가장 중요한 방편으로 적재적소가 언급된다. 개인의 적재적소가 되지 않고 조직에 있어서 세의 극대화를 기대해서는 안 된다. 적재적소에서 중요한 것은 잠재력을 파악하여 이를 어떻게 자리매김 하는가 하는 문제이다.

개인에게 책임을 전가하지마라! 조직 전체의 勢 (Teamwork)를 이용하라!

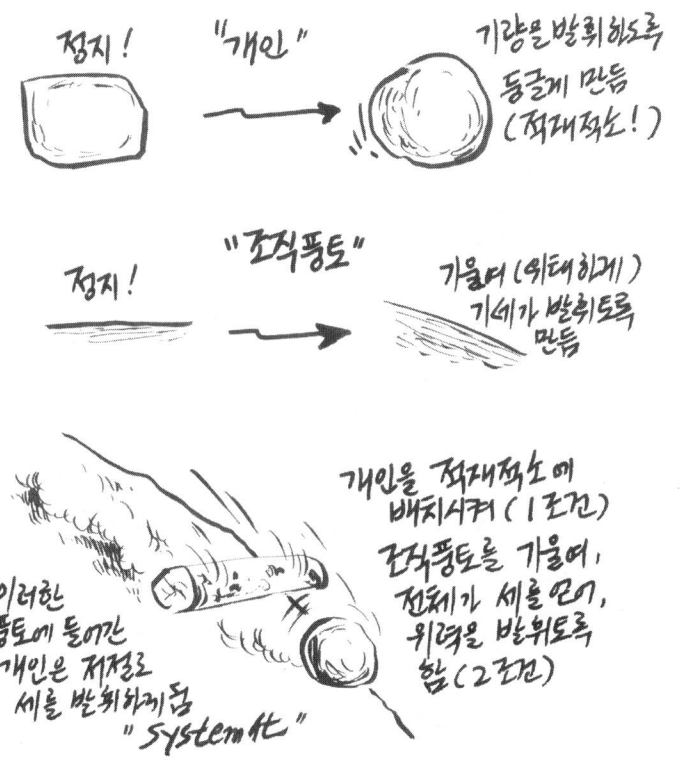

심리학자 길퍼드의 연구결과에서 말하듯이 사람의 지적능력에는 바보와 천재가 늘 공존하게 마련이다. 리더의 역할은 바로 조직원의 적재적소와 이를 이용한 전체의 세를 어떻게 극대화시키는가 하는 데 있다.

23. 적을 이르게 하되 이름 받지 않는다

허실 제6

선처전지이대적자일(先處戰地而待敵者佚)
후처전지이추전자로(後處戰地而趨戰者勞)
고선전자(故善戰者)
치인이불치어인(致人而不致於人)

먼저 싸움터로 나가서 적을 기다리는 자는 편안하고
나중에 싸움터에 나가서 급하게 싸우는 자는 피곤하다.
그러므로 잘 싸우는 자는
적을 이르게 하되 적에게 이름 받지 않는다.

주도권 확보와 관련된 중요한 어구이다. 적보다 먼저 예측하여 전장을 선택하고, 전장을 먼저 점령함으로써 시간적, 심리적인 여유를 가지고 적을 기다리는 자가 선전자(善戰者)이다. 전쟁의 승부는 결국 주도권을 누가 먼저 차지하느냐 그리고 확보한 주도권을 누가 끝까지 장악하느냐에 달려 있다.

주도권을 확보하는 방법에는 여러 가지가 있겠지만 우선적으로 고려되어야 할 것은 '어디에서, 언제 싸울 것인가?'하는 문제를 명확히 규정하는 것이다. 시간과 장소를 주도적으로 택할 수 있으면 보다 적은 노력과 투자로 적을 내 의지대로 끌어갈 수 있다.

추(趨)는 '서둘러 뛰어가다'의 의미로서 허겁지겁 달려가는 모습을 말하고 있다. 이런 자는 주도권을 잡을 수 없다. 미리 준비하고, 미리

기다리는 자만이 여유를 가지고 적을 부릴 수 있다.

'치인이불치어인(致人而不致於人)'에서 '치인(致人)'은 적을 움직이게 하는 것이고, '치어인(致於人)'은 적에게 끌려가는 것을 말한다.

두목(杜牧)은 이 어구를 "적으로 하여금 나에게 오게 하고 나는 마땅히 힘을 축적하고 기다려야 한다. 내가 적에게 가서는 안 되니, 내가 지칠까 염려되기 때문이다"라고 풀이했다. 타당한 해석이다.

처세에 있어서, 어차피 어떤 일을 해야 하는 경우에는 주도적인 자세로 임하는 것이 훨씬 편할 때가 많다. 마지못해 끌려가면서 하면 재미없고, 능률도 오르지 않고 또한 객관적인 평가도 좋지 않게 된다.

어떤 임무에 부딪혔을 때 순간적으로 판단하라. 이 일은 어차피 해야 되는 것인가? 피할 수 없는 성격인가? 만약 피할 수 없다면 차라리 적극적으로 그 일에 임하라. 피할 수 없다면 즐기라는 말이다.

경쟁사회를 살아가는 우리에게 있어서 '치인이불치어인(致人而不致於人)'은 늘 마음에 새겨두고 실천해야 하는 명구 중의 명구가 아닐 수 없다.

24. 적이 어디를 지켜야 할지 모르도록 공격하고 적이 어디를 공격해야 할지 모르도록 지킨다

허실 제6

> 선공자(先攻者) 적부지기소수(敵不知其所守)
> 선수자(善守者) 적부지기소공(敵不知其所攻)
>
> 잘 공격하는 자는 적이 어디를 지켜야 할지 모르게 공격하고
> 잘 수비하는 자는 적이 어디를 공격해야 할지 모르게 지킨다.

'적이
어디를 지켜야 할지 모르게 공격한다'라고 하는 어구
는 리델하트가 그의 간접접근전략 이론 속에 대용목표
(Alternative Objectives : 예비목표, 택일목표)라 하여 사용하였던 어구
이다. 즉 여러 개의 목표 중에서 공격자가 선택의 자유를 갖는 동등
목표군으로서 이러한 대용목표를 위협하는 작전선을 취하게 되면 방
어자는 어느 것을 지켜야 할지 모르게 되는 혼돈과 궁지에 빠지게 된
다는 것이다.

남북전쟁 당시 북군의 셔먼 장군이 그 유명한 '바다로의 진군(March
to the Sea)'을 감행했을 때 그가 취한 대용목표를 향한 공격은 바로
이를 말해 주고 있다.

셔먼은 1864년 11월 15일 북군을 이끌고 애틀랜타를 출발하여 조지
아주를 통과하는 대기동 작전에 들어갔다. 이때 그는 남군으로 하여금
북군의 목표가 메이컨인지 아니면 오거스타인지, 혹은 오거스타인지
아니면 사반나인지 알지 못하게 아주 애매한 기동로를 택하였다.

셔먼은 만약의 상황에 대비하여 언제든지 특정한 일개목표를 취할
준비는 되어 있었지만 남군은 셔먼의 공격목표를 헤아리지 못하여 순
순히 진로를 열어주었던 것이다.

남군에게 있어서는 양쪽의 목표에 대비하기 위하여 병력을 양쪽으
로 분산하는 과오를 종종 범하기도 하였다. 이것이 바로 대용목표(代
用目標)를 지향하는 작전의 모습이다. 그래서 선공자(善攻者)는 적부
지기소수(敵不知其所守)인 것이다.

반면에, 잘 지키는 자는 적이 어디를 공격해야 할지 모르게 지키는
것인데 이는 완벽한 방어태세를 갖출 때 가능하다. 방어병력이나 장
비, 진지가 부족하거나 미흡하면 허수아비 진지 등 각종 기만책을 강
구, 빈틈없는 방어태세를 보임으로서 적으로 하여금 어디를 공격해야

할지 모르게 하는 것이 중요하다.

계속되는 어구인 '지어무형(至於無形)'은 나의 형태를 감춤으로써 적으로 하여금 어디를 공격해야 할지 모르도록 하는 것을 말하고 있으며, '지어무성(至於無聲)'은 공자가 아무런 기척도 없이 행동함으로써 방자가 어디를 지켜야 할지 모르도록 하는 것을 말하고 있다.

25. 적이 반드시 구해야 할 곳을 치고 적의 기도하는 바를 어긋나게 하라

아욕전(我欲戰)
적수고루심구(敵雖高壘沈溝)
부득불여아전자(不得不與我戰者)
공기소필구야(攻其所必救也)
아불욕전(我不欲戰)
수획지이수지(雖劃地而守之)
적부득여아전자(敵不得與我戰者)
괴기소지야(乖其所之也)

내가 싸우고자 마음만 먹으면
적이 비록 높은 성루를 쌓고 성 앞에 깊은 도랑을 판다해도
부득불 나와 더불어 싸우지 않을 수 없게 되는 것은
내가 적이 반드시 구해야 할 곳을 치기 때문이요,
내가 싸우지 않겠다고 마음을 먹으면
내가 비록 땅위에 선 하나만 그어 지킬지라도
적이 나와 더불어 싸우지 않게 되는 것은
내가 적이 의도하는 바를 어긋나게 해놓기 때문이다.

이 어구는 대단히 주도적인 어구이다.

'내가 전장의 주도권을 잡고 있다면 싸움 여부는 전적으로 내게 달려 있다'고 하는 말이다. 내가 싸우고자 하면 아무리 적이 철저

히 방어준비를 하여 그 자리를 굳세게 지키겠다고 해도 나와 싸울 수밖에 없도록 만들 수 있다는 것이다. 그래서 이를 위한 방법으로 공기소필구(攻其所必救)를 들고 있다. 이는 적에게 있어서 치명적으로 중요한 급소(물자, 보급원, 중요한 지형지물, 전략무기 등)를 내가 공격하게 되면 적은 이를 구하고자 반드시 나와 더불어 싸우게 된다는 것이다.

이는 현대 군사용어로 중심(重心)에 해당하는 급소들이다.

한니발이 로마군을 칸네로 끌어들이기 위하여 로마군의 보급창을 공격한 예를 들 수 있다. 결국 로마군은 한니발의 꾀임에 빠져 칸네에 출정, 7만여 명의 사상자를 냈던 것이다. 반대로, 내가 싸우기 싫으면 여러 가지 계책을 강구하여 적으로 하여금 의심을 자아내게 하여 섣불리 공격하지 못하도록 할 수 있는 것이다.

〈손자병법〉 전체의 맥락을 잘 보면, 전쟁은 가능한 피해야 하는 것이지만 전쟁을 해야 할 경우에는 반드시 유리한 조건을 만들어서 하라고 하는 신중론이 배어 있다. 그리고 전쟁이나 전투에서 승리를 쟁취하기 위해서는 반드시 주도권을 장악해야함을 강조하고 있으며, 주도권 장악은 '이익'과 '불이익'의 관계를 잘 활용할 것을 교훈으로 하고 있다. 이는 이익으로써 적을 유인하고 불이익을 보여줌으로 적의 공격을 미리 차단하는 등의 제조치를 말한다. 모든 활동에서 '이익'과 '불이익'을 항상 생각하면서 신중히 행동한다면 실패의 확률은 그만큼 줄어들 것이다.

26. 모든 곳을 다 막으려하면 어느 한곳도 소홀하지 않을 수 없다

허실 제6

비전즉후과(備前則後寡)
비후즉전과(備後則前寡)
비좌즉우과(備左則右寡)
무소불비즉무소불과(無所不備則無所不寡)
과자비인자야(寡者備人者也)
중자사인비기자야(衆者使人備己者也)

앞을 대비한즉 뒤가 부족하고
뒤를 대비한즉 앞이 부족하고
좌를 대비한즉 우가 부족하고
우를 대비한즉 좌가 부족하다.
모든 것을 다 막으려하면 어느 한곳도 소홀하지 않을 수 없다.
부족한 것은 내가 적에 대해 대비하기 때문이요
넉넉한 것은 적으로 하여금 나를 대비하게 하기 때문이다.

이곳저곳 모든 곳을 다 막으려 한다면 필연적으로 병력이 부족할 수밖에 없다. 그래서 지휘관은 어느 곳이 결정적으로 중요한가를 잘 분별하여 병력을 집중할 필요가 있는 것이다.

그렇기 때문에 과감히 포기해야 할 부분도 있다. 불안하기도 하고 혹은 욕심이 나서 이곳 저곳을 모조리 완전하게 채우려 한다면 충분한 병력이 있을 때는 혹시 몰라도(이런 경우에도 병력을 효율적으로 운용하지 못하는 우를 범하게 되는 격이 되지만) 대부분의 경우에는 소홀한

포기할것은 미련없이 포기하라!

무소불비 무소불과.
모든 곳을 다 막으려고 한다면
부족하지 않는 곳이 없다!

人生에 있어서도 마찬가지다.
모든것을 다 얻고자 한다면
부족하지 않은 부분이 없다.

버릴것은 과감히 버려라!

양보할것은 양보하라!

生에 있어서
결정적으로 무엇이
중요한지 잘 알아라!

2002
대재정

돈
명예
건강

곳이 드러날 수밖에 없다. 그래서 지휘관은 지형안(地形眼)을 가져야
한다. 그렇지 못하면 어느 곳을 택할 때 결정적인 방어력을 발휘할 수
있을 것인가를 분별할 수 없다.

  병력의 부족은 '비인(備人)' 즉 내가 수동적인 위치가 되어 적의 공
격에 대비해야 할 때 통상 발생되는 것이며, 병력이 남아돌 수 있는
것은 '사인비기(使人備己)' 즉 내가 능동적이 되어 적으로 하여금 나
의 공격에 대비하도록 만들 때 가능해진다. 그래서 방어는 차후 공격

을 위한 준비단계로서 최소한의 시간에 한해야 한다.

예로부터 방어만 성공해서 전쟁에 승리를 거두는 경우는 없었다. 어디까지나 공격을 통해서만이 전쟁에서 최후의 승리를 거둘 수 있었다. '무소불비즉무소불과(無所不備則無所不寡)'처세에 있어서 이어구는, 모든 것을 하나도 포기하지 않으려는 욕심꾸러기에게 적용될 수 있다. 버릴 것은 버려야 하고 포기할 것은 포기하여야 하고 줄것은 주어야 한다.

27. 아무리 적이 많다하더라도 가히 싸우지 못하게 만든다

허실 제6

월인지병수다(越人之兵雖多)
역해익어승패재(亦奚益於勝敗哉)
고왈(故曰)
승가위야(勝可爲也)
적수중가사무투(敵雖衆可使無鬪)

월나라 병력이 비록 많을지라도
역시 어찌 승패에 도움이 되리오.
그러므로
승리는 가히 내가 만들 수 있는 것이다.
비록 적이 많을지라도 가히 싸울 수 없도록 만든다.

손무가

〈손자병법〉을 완성할 당시에는 오나라와 월나라는 원수지간이었다. 그래서 오월동주(吳越同舟)라는

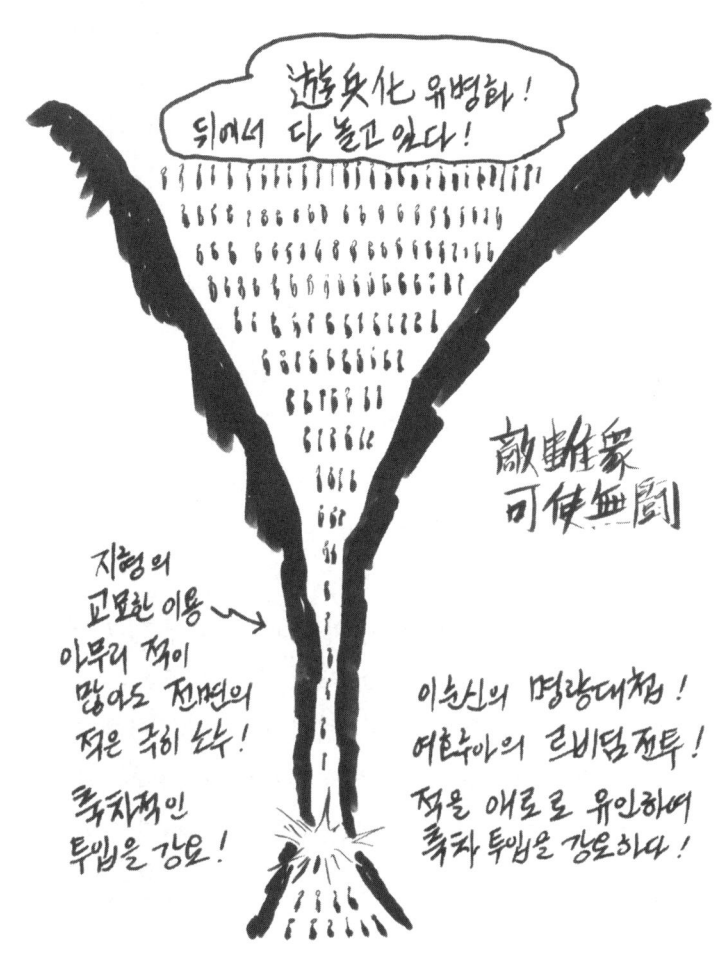

고사도 나왔다.

위 어구에서 보면 비록 월나라 병력이 많다할지라도 승리에 도움이 되지 않도록 할 수 있다는 말이 나온다.

그 방법으로 제시되고 있는 것이 바로 '가사무투(可使無鬪)' 즉 가히 싸울 수 없도록 만드는 것이다. 손무는 비록 적이 많을지라도 가히 싸울 수 없도록 하는 방법으로 적으로 하여금 협동단결하지 못하도록 하는 방법을 제시하였다. 많은 병력이 서로 도와주지 못하고 축차적으로 공격하도록 유도할 수 있다면 '가사무투'는 가능할 것이다.

'승가위(勝可爲)' 즉 '승리는 가히 내가 만들 수 있다'고 하는 것은 각종 모략을 통해 가능할 것이나 중요한 것은 승가위의 조건을 충족시킬 수 있는 '우매한 적장'이 필요하다는 것이다. 위대한 승리 뒤에는 반드시 우매한 적장이 함께 존재했음을 주의 깊게 볼 필요가 있다.

〈성경〉에 보면, 모세가 이스라엘 민족을 이끌고 출애굽 했을 때 시내광야에서 맨 처음 부딪쳤던 적이 아말렉족이었다. 아말렉족은 당시 광야를 누비던 전형적인 싸움꾼들이었다. 그러나 이스라엘 민족은 430년 간의 노예생활에서 막 풀려난, 군사훈련을 전혀 받지 못했던 오합지졸들이었다. 이때 모세는 여호수아 장군에게 명령하기를 정예의 군사를 뽑아서 르비딤 골짜기에 들어가라고 했다.

르비딤 골짜기는 좁은 협곡으로 형성되어 있어서 많은 병력이 활동할 수 없었다. 이 골짜기로 아말렉족을 유인한 여호수아는 축차적으로 진입해 들어오는 아말렉족을 각개격파로 쳐부수었다. 모세의 르비딤 전투 외에 이순신의 명량대첩은 축차적으로 적을 유인하여 각개 격파한 '적수중가사무투(敵雖衆可使無鬪)'의 전형적인 예라 할 수 있다.

28. 병력배치의 극은 무형에 이르게 하는 것이다

형병지극(形兵之極) 지어무형(至於無形)
무형즉심간불능규(無形則深間不能窺)
지자불능모(智者不能謀)
인형이조승어중(因形而措勝於衆)
중불능지(衆不能知)

병의 형태의 최상의 모습은 형태가 없도록 하는 것이다.
형태가 없게 되면 깊이 숨어 있는 간첩도 능히 엿볼 수 없고
지혜로운 자라도 꾀를 낼 수 없다.
형으로 인해 여러 사람에게서 승리를 취하지만
아무도 그 이유를 알지 못한다.

부대 배치를 잘 하면 적이 아무리 간첩을 보내어 정탐하려고 해도 그 모습을 파악할 수 없다. 그리하여 그러한 부대 배치로 인해 승리를 거두지만 아무도 그 배치된 부대의 형태를 알 수가 없다. 이만큼 은밀하고 주도면밀하게 부대를 운용하는 것이 승리를 위한 현명한 지휘관이 해야 할 바이다.

처세에 있어서 이러한 '지어무형(至於無形)'은 응용될 수 있다. 이는 내 자신의 모습은 완전히 숨기면서 겉으로 드러나지 않는 고귀한 삶을 살아가는 것을 말한다. 고독한 영웅, 고독한 구도자의 모습이다.

헨리 나웬(Henri Nouwen)이란 사람은 노틀담 대학교, 예일 대학교,

하버드 대학교에서 교수생활을 한 뛰어난 신학자였지만, 어느날 그는 그 좋은 자리를 다 포기하고 낮은 곳으로 내려갔다.

1986년부터 1996년 9월 죽기까지 그는 캐나다 토론토에서 라르쉬 새벽공동체를 일구고 섬기면서 정신 장애우들과 함께 조용히 여생을 나누었다. 그는 자신을 철저히 낮추고 숨김으로서 마더 테레사와 함께 세계 역사에 길이 남을 실천적 영성 생활을 한 대표적 인물이 되었던 것이다. 무형(無形)으로 돌아가는 것! 이는 참으로 범인으로서는 근접하기 어려운 경지가 아닐 수 없다.

'형인이아무형(形人而我無形)' 즉 '남은 드러나게 하고 나는 숨어든다'고 하는 이 어구의 실천은 더욱 어렵다. 남을 세워주고, 남의 덕을 높이고, 남에게 유익이 되도록 하고, 남이 칭찬 받도록 하고, 남에게 공적이 돌아가게 하고, 남을 드러내게 하는 형인(形人)은 진정한 아무형(我無形)이 이루어질 때 비로소 가능할 것이다.

29. 무궁 무진한 방법으로 변화를 추구하여 승리한다

인개지아소이승지형(人皆知我所以勝之形)
이막지오소이제승지형(而莫知吾所以制勝之形)
고기전승불복(故其戰勝不復)
이응형어무궁(而應形於無窮)

사람들은 내가 승리할 때의 겉으로 드러나는 병력배치 형태는
알 수는 있지만, 그 속에 숨어 있는 승리할 수 있도록 만들어
놓은 각종 태세는 알지 못한다.
그러므로 그 싸움에 이긴 방법은 두 번 반복하지 않고
상황에 따라 무궁하게 응용하여 승리를 구한다.

'승지형(勝之形)'은 승리할 때 겉으로 드러나는 부대 배치의 형태를 의미하나 '제승지형(制勝之形)'은 승리를 하게끔 만들어놓은 숨어 있는 태세를 의미한다. 그렇기 때문에 이러한 제승지형은 적의 입장에서 알기란 매우 어려운 것이다.

'전승불복(戰勝不復)'이란 '한 번 승리한 방법은 두 번 다시 반복하지 않는다'는 의미인데, 이는 이어지는 어구인 '응형어무궁(應形於無窮)' 즉 '변화무쌍한 응용의 형태를 무궁하도록…'하는 측면을 강조하기 위하여 사용되었다. '두 번 반복하지 않는다'는 것이 중요한 것이

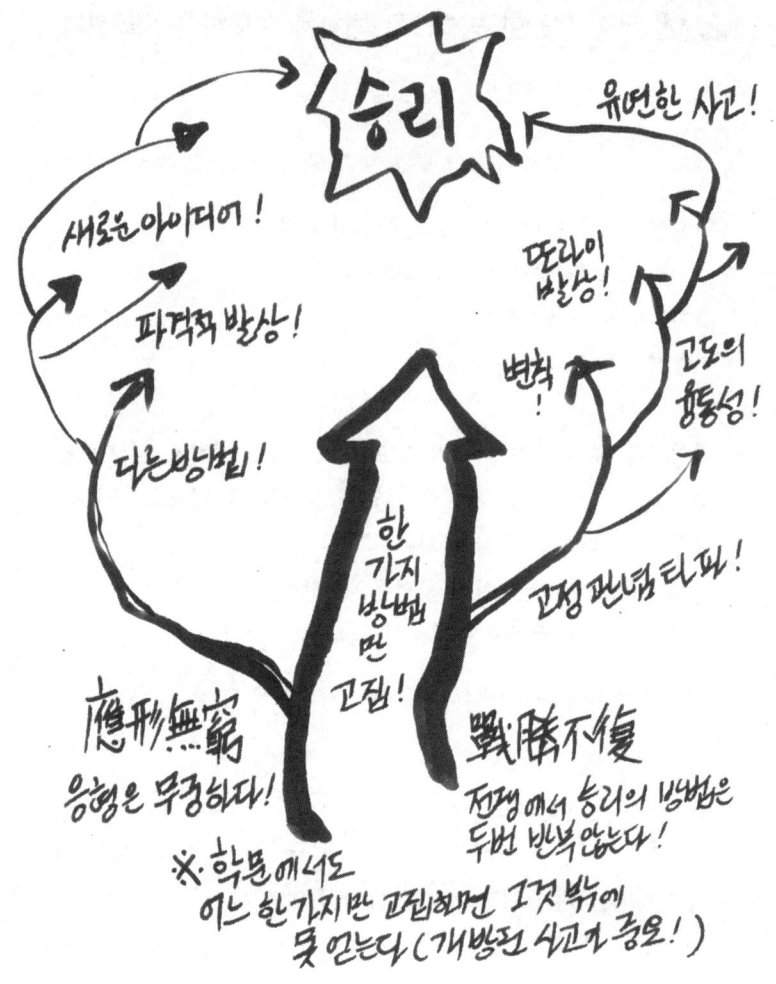

아니라, 상황에 따라 무궁하게 변화할 수 있는 다양성과 참신성, 혁신, 개혁 등이 보다 중요하다는 것이다.

구(舊)일본군이 몰락할 때 나타난 대표적인 병폐가 바로 '고정관념 고수'였다. 융통성이 상실되었고 교조적인 교리와 전통에 군대가 묶여 있었다. 분명히 잘못된 것인 줄을 알면서도 고치려 하지 않았고 무식하리만큼 그 자리를 지키려 했다.

나폴레옹 군대가 무너지기 시작한 것도 바로 이 부분이었다. 나폴레옹의 천재성은 다른 데 있지 않았다. 그는 그의 말처럼 적어도 천개 이상의 상황을 미리 상정하여 머리 속에 넣어두었기 때문에 어떤 전쟁에서도 다양한 융통성을 발휘, 승리를 거둘 수 있었다. 그러나 말년에 그는 독불장군이 되었으며 특히 부하장수의 교육에 실패하였다.

부하장수들은 나폴레옹이 시키는 것에만 길들여져 있었기 때문에 그들에게 독단의 기회가 주어졌을 때 여지없이 실패하고 말았으며, 워터루 전투에서와 같이 결정적인 패배를 겪은 후 더 이상 회복이 불가능하여 나폴레옹의 시대는 마감되었던 것이다.

고정관념, 판에 박힌 생각들, 여기에서 벗어나지 않으면 살아남을 수가 없다. 어쩌다가 그루터기에 걸려 넘어진 토끼를 보고 또 넘어지기를 하루종일 기다리는 한 우직한 사람을 빗댄 한비자의 수주대토(守株待兎) 우화는 고정관념이 얼마나 사람을 우둔하게 만드는 것인가를 보여주는 좋은 예가 된다. 날마다 변해야 살아남을 수 있다.

'전승불복(戰勝不復)'의 또다른 중요한 의미는 '승리라는 것은 영원하지 않다'는 것이다. 한번의 승리 또는 오늘의 승리가 영원한 승리 또는 내일의 승리를 보장해주지는 못한다는 말이다. 오늘의 승자가 내일의 패자가 될 수 있다. 성공과 실패는 영원히 존속되는 것이 아니며, 언제나 반복하고 끊임없이 변화됨을 염두해야 한다. 그렇기 때문에 오늘에 성공했다고 해서 결코 자만해서도 안되며, 오늘에 실패했다고 해서 결코 좌절해서도 안된다. 왜냐하면 '전승(戰勝)'은 '불복(不復)'이기 때문이다.

30. 군대의 형세는 물을 본받는다

병형상수(兵形象水)
수지형(水之形) 피고이추하(避高而趨下)
병지형(兵之形) 피실이격허(避實而擊虛)
수인지제류(水因地制流) 병인적이제승(兵因敵而制勝)

병의 형세는 물을 본받는다.
물의 속성은 높은 곳을 피하고 낮은 곳으로 흐른다.
병의 운용은 실한 곳을 피하고 허한 곳을 친다.
물은 땅의 형태에 따라 흐름이 달라지고
병은 적의 허실에 따라 승리를 만드는 것이다.

'군대의 형세는 물을 본받는다'고 하는 '병형상수(兵形象水)'는 대단히 유명한 〈손자병법〉의 어구이다.

중국인과 물은 특별한 관계에 있었다. 물은 그 풍부한 양을 자랑하고 자연법칙에 순응하는 특성을 가지고 있어 노자의 〈도덕경〉에는 '상선약수(上善若水)' 즉 '최고의 선은 물과 같은 것이다'라고 기록되고 있다.

중국문명의 발상지는 황하유역이다. 고대 중국문화의 중심지였던 중원(中原)은 바로 이 황하유역의 중류에 위치하고 있다. 황하는 전체 길이가 5,464Km이며 유역면적이 75만 평방Km이다. 이러한 황하는

물을 본받는다!

물은 위에서 아래로 흐른다
(순응·자연의 이치)

장애물이 있으면
옆으로 지나간다

기세를 탄다!
모여 흐를 때
큰 힘을 낸다!

마침내 큰바다에
이른다(승리!)

중국의 고대문명을 낳았지만 동시에 중국인에게 엄청난 피해를 가져
다주었다. 유사 이래의 기록에는 무려 1,500여 회의 범람이 있었고,
그 때마다 강줄기도 변하였다. 그래서 중국인들은 황하를 잘 다스리
는 것이 그들의 생존과 직결된 문제였다.

　요(堯)임금 때 큰 홍수가 중국을 덮쳤는데 재난은 22년 간 계속되었
다. 그때 곤(鯤)이란 자가 치수의 임무를 맡았는데 9년 간의 노력도
허사로 돌아갔다. 요임금은 곤을 처형했고 요임금의 뒤를 이은 순(舜)
임금은 곤의 아들인 우(禹)를 불러 치수를 맡겼다. 우는 아비의 과오
를 분석하여 드디어 13년 만에 치수에 성공하였다. 우는 이로 인해

천하의 명성을 얻어 순임금에 이어 임금이 되었으니 그가 바로 하(夏) 왕조의 시조인 탕왕(湯王)이었다.

우의 성공요인은 간단했다. 물이 그 본성대로 흘러가게 한 것이다. 즉 물살이 흐르는 방향에 맞추어 막힌 곳은 뚫어주고, 제방은 제거하여 자연스럽게 흘러가도록 한 것이다. 모든 것을 순리에 따르게 하는 것이다. 이것이 바로 병법의 기본 원리이다. 병의 운용도 이러하다. 적의 실을 피하고 허를 치는 것. 허가 보이면 취하고(취허[取虛]), 만약 보이지 않으면 만들어서 허가 생기도록 하는 것(작허[作虛]). 그리하여 철저히 적의 실을 피해 허를 노리는 것. 이것이 바로 '병형상수(兵形象水)'의 정신이다.

무슨 일이든지 무리수를 두면 처음에는 잘 모르겠지만 시간이 지나면 반드시 탈이 나게 되어 있다. 순리에 따르자!

31. 우직지계(迂直之計)를 알아야 한다

> 군쟁지난자(軍爭之難者)
> 이우위직(以迂爲直)이환위리(以患爲利)
> 고우기도이유지이리(故迂其途而誘之以利)
> 후인발선인지(後人發先人至)
> 차지우직지계자야(此知迂直之計者也)
>
> 군쟁이 어려운 것은
> 돌아감을 직행으로 삼고 재난을 이익으로 만들기 때문이다.
> 그러므로 그 길을 돌아가되 적을 이익으로써 유인하여
> 적보다 늦게 출발하되 적보다 일찍 도달하니
> 이것이 돌아감으로 직행을 삼는 방법을 잘 아는 것이다.

'우직지계'에 관한 개념이다. 우(迂)는 '멀다, 굽다'의 뜻이 있다. 우직지계는 '이우위직(以迂爲直)'과 '이환위리(以患爲利)'로 구분할 수 있다.

'이우위직'은 몇 가지 의미를 동시에 볼 수 있어야 한다. 실제로 우회함으로써 적의 최소 저항선, 최소 예상선을 따라 보다 쉽게 목적지에 도달하는 방법과 적을 기만하기 위해 돌아가는 척 보여주고 실제로는 직행하는 방법이 그것이다. 또한 적을 불리한 상황에 몰아넣기 위해 실제로는 돌아가는 길인데, 마치 똑바로 직행하는 길인 것처럼 그들의 기동로 선택을 혼란시키는 방법도 생각해 볼 수 있다. '이환위

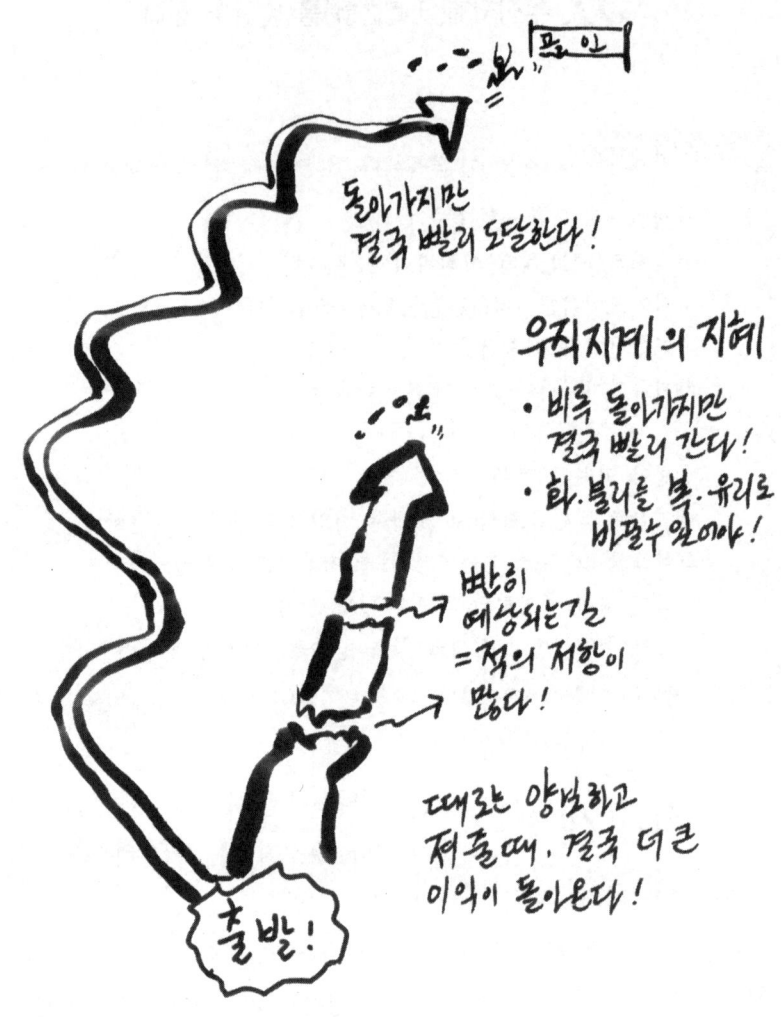

리'는 '근심을 복으로 삼는 것'을 말한다. 전화위복(轉禍爲福)과 상통한 의미를 지닌다.

'펀치는 찬스다, 위기는 호기다, 걸림돌을 디딤돌로, 위기와 호기는 같아 보인다, 가장 불리한 상황은 또한 가장 유리한 상황으로 바꿀 수 있다'는 등의 여러 귀에 익은 말들이 이에 적용된다. '위기(危機)'란 한 문으로 '위험한 기회'라는 뜻이니 위기 또한 기회라는 말이다.

영어로 'Now Here'는 '지금 여기(기회)'라는 뜻이지만, 이를 붙여쓴 'Nowhere'는 '아무에도 없는(위기)'이라는 뜻으로 풀 수 있다. 보는 관점에 따라서 위기가 호기가 될 수 있고 호기가 위기가 될 수 있다는 것이다. 어떠한 불리한 상황에 빠져들었을 때 지휘관이 그래서 긍정적인 태도를 가지는 것이 무엇보다도 중요하다는 것이다.

교육학자들의 연구결과에 따르면 난관에 부딪쳤을 때 성공자의 가장 중요한 특성은 그 상황에 임하는 그의 태도(attitude)였다는 것이다. 즉 어떠한 태도로 그 상황을 바라보느냐에 따라 성공자도 실패자도 결정된다는 것이다. 처세에 있어서, 우선은 손해보는 듯 양보하지만 결국은 자신에게 이익이 되는 우직지계(迂直之計)의 깊은 의미도 새기기 바란다.

32. 장수에게는 마음을 치고 병사에게는 사기를 치라

군쟁 제7

삼군가탈기(三軍可奪氣)
장군가탈심(將軍可奪心)
피기예기(避其銳氣) 격기타기(擊其惰氣)
차치기자야(此治氣者也)
이치대란(以治待亂) 이정대화(以靜待譁)
차치심자야(此治心者也)

삼군에 있어서는 사기를 빼앗을 수 있고
장수에 있어서는 마음을 빼앗을 수 있다.
사기가 충천할 때는 피하고 사기가 꺾였을 때는 공격하는 것
이것이 사기를 다스리는 방법이다.
잘 다스림으로 어지러움을 상대하고
고요함으로 소란함을 상대하니
이것이 마음을 다스리는 방법이다.

이른바

'사치(四治)'에 대한 설명이 나오고 있다. 사치란 문자 그대로 네 가지의 다스림을 말하고 있는데, 장수가 사치에 정통하지 않으면 승리의 기약이 어렵다. 사치는 '치기(治氣), 치심(治心), 치력(治力), 치변(治變)'을 말한다.

치기(治氣)는 사기를 다스리는 것을 말하고 있는데, 먼저 나의 사기를 다스리고, 적의 사기를 점검하여 적의 사기가 충천할 때는 공격을

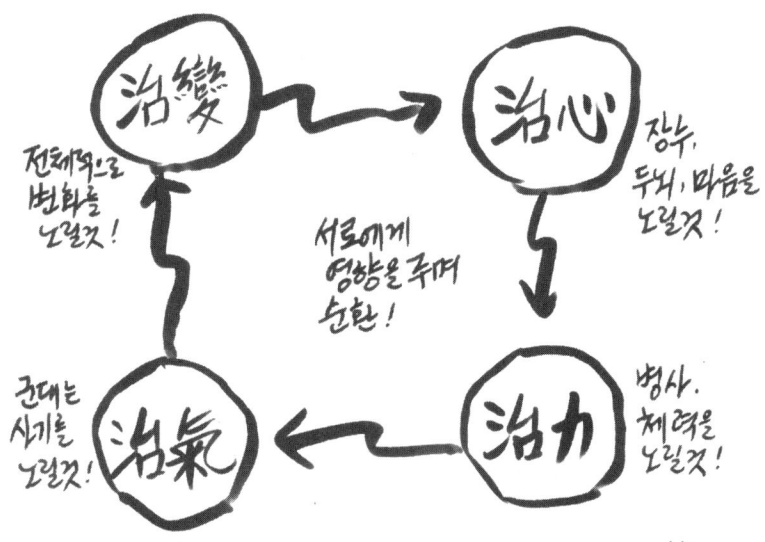

치변
전체적으로 변화를 노릴것!

치심
장수, 두뇌, 마음을 노릴것!

서로에게 영향을 주며 순환!

치기
군대는 사기를 노릴것!

치력
병사, 체력을 노릴것!

※ 마음(心)+체력(力)+사기(氣)+상황(變)을 잘 다스리는 것은 전능에 결정적 영향!

피하고 적의 사기가 저하되었을 때 이를 공격하는 것을 말한다. 대체로 이는 병사를 대상으로 한 군대 전체의 기운을 말하고 있다.

치심(治心)은 마음을 다스리는 것을 말하고 있는데, 이는 병사보다는 장수의 마음 태세에 초점을 두었다. 어떤 상황에서도 마음의 평정을 잃지 않고 냉정하게 전장을 주시하고 침착하게 전쟁을 지휘하는 것이 바로 마음을 다스리는 것이라 할 수 있다.

상대적으로는 적장의 마음을 혼란시키고 적장의 마음의 평정을 잃게 하는 행위가 내가 적에게 가하는 치심이라 할 수 있다. 물리적, 육체적인 충격보다도 정신적 마비현상을 초래케하는 마비전(痲痺戰)의 핵심이 바로 이것이다. 2차대전시 독일군이 보여준 전격전(電擊戰 : Blitzkrieg)은 바로 이러한 마비전의 전형이다.

치력(治力)은 육체적 기운을 다스리는 것이고 치변(治變)은 변화무

쌍한 전쟁상황에서 정신을 차려 이를 다스리는 것을 말하고 있다. 이 사치(四治)는 서로에게 직접적인 영향을 주기 때문에 이를 잘 다스려야 한다.

33. 거짓으로 도망하는 적은 추격하지 마라

구변 제8

고릉물향(高陵勿向)
배구물역(背丘勿逆)
양배물종(佯北勿從)
예졸물공(銳卒勿攻)
이병물식(餌兵勿食)

고지에 진치고 있는 적을 향해 나아가지 마라
등뒤에 구릉을 두고 있는 적을 맞지 마라
거짓으로 달아나는 적을 추격하지 마라
정예한 적을 향해 공격하지 마라
미끼로 유인하는 적을 먹기 위해 공격하지 마라

〈손자병법〉 「구변」 제8은 여러 가지 복잡한 전쟁 상황에서 장수가 이를 어떻게 현명하게 분별해서 승리로 이끌 것인가를 기술한 편이다. 위 어구에 나오는 말 중에서 거짓으로 달아나는 적[佯北]이나 미끼로 유인하는 적[餌兵]은 사실상 그것을 구별하기가 쉽지 않다. 적도 바보가 아닌 이상 나름대로 꾀

거짓으로 도망하는 적은 쫓지 말라!

매복부대

유인부대

근거지를 버리고
유인부대를
추격

매복부대

※ 가나안땅 정복전쟁시
여호수아 의 전형적인 전투방식!

를 내어 적이 속아 넘어 갈 수밖에 없는 상황으로 연출하여 상대를
유인하기 때문에 양배(佯北)인지 이병(餌兵)인지를 구별한다는 것은
매우 어렵다고 하는 것이다.

한신 장군이 B.C. 204년, 정경의 애로를 지나 조나라에 침공하여 유
명한 배수진을 쳤을 때의 일이다. 한신은 1만 명의 군사를 저수(泜水)
의 강으로 배수진을 치게 한 후 몰래 기병 2천명을 뒤로 빼어 20만
명이나 되는 조나라의 성 뒤에 잠복하게 하였다. 그리고 한신은 약간
의 별동 부대를 직접 인솔하여 조나라 성문 앞에 나가 여러 가지 연
출을 하면서 이들을 유인하였다.

결국 조나라는 한신의 유인책에 속아 거짓으로 도망하는 한신 별동
부대를 성문을 활짝 열고 추격하기 시작하였다. 이때 성 뒤에 잠복하

였던 2천 명의 기병들이 일제히 나와 텅 빈 성을 점령하여 한나라 깃발을 꽂으니, 조나라 군대는 배수진으로 목숨을 걸고 싸우는 한신 주력부대와 성의 기병부대 사이에서 전의를 잃고 지리멸렬 도망하게 되었다. 이것이 바로 '양배물종(佯北勿從) 이병물식(餌兵勿食)'을 교훈하는 대표적인 예가 되겠다.

고대 이스라엘 민족이 가나안 땅을 점령할 당시에 여호수아 장군이 행하였던 전쟁의 방식도 바로 이런 것이었다. 강력하게 준비된 성에 들어 있는 가나안 원주민 적들을 향해 여호수아는 전형적인 유인작전으로 이들을 성밖으로 끌어내 승부를 다투었던 것이다.

34. 포위 시에는 반드시 도망갈 길을 터주고 궁지에 몰린 적을 핍박하지 마라

구변 제8

> 귀사물알(歸師勿遏)
> 위사필궐(圍師必闕)
> 궁구물박(窮寇勿迫)
>
> 되돌아가는 적의 퇴로를 막지 마라
> 포위 시에는 반드시 틈을 만들어주어라
> 궁지에 몰린 적을 핍박하지 마라

극(極)은 극(極)으로 통한다. 어떤 경우든 극에 이르면 그것을 극복하려는 조건 반사적인 수단으로 극으로 맞서게 된다. 궁지에 몰린 쥐가 고양이를 무는 격이다. 사람도 너무 몰아세우면 극단적으로 반격을 가하게 되어 있다. 그래서 인간관계에 있어서도 어떤 사람을 몰아세울 때 너무 몰아세우면 결국은 예상치도 않은 일이 터져버리는 경우가 있음을 유념해야 한다.

7인의 첩자 사형수에 관한 얘기가 있다. 아무리 추궁해도 그들이 가진 정보를 실토하지 않아 고심 중에 어느 간수가 꾀를 내었다. 사형 집행일에 넌지시 6개의 교수대를 보여주었다. 7인의 사형수는 이를 보고 적어도 한 명 정도는 살 수 있을 것이라는 희망을 가지게 되어 너도나도 그들의 정보를 실토하게 되었다. 어느 한 길을 터 준 결과 이런 성과를 올릴 수 있었던 것이다. 사람이 막판에 몰리면 무슨 짓인들 못하랴.

러시아 원정에서 실패하여 후퇴하고 있었던 나폴레옹 군대는 1813년 10월 프러시아의 드레스덴 일대에서 베르나도트 군과 블루헤르 군과 슈베르짼베르크 군의 포위망에 걸려든다. 이들 세 나라 연합군은 이 기회에 완전히 나폴레옹의 최후를 장식하려고 획책한 것이다. 그러나 나폴레옹 군대는 질서정연하게 그 포위망을 벗어났다. 연합군은 그 다음 포위망으로 라이프치히 일대를 선정하고 또다시 나폴레옹 군대를 포위했다. 그러나 나폴레옹은 포위망에서 벗어날 수 있는 유일한 교량인 엘스트교를 통하여 빠져나갔다.

사실상 연합군은 나폴레옹에게 퇴각로를 허용한 셈이 되었다. 만약 연합군이 엘스트교를 조기에 점령하고 퇴각로를 완전히 막아버렸다면 나폴레옹의 마지막 항전으로 인하여 치명적인 피해를 입었을 가능성이 매우 크다. 왜냐하면 막판에 몰린 나폴레옹이 무슨 짓인들 할 수 없었겠는가.

그러나 전쟁의 성격에 따라서는 완전히 퇴로를 차단하고 섬멸해야

할 경우도 있다. 그리고 고의로 틈을 개방해 그곳으로 적을 유인하여
매복으로 일망타진할 경우도 있다.

35. 지혜로운 자는 반드시 이로움과 해로움을 동시에 본다

구변 제8

지자지려(智者之慮)
필잡어리해(必雜於利害)
잡어리이무가신야(雜於利而務可信也)
잡어해이환가해야(雜於害而患可解也)

지혜로운 자의 생각에는
어떤 현상과 사물을 볼 때 반드시 이해양면을 동시에 본다.
이(利)를 충분히 고려하면 하는 일에 자신감을 가질 수 있고
해(害)를 충분히 고려하면 우환을 사전에 풀 수 있다.

어떤 한 가지 측면에 지나치게 고집하는 획일적인 성격에 대
한 지혜로운 가르침의 어구이다. 어떤 일이든 반드시 이
와 해가 공존하기 마련이다. 리더는 어떤 사물이나 현상을 평가함에
있어서 반드시 양면을 함께 볼 수 있어야 한다. 그래서 너무 한쪽에만
치우쳐 속단하여 성급한 결론을 내려서는 안 된다.

어떤 사람을 평가함에 있어서도 주변 사람의 평에만 치우쳐 선입관
을 가지고 단정적으로 그 사람을 평가해서도 안 된다. 시간을 두고 관
찰해 보면 반드시 그 사람에게도 좋은 점과 나쁜 점이 동시에 있다는

한쪽면만 바라보지 말라!

하나님! 왜 세상에는 악인들이 잘먹고 잘살고 형통합니까? 모조리 쓸어버려해야 마땅하지 않습니까? 이해가 되지 않습니다!

그렇다면 너도 그 자리에 있지 못하리라…

사람들은 착각 가운데 산다. 자기 자신은 악하지 않고 선하다고 생각한다.

것을 알게 된다. 완전한 사람은 없는 것이다. 사람의 장점을 최대한 살려주고 또한 그것을 좋은 방향으로 이용할 수 있으면 되는 것이다. 그리고 어떤 중요한 임무를 맡길 때는 그 사람의 단점을 고려하면 일이 그르치는 것을 미리 막을 수 있는 것이다.

적이 새로운 무기를 가지고 전쟁에 뛰어들었다. 모두들 겁에 질려 떨었다. 그러나 그 무기를 잘 관찰해 보니까 그 무기에도 치명적인 제한사항과 약점이 있었다. 그래서 그것을 역으로 이용하여 적의 신형 무기를 제압할 수 있었다. 이것이 바로 '필잡어리해(必雜於利害)'를 염두에 두고 있는 지휘관이 해야 할 바다. 사람이건 무기이건 반드시 강약점이 존재하기 마련이다.

미 해군 중령 로시포르는 평소 복장이 엉망이었다. 빨강색의 느슨한 실내복을 입고 실내용 슬리퍼를 끌며 멍하게 갑판 위를 다니기를 좋아했고, 그의 사무실은 강철문으로 밀폐되어 있었으며, 책상과 의자에는 온통 서류뭉치로 널려 있었다. 만약 정통적인 군인의 입장에서 로시포르를 본다면 아예 임관조차 하기 힘들었던 장교였을 것이다. 그러나 이를 용납한 미 해군의 포용력으로 인해 그는 일본군의 최후 공격목표가 '미드웨이'임을 암호로 해독하였고, 태평양전쟁의 판도를 일시에 바꾸어놓을 수 있었다. 로시포르는 암호해독의 대가였던 것이다. 이렇듯이 누구에게나 이해(利害)가 공존하기 마련이다.

36. 적이 공격해 오지 않으리라는 바람을 믿지 말고 나에게 적이 공격하지 못할 만한 만반의 준비태세가 되어 있음을 믿도록 해야 한다

구변 제8

용병지법(用兵之法)
무시기불래(無恃其不來)시오유이대지(恃吾有以待之)
무시기불공(無恃其不攻)시오유소불가공야(恃吾有所不可攻也)

용병의 법에
적이 오지 않으리라는 바람을 믿지 말고 적이 언제와도
나에게 대비책이 있음을 믿도록 해야 하며
적이 공격하지 않으리라는 바람을 믿지 말고 나에게 적이 공격하지
못할 만한 만반의 준비태세가 되어 있음을 믿도록 해야 한다.

언제, 어디서 적이 올지 모른다!
항상 깨어서 준비하는 것만이
최상의 길이다!

군인에게는

참으로 중요한 어구가 아닐 수 없다. 적이 공격해 오지 않으리라는 요행을 믿지 말고 언제 오더라도 이를 대비할 수 있는 태세를 믿어야 한다. 더 나아가서는 아예 적이 공격해 올 마음조차 먹을 수 없도록 만반의 준비태세를 보여주어야 함을 말하고 있다.

〈손자병법〉은 적지를 향해 원정해 나가는 병법을 기록하였기 때문에 적이 나의 땅으로 들어오는 것에 대비한 어구들이 사실상 적다. 그러나 이 어구는 적이 나에게 침공해 들어올 때의 대비책에 대하여 훌륭하게 말하고 있다. 한국의 현실을 볼 때 군인이라면 반드시 암송해 둘 만한 어구라 할 수 있다.

한국전쟁 초기 춘천지구 전투에서 국군 제6사단은 이와 같은 만반의 전투준비태세를 갖추고 북한군의 공격에 대비했기 때문에 국군의 주력이 한강방어선을 형성하고 미군의 증원을 가능하게 했던 황금 같은 시간을 벌 수 있었던 것이다. 김일성이 서울을 점령하고도 3일을 머물렀던 과오의 원인이 춘천지구 전투에서 우리 국군 제6사단이 북한군 제2군단을 5일이나 물고 늘어졌기 때문이라는 분석이 지배적이다. 그래서 춘천지구 전투에서의 승전은 실로 세계사를 바꾸어놓았다라는 말을 하고 있는 것이다. 첨예한 동서 냉전 상황 하에서 스탈린의 의도를 최초로 꺾어놓았던 전투가 바로 춘천지구 전투였고, 이로써 미국을 비롯한 서방의 유엔군들이 한국을 도왔으니 한국전쟁은 세계사적인 의미가 있는 것이다.

이렇게 김종오 사단장의 철저한 유비무환의 정신이 바로 한국의 운명을 살렸던 것이다.

37. 반드시 죽기를 각오하면 가히 죽게 될 수 있다

구변 제8

장유오위(將有五危)
필사가살(必死可殺) 필생가로(必生可虜)
분속가모(忿速可侮) 염결가욕(廉潔可辱)
애민가번(愛民可煩)

장수에게 위험한 다섯 가지가 있다.
반드시 죽으려고 하면 가히 죽게 될 수 있다.
반드시 살려고 하면 가히 포로가 될 수 있다.
빨리 화를 내는 자는 가히 모멸을 당할 수 있다.
지나치게 깨끗하고자 하면 가히 욕됨을 당할 수 있다.
부하를 너무 사랑하면 가히 번거로울 수 있다.

장수의 5가지 위험한 성격

① 반드시 죽기를 각오하고 덤벼드는 성격 = 죽을수 있다!

② 반드시 살고자 바둥대는 성격 = 포로가 될수있다

③ 버럭 화를 잘 내는 성격 = 계략적인 모욕을 당할 수 있다

④ 지나치게 결벽증을 가진 성격 = 계략에 의해 욕을 당할 수 있다

⑤ 지나치게 부하를 아끼는 자 (우유부단한 성격) = 가히 번거러울 수 있다

공격시켜, 말어? 죽을건데 …… ???

리더에게

필요한 것은 균형 감각이다. 지나치게 치우치는 성격은 화를 불러일으키게 된다.

공자는 이에 대해 '과유불급(過猶不及)'이라 하여 '지나침은 오히려 모자람만 못하다'고 하였다.

클라크 장군이 말하기를 "부하들로부터 좋은 사람이라고 불리워지기를 원하는 장교는 조기에 부대를 장악할 수 있는 기회를 잃는다. 부하들은 공정하기만 하면 오히려 엄격한 장교를 더욱 존경한다"고 하였다.

공정하다고 하는 것은 어느 특정한 사람을 편애하는 것을 지양하

고, 중도의 위치에서 균형감각을 가지고 부대를 지휘하는 것을 말한다. 편애만큼 부대를 와해시키는 독극물도 없다. 전쟁에 임했을 때 장수는 지나치게 어느 한쪽으로만 성격이 치우쳐서는 안 된다.

예를 들어 적에게 포위를 당해 죽을 위기에 처해 있을 때에도 장수는 부하들에게는 배수진을 쳐서 죽을 각오로 싸우게 하되 자신은 그 가운데서도 부하들을 살릴 수 있는 길을 포기하지 않고 찾아야 하는 것이다. 자기 자신조차 무턱대고 죽을 각오로 싸우게 되면 전부가 죽게 될 수 있다.

중국의 한신 장군과 조선의 신립 장군은 똑같이 배수진을 쳤다. 그러나 한신 장군은 기책을 발휘하여 2천 명의 기병을 몰래 뒤로 보내 기습적인 후방 공격을 감행하여 결국 승리를 거두었으나, 신립 장군은 기병을 정면으로 공격시켜 전멸하게 만들었고, 결국 자신도 달천에 뛰어들어 부하와 함께 전사하였다.

장수는 죽을 상황 가운데서도 끊임없이 기지를 발휘하여 승리의 길을 뚫어야 한다. 지나치게 한쪽으로 치우치는 성격은 적어도 조직을 이끄는 리더라면 반드시 경계해야 한다. 이익과 손해, 유리와 불리, 화와 복, 음과 양은 항상 함께 존재하기 마련이다. 어느 한 측면만 지나치게 장담하지 말아야 한다.

가끔 조직에서 특이한 성격을 가진 사람을 만날 수 있다. 정상적인 사람으로는 생각할 수 없는 매우 독특하고 특이한 성격을 말한다. 지나치게 까다롭다든지, 지나치게 섬세하여 아무리 작은 실수도 용납하지 않는 사람 등이다. 이런 사람은 많은 사람을 상대하여 직접적인 영향을 주는 리더가 되기보다는(그 폐해가 너무나 크므로), 오히려 조용히 자신의 일에만 전념하는 학자나 소설가가 되는 편이 사회 전체적으로 훨씬 유익할 것이다.

38. 병사와 친해졌는데 벌을 행치 않으면 쓰기가 어렵다

졸미친부이벌지(卒未親附而罰之) 즉불복(則不服)
불복즉난용야(不服則難用也)
졸이친부이벌불행(卒已親附而罰不行) 즉불가용(則不可用)

병사들과 아직 친하지 않았는데도 벌을 주면
복종하지 않게 되고 복종하지 않으면 쓰기 어렵다.
병사들과 이미 친해졌는데도 벌을 행하지 않으면
역시 쓰기 어렵다.

상벌에 관해 분명하지 않으면 부대가 성공적으로 지휘되기 어렵다. 사람은 누구나 자신이 행한 일에 대해 정당하게 평가받기를 원한다. 그것이 불공정할 때에는 일의 의욕을 잃게 된다. 일은 자기가 실컷 했는데 남이 그 대가를 받게 되면 무슨 재미로 일을 하게 되는가.

나폴레옹은 이러한 인간의 근본적인 욕망을 잘 파악하여 깡통조각으로 만든 훈장을 처음으로 만들어 부하들에게 훈장을 제시하며 전쟁에서 목숨을 요구할 수 있었다. 어쩌면 깡통 같은 인간의 헛된 공명심을 교묘하게 잘 이용한 것이다.

상과 마찬가지 벌에 대해서도 공정하고 엄격한 시행이 요구된다. 벌을 주어야 할 때 주지 않으면 부대의 질서는 여지없이 무너진다.

손자는 벌의 시행에 대해 두 가지 상황을 들어 제시하고 있다. 친하지 않았는데 벌을 주는 경우와 친했는데도 벌을 주지 않은 경우의 잘못을 들고 있다. 부하와 친한 상태에서는 반드시 벌을 행하라고 말하고 있다. 〈삼국지〉에 나오는 유명한 읍참마속(泣斬馬謖)의 고사는 이에 대해 잘 말하고 있다.

마속은 뛰어난 재능을 가졌고 제갈공명에게 크게 신임을 받은 인물이었다. 그러나 유비는 임종 시에 "마속의 말이 실질을 넘고 있어 크게 쓰는 데는 문제가 있다"고 일렀다. 말이 너무 앞선다는 지적이었다. 서기 208년 사마중달이 한중에 이르는 주요 관문인 가정(街亭)을 취하여 진군하고 있었다. 그래서 제갈공명은 급히 마속을 보내 이를 저지하도록 하였다. 마속은 함께 출정한 왕평의 합당한 건의를 무시하고 천애의 목을 포기한 채 10여 리나 떨어진 별로 중요하지 않은 장소에 진을 쳤다.

결과적으로 마속은 사마중달의 군대에 완전히 포위되어 허겁지겁 한중으로 도망쳐 나왔다. 이때 제갈공명은 마속을 향하여 "군율이란 밝지 못하면 군사를 복종시킬 수 없는 것이다. … 옛날 손무가 천하를 다스렸던 것은 법을 밝게 썼기 때문이다"고 하면서 눈물을 머금고 무사들을 시켜 39세의 마속의 목을 치게 하였다. 이리하여 눈물을 흘리며 마속의 목을 벤다고 하는 읍참마속의 고사가 나오게 된 것이다.

무릇 상과 벌은 엄격히 그리고 밝게 행해져야 군 내부에 신뢰가 생기며, 목숨을 걸고 군율을 행하게 되는 원천이 되는 것이다.

39. 나아가는 것도 공명을 얻기 위함이 아니요 물러서는 것도 죄를 피하기 위함이 아니다

전도필승(戰道必勝) 주왈무전필전가야(主曰無戰必戰可也)
전도불승(戰道不勝) 주왈필전무전가야(主曰必戰無戰可也)
고진불구명(故進不求名) 퇴불피죄(退不避罪)
유민시보이리어주(惟民是保而利於主) 국지보야(國之寶也)

싸움의 법칙에 비추어 반드시 승리할 수 있다고 판단되면
임금이 싸우지 말라고 해도 반드시 싸우는 것은 가하다.
싸움의 법칙에 비추어 반드시 이길 수 없다고 판단되면
임금이 반드시 싸우라 해도 싸우지 않는 것은 가하다.
그러므로 나아가는 것도 자신의 공명을 위함이 아니요
물러서는 것도 죄를 피하기 위함이 아니니
이런 자가 나라의 보배이다.

이순신 장군이 만고에 빛나는 명량대첩을 행하기 직전에 억울한 누명을 쓰고 옥에 갇히는 몸이 되었다.

1597년 1월 11일 일본의 첩자 가나메지라(要時羅)는 이순신을 제거할 목적으로 평소 교분을 쌓았던 경상우병사 김응서를 만나 이달 1월 4일에 이미 가토 기요마사(加藤淸正)가 군사 7천 명을 이끌고 대마도에 도착해 있으며 순풍을 만나는 대로 며칠 안에 꼭 바다를 건너오니 미리 대기하고 있다가 이를 잡아야 한다고 귀뜸하여 주었다. 조정에서는 이순신 장군에게 이를 시행하라고 명령을 내렸다.

그러나 이순신 장군은 이미 적의 모략을 간파한지라 그대로 들어갔다가는 적의 매복에 걸리거나 적의 함정에 빠질 우려가 있어서 끝까지 출정을 거부하였다. 만약 들어갔다가 얼마 남지 않은 조선의 수군이 궤멸되면 조선의 운명은 끝장이 나기 때문이다.

　이순신 장군은 '임금이 반드시 싸우라 해도 싸우지 않은 것이 가하다'고 하는 손자의 가르침을 잘 지킨 것이다. 이러한 이순신 장군의 마음은 나아가도 공명을 위함이 아니요, 물러가도 죄를 피함이 아닌 오직 우국충정의 마음 그것이었다.

　그러나 이러한 이순신 장군의 깊은 뜻을 헤아릴 길 없는 소인 잡배들은 이순신 장군을 "조정을 속이고 임금을 업수이 여겼으며 왜적을 치지 않았으니 나라에 큰 죄를 졌도다(欺罔朝廷 無軍之罰也 縱賊不討 負國之罪也)"라고 하면서 옥에 가두었다. 민족의 비극이었다.

　우리가 어떤 행동을 할 때에는 이러한 이순신 장군의 정신을 본받아야 한다. 자신의 안일과 명예를 위함이 아니라 나라와 부하를 위하여 분명한 소신을 실행할 수 있어야 하는 것이다. 비록 당시에는 고통을 수반하나 정직한 역사는 이러한 일을 언제나 기억하고 있다.

　또 다른 측면에서 유념해야 할게 있다. 장수가 공을 세우되 결코 지나치게 드러나게 해서는 안된다는 말이다. 왜냐하면 주목받는 장수는 반드시 임금에게 모반을 꾀할 가능성이 있는 인물로 찍히기 때문이다.

　다시 말해서 '보신(保身)'의 차원에서도 결코 공을 지나치게 드러나게 해서는 안된다는 것이다. 〈성경〉의 사무엘상에 보면 골리앗을 죽인 다윗을 두고 사람들이 '사울을 죽인 자는 천천(千千)이요, 다윗은 만만(萬萬)이로다'라고 하는 대목이 나오는데, 이때부터 사울왕은 다윗을 주목하기 시작하였다(삼상 18:9). 지혜로운 사람은 결코 자신을 내세우지 않으면서도 은근히 자신이 하고자 하는 목표를 달성하는 사람이다.

40. 부하를 자식같이 사랑하라

시졸여영아(視卒如嬰兒)
고가여지부심계(故可與之赴深谿)
시졸여애자(視卒如愛子)
고가여지구사(故可與之俱死)

부하 보기를 어린 아기 보듯 하라
그리하면 가히 더불어 깊고 험한 골짜기도 들어간다.
부하 보기를 사랑하는 자식 같이 하라
그리하면 가히 더불어 죽기까지 한다.

정말 부하보기를 자식과 같이 할 수 있을까? 부모가 되어보지 못하면 부모의 심정을 알지 못한다고 한다. 아무리 자식 같이 부하를 보고 싶어도 부하 같은 나이의 자식을 갖지 못하면 그 정도가 약할 수밖에 없을 것이다. 그러나 무릇 장수된 자는 부하를 자식과 같은 마음으로 볼 수 있어야 한다. 이러한 마음을 가지느냐 못 가지느냐가 바로 장수의 자질이다.

전쟁은 냉혹한 것이다. 경우에 따라서는 승리를 위하여 부하들의 생명을 담보로 해야 할 때도 있다. 부하들에게는 매우 현실적인 이기심이 있다. 섣불리 자신의 생명을 버릴 각오를 하지 못한다.

그러나 평소에 자신의 지휘관이 어떤 마음과 태도로 자신들을 대했는가를 무의식적으로 인식하면서 자신의 목숨을 버릴 각오를 정하

정말 병사를 내자식처럼 대하며, 사랑할수 있을까?

자식을 사랑한다는것!
그것은 무조건 자식편이 되어서
자식의 비위만 맞추는것은
아닌것이다. 자식이 잘못하면
따끔히 혼도 내고,
올바른 사람이 되도록
정성을 다하는것이
아비의 마음이다.

정말 병사 대하기를
자식같이 한다면
병사들은 가히 함께 죽을수
도 있는 마음을 가질것이다.

는 것이다. 비록 상관의 눈은 속일 수 있을지라도 항상 대하는 부하들의 눈은 속이지 못한다. 그들은 있는 그대로 느끼고, 있는 그대로 마음을 정하는 것이다.

평소 부하들의 눈에 그저 자신의 이익만을 챙기려는 지휘관, 아니면 고리타분한 권위의식에 빠져서 부하를 집안의 하인으로 취급하는 지휘관, 아니면 자신의 진급을 위해서 부하들을 이용만 하려는 얄팍한 지휘관, 아니면 부하들의 심정은 헤아리지 못하고 자신만의 독선과 아집으로 군림하려는 지휘관, 편협되고 옹고집으로 점철된 지휘관, 이러한 유형의 지휘관에게는 아무도 하나밖에 없는 목숨을 바치려는 부하가 없을 것이다.

사람의 마음을 잡는 비결은 의외로 간단하다. 그것은 마치 자신을 아끼듯이 부하를 아끼고, 자식을 돌보듯이 부하를 돌보는 것이다.

'무엇이든지 남에게 대접을 받고자 하는 대로 너희도 남을 대접하라(「마태복음」 7장 12절)'고 하는 〈성경〉의 황금률은 이를 잘 말해 주고 있다. 부하의 마음을 잡는 것, 사람의 마음을 잡는 것, 모든 성공과 승리의 비결은 여기에서 비롯된다. 이 깊은 진리를 아는 자는 반드시 성공할 것이다.

41. 적과 나 그리고 천시와 지리까지 알아야 승리가 온전해진다

지형 제10

> 지피지기승내불태(知彼知己勝乃不殆)
> 지천지지승내가전(知天知地勝乃可全)
>
> 적과 나를 알면 승리는 위태하지 않고
> 천시와 지리까지 알면 승리는 가히 온전해진다.

「모공」 제3편에 나오는 '지피지기(知彼知己) 백전불태(百戰不殆)'와 연관되어 있는 유명한 어구이다.

적과 나를 아는 수준은 승리가 위태하지 않을 정도에 불과하고 온전한 승리를 거두기 위해서는 천시와 지리까지 꿰뚫고 있어야 함을 말하고 있다. 기상의 변화와 지형적인 조건에 대해 완전한 지식을 갖추고 작전에 임할 때 과연 승리는 온전해 질 수 있는 것이다.

제1차 세계대전 당시 유명한 탄네베르크 섬멸전에서 독일군의 힌덴부르크 사령관은 이미 위관 시절 러시아의 광활한 땅에 대한 현장 답사 결과로 기상과 지형에 대한 충분한 지식을 가지고 있었기 때문에 러시아 군을 함정으로 몰아넣어 기적과 같은 섬멸전을 가능하게 하였던 것이다. 힌덴부르크는 긴 장화가 푹푹 빠지는 러시아의 호수 주변을 몇 날이고 걸으면서 현장에 대한 감각을 익혔었다.

7년 전쟁을 승리로 이끈 프레드릭 대왕은 "만약 지휘관이 지형에 대하여 모른다면 커다란 과오를 범하는 것 외에는 아무것도 하지 못할 것이다"라고 말하면서 지형안(地形眼)의 중요성에 대하여 강조하였다.

명량 해전에서 이순신 장군은 불과 13척의 배로 200척이나 되는 왜선을 상대하여 승리하였는데, 승리의 이유는 이미 이순신 장군이 수차례에 걸쳐 울돌목을 답사하여 이에 대한 조류 현상과 지형적인 특징을 꿰뚫고 있었기 때문이었다.

나폴레옹이 모스크바 원정에서 실패를 했던 것이나, 히틀러가 그 전철을 그대로 밟은 것은 이들이 러시아의 지형과 기상에 대한 지식과 그에 따른 장기적인 대책에 공히 실패하였기 때문이다.

승리를 원하는가? 그렇다면 지형과 천시에 대하여 정통하라!

지휘관은 부지런히 전장을 다니면서 지형적인 특징을 익히고 적의 입장에서 지형을 교묘히 이용하는 전법을 무시로 개발하여야 한다. 지형과 기상은 적의 편일 수도 있고 아군 편일 수도 있다. 그것을 어떻게 내것으로 만드느냐에 따라 달라지는 것이다.

42. 솔연(率然)과 같이 행하라

구지 제11

선용병자(善用兵者) 비여솔연(譬如率然)
솔연자상산지사야(率然者常山之蛇也)
격기수즉미지(擊其首則尾至)
격기미즉수지(擊其尾則首至)
격기중즉수미구지(擊其中則首尾俱至)

용병을 잘하는 자는 솔연에 비유할 수 있다.
솔연이란 상산에 사는 뱀이다.
그 머리를 치면 꼬리가 달려들고
그 꼬리를 치면 머리가 달려들고
그 허리를 치면 머리, 꼬리 동시에 달려든다.

손무는 상산에 산다고 하는 전설적인 뱀인 솔연(率然)을 들어 자유자재로 움직일 수 있는 군대의 이상형을 제시하였다. 솔연이란 뱀은 독을 품은 이빨과 독침을 가진 꼬리로 적이 어느 부분을 치더라도 머리가, 꼬리가, 머리와 꼬리가 동시에 대항한다고 하는 참으로 이상적인 뱀의 모습이다.

솔연에는 두 가지의 의미가 있다.

첫째는, 자발적인 협동체로서의 이상적인 군대의 모습이다. 누가 시키지 않아도 자동적으로 자기가 할 일을 스스로 행함으로써 전체가 조화롭게 발전되고 위기 시에 적을 무찌른다고 하는 것이다. 이런 모습의 군대가 되기 위해서는 평소부터 역할 분담이 잘 되어져 있어야

이상적인 군대 率然

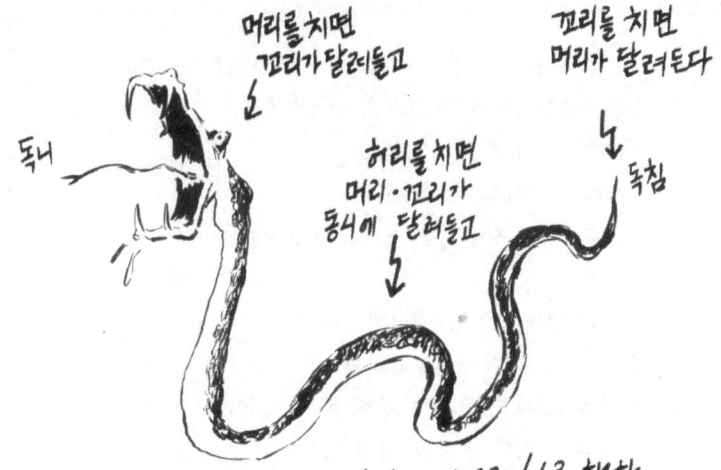

머리를 치면
꼬리가 달려들고

꼬리를 치면
머리가 달려든다

독니

허리를 치면
머리·꼬리가
동시에 달려들고

독침

① 어떤 위기시에도 각자의 임무를 스스로 행함
② 상하 일체 확고한 협동 체제(system) 구축

한다. 머리가 할 일이 따로 있고, 허리가 할 일이 따로 있고, 꼬리가 할 일이 따로 있는 것이다. 만약에 머리가 허리 일을 간섭하거나, 꼬리가 해야 될 일까지 일일이 끼어들고 잔소리를 한다면 역할 분담으로 이루어지는 솔연의 군대는 만들어질 수 없다. 군대의 지휘관은 머리에 해당되고, 간부는 허리에 해당되며, 병사들은 꼬리에 해당된다. 각자가 자기의 자리에서 자신들의 역할에 충실하다면 이러한 솔연의 태세는 가능하다.

둘째는, 어떤 상황에서도 마치 솔연과도 같이 융통성 있게 전쟁을 지휘하는 모습을 말한다. 전쟁에는 다양하고 예기치 못한 상황이 수

시로 일어나게 마련이다. 이때 지휘관은 마치 솔연과도 같이 기동성 있는 사고를 가지고 융통성 있게 상황을 조치해 나가야 승리를 구가할 수 있다. 틀에 박힌 전쟁 지휘기법으로 다양한 상황에 대처할 수 없다.

롬멜 장군은 북아프리카의 사막을 보면서 마치 사막과 흡사한 바다를 항해하는 전함을 떠올려 독특한 기갑 전술을 개발함으로써 연합군을 궁지로 몰아넣었다. 해군의 전법도, 사막의 전법도 솔연의 태세와 흡사한 점이 많다. 솔연은 고도의 융통성과 적응성의 상징이다.

43. 사지에 빠뜨려야 살아 남을 수 있다

구지 제11

투지망지연후존(投之亡地然後存)
함지사지연후생(陷之死地然後生)
부중함어해연후능위승패(夫衆陷於害然後能爲勝敗)

망할 처지에 던져넣어야 그 후에 살아날 길이 열리고
죽을 땅에 빠뜨려야 그 후에 살아날 길이 열린다.
그 무릇 병사들이란 해로운 처지로 몰아넣어야 비로소
승패를 건 용감한 싸움을 하게 되는 것이다.

한신 장군이 조나라 대군을 유인하여 배수진으로 격파하였을 때 "병법에 비추어 이길 수 없는 상황에서 어떻게 이길 수 있었는가?"하고 부하 장수들이 물었다. 이때 한신 장군이 대답한 말이 바로 '투지망지연후존(投之亡地然後存) 함지사지연후생(陷之死地然後生)'이라고 하는 위 어구이다. 그리고 그것이 바로 복생술(復生術)이라고 덧붙였다.

사람은 위기에 빠지게 되면 비로소 목숨을 건 싸움을 하게 되며, 그로 인하여 위기를 모면할 기회를 얻는다. 더구나 자국을 떠나 멀리 원정 나간 군대에 있어서는 이러한 태세가 무엇보다도 요구되는 것이다.

신립 장군이 소서행장 군을 맞아 배수진을 쳤던 탄금대 전투는 이런 면에서 사실 경우에 맞지 않다. 왜냐하면 당시 강제로 끌어모은 조선의 병사들은 대부분 현지에서 충당한 자원들이다. 그러다 보니 자기의 집들이 바로 근처에 있었다. 비록 신립 장군이 달천을 뒤로 한 배수진을 쳤지만 병사들은 눈치를 슬슬 보면서 몰래 집으로 도망쳐 나갔던 것이다. 목숨을 건 배수진이 될 리가 없었다. 그래서 결국 역부족으로 조선군은 참패하고 말았던 것이다.

배수진은 더 이상 선택의 여지가 없을 때, 그리고 더 이상 도망할 수 있는 길을 막아버린 조건을 갖춘 후에 비로소 결행할 수 있는 도박과도 같은 것이다. 이러한 조건이 충족되지 않은 상태에서 지휘관의 의지만 앞서서 결행하게 되면 돌이킬 수 없는 패배를 맛보게 되는 것이다. 무릇 장수된 자는 매사에 균형된 감각이 필요하고, 극단적인 작전을 결행할 때일수록 주변 여건을 충분히 고려한 후에 신중히 부대를 움직여야 한다.

한신은 교묘한 배수진으로 대승을 거둔 후 조나라 명장인 이좌거(李左車)를 생포하였다. 한신은 이좌거를 극진히 예우하고 북방의 연(燕)과 동방의 제(齊)를 치는 전략을 물었다. 이때 이좌거는 "패군의 장은 병법을 말하지 않는다"고 대답하였다. 그러나 한신은 포기하지

극한상황에 밀어 넣어라!
오히려 살길이 보인다!

대충 망하는 것 보다
차라리 깡그리
망하는 것이 좋을 때가 있다!

분주파부(焚舟破釜)

항우가 거록을 향해 진군시
장수(漳水)를 도하하자
모든 배에 구멍을 뚫어 침몰시키고
취사용 솥을 부서버려 되돌아 가지
않는다는 필사의 결의를 보임으로서
9전 9승의 결과를 이끌어 냄!
한신이 행한 정형구의 배수진도
동일한 원리!

않고 "지혜로운 사람의 많은 생각 가운데도 반드시 실책이 있고, 어리석은 사람의 많은 생각 가운데도 반드시 취할 것이 있습니다"라는 유명한 말을 서두로 이좌거의 계책을 뽑아내는 데 성공하여 마침내 힘들이지 않고 연을 거두고 제를 정복하는 데 성공하였다.

44. 수년 동안 적과 대치하다가 하루의 승리를 다툰다

용간 제13

상수수년(相守數年) 이쟁일일지승(以爭一日之勝)
이애작록백금(而愛爵祿百金) 부지적지정자(不知敵之情者)
불인지지야(不仁之至也) 비인지장야(非人之將也)
비주지좌야(非主之佐也) 비승지주야(非勝之主也)

서로 대치하여 지키기를 수년을 하다가 단 하루의 승부를 다
투게 되는데 간첩에게 주는 자금을 아낀다고 해서 적정을 알
지 못한 채 전쟁에 임하게 한다면 이는 백성과 병사의 고통을
무시하는 불인(不仁)이요
이러한 자는 병사의 장수가 될 자격이 없고 임금을 보좌할 만
한 자가 아니며 승리를 획득할 주인이 될 자격이 없다.

적시에

낚아올린 정보는 수만 명, 경우에 따라서는 수십만
명의 목숨을 대신하는 가치가 있다. 그렇기 때문에
군의 최고 책임자나 나라의 지도자는 이러한 정보를 수집함에 있어서
돈을 아껴서는 안 된다.

제2차 세계대전의 방향을 바꿔놓은 간첩 조르게의 활약을 보면 이
말이 실감난다. 조르게는 독일인과 소련인의 혼혈아였었는데 이러한
점을 잘 이용하여 스탈린의 밀명을 받고 독일 신문의 특파원으로 가
장하여 1933년 9월 일본으로 잠입하였다. 일본에서 조르게는 주일 독
일대사인 오트를 손에 넣는 데 성공하였으며, 조르게가 상해에서 활

동할 당시 알게된 일본의 아사이 신문 기자인 한 일본인을 조수로 삼고 이 자를 일본 수상의 핵심측근으로 잠입시키는 데 성공하였다.

그리하여 독일의 상황은 독일 대사 오트에 의하여, 일본의 상황은 일본 수상에 의하여 손바닥 보듯이 알 수 있었다. 마침내 1941년 10월, 일본의 주 전장이 북방이 아니라 남방이라는 황금 같은 정보를 입수한 조르게는 그 즉시 스탈린에게 암호전보를 보냈고, 스탈린은 안심하고 극동의 소련군을 바로 유럽 전선으로 전용함으로서 히틀러의 대공세를 막아낼 수 있었던 것이다. 만약 당시 조르게의 정보가 없었더라면 소련의 운명은 어찌 되었을까? 그리고 또한 제2차 세계대전의 향방은 어떻게 되었을까? 이와 같이 시의 적절한 정보는 나라의 운명을 좌우할 뿐 아니라 사안에 따라서는 역사를 바꾸어놓을 수 있는 것이다.

오늘날의 전쟁 양상은 첨단과학 전쟁, 디지털 전쟁으로서, 세계 각국은 정보의 우위를 점하고자 국가의 돈을 쏟아붓고 있다. 2001년 9월 11일 미국 무역센터 테러 사건으로 인하여 시작된 아프간 전쟁에서 우리는 유감없이 정보전쟁의 위력을 볼 수 있었다. 정보를 지배하느냐 못 하느냐에 전쟁의 승패가 달려 있으니 어찌 정보를 위한 돈을 아낄 수 있으랴.

오자병법(吳子兵法)

오기(吳起)는 전국 시대 초기 위(衛)나라 좌씨(左氏) 출신이며, 생몰 연대는 B.C 440년(?)에 출생하여 B.C 381년에 죽었다고 전해진다. 처음에는 노(魯)나라에서 장수로 공을 세웠으나 이간책에 의해 신변이 위태하여 B.C 407년에 위(魏)나라로 망명, 문후(文侯)에게 발탁되어 장수로서 큰공을 세웠다. 오기는 실전에 강하여 서하(西河)의 수(守)로 임명된 후 150km의 장성을 지키면서 27년 동안 인접국과 76차례의 대전투를 벌이고 그 중 64회는 전승을, 12회는 무승부를 기록하였다. 출세를 위하여 아내를 죽였던 냉혈한이었지만 반면에 부하와 동고동락하고 병사의 등에 난 종기를 입으로 빤 일화는 유명하다.

〈사기(史記)〉에 따르면, 한번은 병사 가운데 등창이 난 사람이 있었는데 오기가 그것을 입으로 빨아주었다. 그 병사의 어머니가 이 소식을 듣자 통곡을 하였다. 어떤 사람이 그 이유를 묻자 "전년에 오기 장군이 우리 애 아비의 등창을 빨아주었습니다. 그리하여 그 애의 아비는 싸움터에 나가서 돌아서지 않고 싸우다 드디어 죽었습니다. 이제 오기 장군이 또 그 아들의 등창을 빨아주었으니 그 애가 어디에서 또 전사할지 알지 못합니다. 그래서 우는 겁니다."

〈오자병법〉은 27년 간의 실전 경험을 집대성한 걸작으로서 〈손자병법〉보다도 높이 평가하는 학자도 있다. 총 48편이었다고 하나 현재는 6편만이 전해진다. 〈손자병법〉과 함께 묶은 〈손오병법(孫吳兵法)〉으로 우리에게 잘 알려져 있다.

45. 인재 구하기를 우선으로 하라

견위문후

약이비(若以備) 진전퇴수(進戰退守)
이불구능용자(而不求能用者)
비유복계지전리(譬猶伏鷄之傳狸)
유견지범호(乳犬之犯虎)
수유투심(雖有鬪心) 수지사의(隨之死矣)

국가 유사시 나아가 싸우고 물러서서 지키기 위하여 많은 무기와 장비와 사람을 준비하지만, 이를 능통하게 사용할 수 있는 인재를 구하지 않는다면 마치 병아리를 품은 암탉이 들고양이와 싸우듯 강아지에게 젖먹이는 암캐가 호랑이에게 덤벼들 듯 비록 싸우려는 마음은 가상하나 곧 죽게 될 따름이다.

전쟁은 결국 인간이 하는 것이다. 아무리 첨단과학 무기가 등장하고 과학적인 시스템으로 디지털화 된 전쟁을 수행하는 상황이라 할지라도 결국은 그것을 운용하고 조작하는 것은 사람이다. 사람이 양성되지 않고서는 전쟁을 할 수 없다.

사람 중에서도 인재가 필요하다. 오늘날 탱크 몇 대를 더 사기 위하여 혹은 전투기 몇 대를 더 사기 위하여 사람을 키우는 교육투자를 아낀다면 이는 미래를 보지 못하는 처사이다. 어떤 것에 우선하여 사람을 키우는 것이야말로 미래를 준비하는 확실한 투자이다.

나라의 경제가 피폐되어 투자의 우선 순위를 조정하여야 할 때에 이르렀어도 사람에게 투자하는 돈은 절대로 잘라서는 안 된다.

서기 73년 이스라엘이 로마군에 의하여 완전히 멸망당하던 때에 이스라엘의 대제사장이 로마 장군 디도를 만났다. 그는 디도에게 예루살렘의 모든 것은 파괴할지라도 하나의 시나고그(회당)만은 남겨달라고 간청하였다. 디도는 그 소원을 들어주었고 예루살렘은 다음날 완전히 멸망되었다.

대제사장은 남겨진 시나고그 안에 이스라엘의 젊고 똑똑한 제사장 학자 5명을 숨겨 두었는데, 이들의 기억력에 의하여 〈탈무드〉와 〈구약〉은 다시 기록되었고, 후손들을 위한 역사적 교훈이 전수될 수 있었다. 이것이 바로 사람을 중시 여겼던 이스라엘의 가치관이었고, 이러한 정신이 오늘날 이스라엘을 만들었던 것이다. 아무리 나라가 어렵더라도 사람에게 투자하는 나라는 반드시 다시 일어설 수 있다는 것은 역사가 우리에게 가르쳐주는 귀한 교훈이 아닐 수 없다.

46. 대내적으로는 올바른 정치를 하고 대외적으로는 전쟁대비를 철저히 하라

견위문후

필내수문덕(必內修文德) 외치무비(外治武備)
고당적이부진(故當敵而不進) 무체어의의(無逮於義矣)
강시이애지(僵屍而哀之) 무체어인의(無逮於仁矣)

반드시 내적으로는 문덕을 닦아 올바른 정치를 하고
외적으로는 전쟁에 대비하고자 힘써야 한다.
그러므로 적의 공격을 맞아 나아가 싸우지 않는다면
의(義)를 거론할 자격이 없으며
장병들이 죽어 쓰러진 뒤에 부여안고 슬퍼한들
그 역시 인(仁)을 거론할 자격이 없는 것이다.

정치 지도자가 해야 할 바는 우선 국내의 민심을 안정시키고 복리를 꾀하는 것이며, 이와 동시에 외침에 대비한 철저한 방비태세를 갖추는 것이다. 이 두 가지는 어느 하나라도 소홀히 할 수 없는 것이다. 이것을 잘 하는 지도자는 성공한 지도자요 그렇지 못하는 지도자는 실패한 지도자가 된다.

평소 국방문제에 소홀히 하여 전쟁이 발발할 경우, 맥없이 죽어 가는 백성을 부여안고 슬퍼해 본들 때는 늦으며 아무 소용이 없다는 것이다. 그러므로 정치 지도자는 비록 나라가 태평한 경우에라도 전쟁에 대비한 감각을 가지고 있어야 한다. 평화가 계속된다고 해서 결코 국방에 투자되는 비용을 삭감하거나 소홀히 여기는 풍토가 있다면 이는 어리석은 자의 소치가 될 것이다.

〈오자병법〉에서 오기는 이 점을 분명히 하고 있다. 우리의 역사 가운데 가장 치욕스러운 사건 중의 하나는 병자호란 당시 삼전도의 한(恨)일 것이다.

1636년 12월 8일, 청나라의 태종은 10여만 명의 대군을 몰고 조선을 침략하였다. 정묘호란(1627년 1월)때 형제의 맹약을 맺은 9년 후 청나라는 조선에 대하여 군신관계를 강요했다가 조선이 크게 반발하자 재차 조선을 침략한 것이다. 전혀 전쟁에 대비하지 못하고 있다가 갑자기 당한 재난에 두 왕자와 비빈 등을 강화에 피신시키고 인조는 남한산성에 들어가 47일을 버텼으나 결국 청태종에게 항복하고 말았다. 1637년 1월 30일 청나라의 요구에 따라 곤룡포를 벗고 청나라 군복을 입은 인조는 삼전도에서 굴욕의 '3배 9고두(三拜 九叩頭 : 한 번 절할 때마다 세 번 머리를 땅바닥에 부딪치는 것을 세 번 하는 것)'를 하였다. 이때 청태종은 삼전도 남쪽에 쌓은 9층 수항단 위에 앉아서 머리가 땅에 부딪치는 소리가 나지 않는다고 호통치면서 다시 할 것을 요구해 인조는 얼어붙은 땅에 수십 번 머리를 부딪쳤고 이마는 온통 피범벅이 되었다. 이리하여 병자호란은 50일 만에 끝났고 조선의 처녀 20여 만명이 청나라에 끌려갔다.

어찌 이런 일이 있을 수 있단 말인가! 치욕적인 삼전도의 비극을 초래한 것은 실리보다 명분을 앞세운 잘못된 외교정책의 실패이기도 하지만, 무엇보다도 안타까운 일은 뻔히 예측할 수 있었던 청나라의 침략에 대하여 전혀 대비를 하지 못했다는 데 있다. 당시 전쟁준비에 대한 어설픈 상황에 대하여 어떤 신하는 이렇게 말하였다.

"싸워서 지킬 계책도 정하지 못하고 화를 누그러뜨릴 책략도 세우지 않은 채 하루아침에 오랑캐의 기병이 달려들면, 체찰사는 강화도로 도망가고 장수는 물러서 산성을 지킬 뿐이니 백성들은 어육이 되고 종묘사직이 피란(避亂)할 지경에 이르면 장차 누가 그 책임을 지겠습니까?"

47. 다섯 번 이기면 망한다

도국 제1

오승자화(五勝者禍)
사승자폐(四勝者弊)
삼승자패(三勝者霸)
이승자왕(二勝者王)
일승자제(一勝者帝)

다섯 번 싸워 승리를 거두는 나라는 재앙이 있고
네 번 싸워 승리를 거두는 나라는 피폐해지고
세 번 싸워 승리를 거두는 나라는 패천자가 되고
두 번 싸워 승리를 거두는 나라는 제후들의 왕이 되고
한 번 싸워 승리를 거두는 나라는 천하의 제왕이 된다.

싸움은 많이 할수록 이득이 없다. 왜냐하면 싸우는 횟수만큼 적국뿐만 아니라 자국도 깨어지기 때문이다.

그래서 싸우지 않고 이기는 것이 최상의 방법이라고 〈손자병법〉에서 강조하였다. 〈오자병법〉에서도 같은 맥락의 어구가 나왔다.

싸움의 횟수가 많을수록
좋지 않다!

다서~ㅅ 번!   네번!   세번! 두번! 한번!

딱! 한번의 싸움으로
결판을 낸다면
가장 좋다.
더 좋은것은 싸우지 않고도 이기는것!

　승리를 거두되 싸움의 횟수가 적을수록 좋은 승리라고 하고 있는
것이다. 어차피 전쟁을 하게 되면 어느 한쪽에만 피해를 입게 되는 것
이 아니라 쌍방이 어느 형태이건 피해를 입게 마련이기 때문이다.
　위대한 정치 지도자는 가능한 전쟁을 하지 않고 목적을 달성하기
위하여 노력하며, 위대한 군의 사령관도 가급적 전투의 횟수를 줄이며
승리를 거두려고 한다. 전쟁 없이 평화의 목적을 이룬다면 그보다 좋
은 것은 없겠지만, 전쟁이 피할 수 없는 것이라면 단 한번의 전쟁으로
승부를 가릴 수 있도록 정치 지도자는 노력하여야 하는 것이다.

48. 전쟁에서 승리를 얻는 것보다 얻은 승리를 지키는 것이 더 어렵다

도국 제1

전승이(戰勝易) 수승난(守勝難)

싸움하여 이기는 것은 쉬우나 이긴 것을 지키는 것은 어렵다.

본래 챔피언의 자리를 지키는 것이 이를 쟁취하는 것보다 더 어렵다고 한다. 늘 불안에 떨어야 하고 잠시라도 방심하게 되면 그 자리에서 거꾸러져 물러나게 되기 때문이다. 전쟁에 있어서도 마찬가지이다. 승리를 거두는 것은 쉬울지라도 이러한 승리의 상태를 그대로 유지하는 것은 어려운 것이다.

승리를 하게 되면 우선 마음이 교만하게 되고 동시에 방심이 뒤따른다. 시간이 지날수록 정신이 해이해지며 감각이 무뎌진다. 이러한 때에 준비된 적의 기습적인 공격을 받게 되면 쉽게 무너지며, 이렇게 하여 빼앗긴 승리는 좀처럼 다시 찾기가 어려워진다.

이러한 경우가 곧 나라의 몰락으로 이어졌던 역사적인 사실을 우리는 종종 볼 수 있다. 방심과 교만은 패망의 선봉이다. 승리의 고지를 향하여 절제하고, 준비하며, 겸손하게 처신한 첫 마음을 절대 잊어서는 안 된다. 인생을 살면서도 이는 그대로 적용될 수 있다.

성공을 위하여 자신을 가다듬고, 노력하며, 절제하고, 성실히 임하다가 어느 정도의 성공을 이룬 후에는 교만하고, 방자하며, 허영과 과신, 나태와 안일에 자신을 몰입하다가 결국은 처음 상태보다 훨씬 못한 나락으로 떨어지기 십상인 것이다. 이기기는 쉬울지라도 이를 지키는 것은 더욱 어렵다고 하는 명언을 늘 새겨둘 일이다.

'전승이(戰勝易) 수승난(守勝難)'과 같은 맥락으로 '창업이(創業易) 수성난(守成難)'이라는 말이 있다. '새로운 사업을 시작하기는 쉬우나 그것을 성공시키기는 어렵다'고 하는 말이다.

당(唐)나라의 태종이 신하들에게 "창업(創業)과 수성(守成)은 어느 편이 더 어려운가?"라고 묻자, 부재상인 방현령은 창업(創業)이라고 대답하였으나 명신 위징은 수성(守成)이라고 대답한 고사에서 유래되었다.

49. 먼저 내부의 불화를 없애라

석지도국가자(昔之圖國家者)
필선교백성(必先敎百姓) 이친만민(而親萬民)
유사불화(有四不和)
불화어국(不和於國) 불가이출군(不可以出軍)
불화어군(不和於軍) 불가이출진(不可以出陣)
불화어진(不和於陣) 불가이결승(不可以決勝)
시이유도지주(是以有道之主)
장용기민(將用其民) 선화이후조대사(先和而後造大事)

옛날 나라를 잘 다스리는 자는
반드시 먼저 백성들을 교화하여 그들과 친화를 다졌다.
네 가지의 불화가 있다.
나라가 불화하면 전쟁을 일으켜서는 안 된다.
군대 내부가 불화하면 전장에 투입해서는 안 된다.
전장에 있는 부대가 불화하면 공격에 투입해서는 안 된다.
공격 중의 부대가 불화하면 결전을 감행해서는 안 된다.
이런 까닭에 도리에 밝은 왕은
그 백성을 사용하고자 하면 먼저 친화 후에 큰일을 도모했다.

전쟁에서 승리를 얻기 위한 첫번째 조건은 인화단결이다. 그래서 손무는 그의 〈손자병법〉을 통하여 이러한 상하동욕(上下同欲)의 태세를 강조하였고, 위와 아래가 같은 마음이 되는 '도(道)'를 가장 중요한 요소로 누차 강조하였던 것이다.

무엇보다도 내부의 불화부터 없애라!
가장 큰적은 내부의적!

역사의 교훈.
나라나 집안이 망할때는
대부분 내부의 분열로
망했다!
내부의 불화를 지혜롭게
다스릴것!

기실 내부의 화합이 없이는 전쟁을 해서는 안 되며, 설사 전쟁을 한다 하여도 승리를 쟁취하기는 어렵다. 그래서 모든 지휘관들은 다른 어떤 것보다 내부의 화합, 상하동욕을 위하여 모든 역량을 발휘하여야 하는 것이다. 전쟁이라는 참혹하고 비인간적인 환경 하에서는 진정한 화합과 단결이 없이는 돌출 행동이 자행되어진다.

월남 전 당시 미군의 장교들이 자신의 부하들에 의하여 수없이 죽임을 당하였던 기록을 볼 수 있다. 평소에 위와 아래가 한 마음이 되지 못하면 벼랑 끝에 몰릴 경우 상관을 모해하는 경우가 허다하다.

50. 영예로운 죽음을 택할지언정 구차한 삶을 택하지 않는다

민지군지애기명(民知君之愛其命)
석기사(惜其死) 약차지지(若此之至)
이여지임난(而與之臨難)
즉사이진사위영(則士以進死爲榮)
퇴생위욕의(退生爲辱矣)

백성들이 임금이 진실로 그들의 생명을 아끼고
그들의 죽음을 애석히 여긴다는 것을 알게 되면
나라의 위기가 닥치게 될 때
임금과 더불어 진격하여 죽는 것을 영예로 삼을지언정
후퇴하여 구차하게 살아 남는 것을 욕되게 생각할 것이다.

무릇 남자는 자신을 알아주는 사람을 위하여 목숨을 바치게 된다. 전국시대에 유명하였던 5명의 자객 중에 예양(豫讓)이라는 자객이 있었다. B.C. 11세기이래 황하 주류 일대에 번창하였던 진(晋)은 B.C. 5세기부터 분열하여 중신끼리 서로 싸웠다.

당시 가장 유력하였던 지백(智伯)은 조양자(趙襄子)를 치려하였지만 오히려 죽음을 당하고 말았다. 조양자는 지백을 친 후에 그의 가족까지 모두 죽이고 지백의 두개골에 옻칠을 하여 그릇으로 사용하였다. 이때 지백의 부하로 신임을 받았던 예양이 복수에 나섰다.

그는 산 속으로 도망가서 탄식하였다. "아아…! 무사는 자기를 알아주는 사람을 위하여 죽고(士爲知己者死), 여자는 자기를 기쁘게 해

주는 사람을 위하여 꾸민다(女爲說己者容). 나를 인정하여 준 사람은 오직 지백뿐이었다. 그 은혜를 갚지 않고서야 어찌 저승에서 지백을 대할까"

그 후 예양은 변장을 하여 조양자를 수차례나 죽이려고 하였지만 실패하여 결국은 잡히게 되었는데 조양자가 예양에게 묻기를 "도대체 너는 그 악명 높은 지백을 위하여 왜 목숨을 버리려 하느냐?"고 하니, 예양은 "내가 이전에 범씨와 중행씨를 섬긴 일이 있는데 평범한 대우를 받았소. 그러나 지백을 섬겼을 때는 그는 나를 국사(國士)로 극진히 대하여 주었소. 그래서 나도 그를 위하여 목숨을 버리는 것이오"라고 대답하면서 스스로 칼에 엎드려 죽었다.

이와 같이 남자는 자기를 알아주는 사람을 위하여 한 목숨을 바치게 되는 것이다. 칭찬과 인정은 그 어떤 것으로도 바꿀 수 없는 동기부여의 핵심이다. 지휘관은 이러한 점을 깊이 착안하여야 할 것이다.

51. 자신보다 나은 인재가 없음을 오히려 걱정해야 한다

도국 제1

세불절성(世不絶聖) 국불핍현(國不乏賢)
능득기사자왕(能得其師者王)
능득기우자패(能得其友者霸)
금과인부재이군신막급자(今寡人不才而群臣莫及者)
초국기태의(楚國其殆矣)

세상에는 성인이 끊이지 않고 나라에도 현인이 없지 않으므로
능히 이를 얻어 선생으로 삼는 자는 왕이 될 수 있고
능히 이를 얻어 친구로 삼는 자는 패자가 될 수 있다.
그런데 오늘 보니 신하 중에 과인처럼 무능한 자보다 나은
사람이 없으니 어찌 초나라의 장래가 위태롭지 않겠는가

위나라의 무후는 신하들과 나랏일을 논의하고 있었는데, 모든 신하들의 식견이 무후 자신보다 훨씬 못하다는 것을 알고 그 회의가 끝나자 자못 흐뭇한 표정을 지었다. 이것을 본 오기(吳起)가 무후에게 이렇게 말하였다.

"옛날에 초나라의 장왕(莊王)은 신하들과 더불어 국사를 논하다가 신하들의 식견이 자기보다 못함을 보고 그 회의가 끝난 후 몹시 근심스런 표정을 지었습니다. 그때 신공(申公)이라고 하는 신하가 장왕에게 근심하는 이유를 물었는데 이에 장왕은 이렇게 말했다 합니다. '과인이 들건대, 어느 시대이든 한 임금이 재위하고 있는 중에 총명하고 지혜로운 인물이 끊어진 적이 없었고, 나라마다 어질고 유능한 인재가 모자람이 없었으며, 이들을 얻어 스승으로 삼으면 천하의 왕이 될 수 있고, 벗으로 사귄다면 제후 중에 패자가 될 수 있다고 하였소. 그런데 오늘 회의석상에서 보니 여러 신하들의 식견이 과인처럼 무능한 사람보다 못하니, 우리 초나라의 장래가 어찌 위태롭지 않겠소?' 이것이 바로 초나라 장왕의 근심거리였습니다. 그런데 오늘 임금께서는 오늘 초나라 장왕과 같은 꼴을 보시고도 도리어 좋아라 하였습니다. 이로 미루어볼 때 위나라의 장래가 어찌 걱정되지 않겠습니까?"

이 말을 들은 무후는 크게 부끄러워하였다. 이와 같이 자신보다 나은 인재가 없음을 걱정하는 풍토가 있을 때 진정 나라의 장래가 밝은 것이다. 밴댕이 속을 가진 자는 아랫사람이 자신보다 똑똑한 것을 보지 못한다. 기실 도량 있는 큰 인물이 인재도 알아보며 또한 인재를 키우는 품격도 가지는 것이다. 그러한 큰 인물 밑에 자연스럽게 사람도 모이게 마련이다. 사람들을 키우고, 인정하고, 관리하여 주는 풍토가 잘 된 군대 그러한 나라는 반드시 크게 일어설 것이다.

52. 부자(父子)의 군대가 되라

소위치자(所謂治者)　거즉유례(居則有禮)
동즉유위(動則有威)　진불가당(進不可當)
퇴불가추(退不可追)　전각유절(前却有節)
좌우응휘(左右應麾)　수절성진(雖節成陣)
수산성행(雖散成行)　여지안여지위(與之安與之危)
기중가합(其衆可合)　이불가리(而不可離)
가용이불가피(可用而不可疲)　투지소왕(投之所往)
천하막당(天下莫當)
명왈부자지병(名曰父子之兵)

잘 다스려진 군대란 평소 예절이 밝고
유사시에 위력을 발휘하며 진격하면 어떠한 적도 당할 수 없고
후퇴할 경우 어떠한 적도 뒤따를 수 없다.
이와 같이 진격과 후퇴가 절도가 있고
어디에 가더라도 지휘에 순응하며
비록 대형이 끊겼더라도 진용이 흐트러지지 않고
흩어지더라도 대열은 그대로 유지하며
장수와 병사가 안위를 같이 하며
하나로 뭉쳐 흩어짐이 없으며
싸움에 임하여도 피로해지지 않고 어떠한 처지에 놓이든지 천하
에 당할 자가 없는 군대를 이름하여 부자(父子)의 군대라 한다.

부자(父子)의 군대란 한마디로 끊을래야 끊을 수 없는 혈연과도 같은 관계로 하나가 된 군대를 말한다. 이러한 군대가 되면 어떤 위기에 처하더라도 서로를 위하여 목숨을 버리게 된다. 격류에 빠진 아들을 뻔히 보고 있을 아비가 어디 있겠으며, 불에 타고 있는 아비를 뻔히 보고 있을 아들이 어디 있겠는 가. 이러한 부자의 군대를 만드는 일은 바로 지휘관에게 달려 있다. 그래서 지휘관의 역할이 얼마나 중요한 것인가를 알 수 있다.

53. 죽음을 각오하고 싸우면 살 수 있고 요행히 살고자 하면 죽는다

치병 제3

> 범병전지장(凡兵戰之場)
> 지시지지(止屍之地)
> 필사즉생(必死則生)
> 행생즉사(幸生則死)
>
> 무릇 전쟁터란 시체가 사방에 뒹구는 곳이다.
> 반드시 죽기로 각오하고 싸우면 살 수 있고
> 요행히 살고자 하면 죽는다.

1597년 9월 15일 운명의 그날, 이순신은 불과 13척의 배를 가지고 200척의 왜선을 상대하기 위하여 결사의 메시지를 부하들에게 전하였다. "병법에 이르기를 반드시 죽을 각오로 임하면 살 수 있고, 반드시 살려고 한다면 죽게 된다(必死則生 必生則死)고 하였으며, 한 명이 길목을 지키면 천 명도 두렵게 할 수 있

다(一夫當逕 足懼千夫)"고 하였다. 이것은 우리를 두고 하는 말이다. 이렇게 하여 그 유명한 명량대첩이 이루어졌다.

〈오자병법〉에는 '필사즉생 필생즉사(必死則生 必生則死)'가 아닌 '필사즉생 행생즉사(必死則生 幸生則死)'라 하여 같은 맥락의 어구가 등장하고 있다. 더 이상 요행을 기다릴 수 없는 마지막 단계에 처하게 되면 죽을 각오로 싸워야 비로소 살 길이 열릴 수 있다. 장수는 부하들을 죽을 태세로 몰아넣지만 장수 자신은 그를 통하여 부대가 살 수 있는 길을 부단히 열 수 있어야 한다. 무턱대고 죽기만을 각오하여 아무런 계략을 세우지 않는다면 이는 무능한 장수이다.

이순신은 절망적인 상황에서 울돌목의 조류를 교묘히 이용하였고, 왜군의 심리를 잘 이용하여 결국은 승리로 이끌어냈다. 비록 부하들에게는 죽기를 각오하는 마음을 부추겼지만 정작 본인은 승리의 길을 부단히 모색하였던 것이다. 군사적 천재의 용병술이 바로 여기에 있으며, 병법의 묘미가 여기에 있다.

육 도(六韜)

〈육도(六韜)〉는 주(周)나라의 문왕(文王)을 도와 주나라 왕조를 창건한 태공망(太公望)의 작품으로 전해져 오나 최근 들어 그 내용을 분석한 결과 정확히 태공망의 저작으로 보기에는 어려운 점이 밝혀지고 있다. 강태공은 70세가 넘도록 쓰임을 받지 못하여 날마다 낚시를 하면서 때를 기다렸는데 문왕을 만나 쓰임을 받고 병력 3만 명으로 목야(牧野)의 일전으로 은(殷, 商)을 멸망시키고 천하를 평정하였다. 강태공은 태공망 혹은 여상(呂尙), 여아(呂牙)로 불리며, B.C. 1212년경에 출생한 것으로 추정된다. 오늘날 병법의 시조로서 숭앙받고 있으며, 도(韜)는 병법이란 뜻을 가졌으며 육도(六韜)는 문(文), 무(武), 용(龍), 호(虎), 표(豹), 견(犬)의 여섯 편을 말하고 있다. 강태공은 주나라 창건 당시의 공적으로 제나라의 제후로 봉해졌고, 그 땅에서 손무의 가문이 오나라로 망명하기 전까지의 시절을 보냈으니 그가 강태공의 병법에 간접적인 영향을 받았음을 미루어 짐작할 수 있다. 〈손자병법〉의 첫머리에 나오는 '병자국지대사(兵者國之大事) 존망지도(存亡之道)'는 강태공의 〈육도(六韜)〉「논장(論將)」 제19에 나오는 어구를 그대로 따온 것으로 보아진다. 강태공은 병법의 아버지로 숭앙받고 있다.

54. 천하는 한 사람의 천하가 아니요 만백성의 천하이다

천하비일인지천하(天下非一人之天下)
내천하지천하야(乃天下之天下也)
동천하지리자(同天下之利者) 즉득천하(則得天下)
천천하지리자(擅天下之利者) 즉실천하(則失天下)

천하는 임금 한사람의 천하가 아니요
천하 사람들의 천하이다.
천하의 이익을 천하 사람들과 함께 나누고자 하면
천하를 얻을 것이요
천하의 이익을 혼자 독점하고자 하면 천하를 잃을 것이다.

욕심을 부리면 큰 것을 얻지 못한다. 실력이 풍부한 사람은 자신의 지식을 마음껏 다른 사람과 나눈다. 아무리 퍼내어도 고갈됨이 없기 때문이다. 그런데 실력이 없는 사람은 그나마 갖고 있는 것마저 빼앗길까봐 내놓지 못하고 자신을 지키기에 급급하다. 남에게 많이 내어놓고, 많이 알려주고, 아낌없이 퍼주는 사람은 참으로 풍족히 가진 자이다.

천하를 얻고자 하는 자는 혼자 독점하려는 태도에서 벗어나 천하 사람들과 함께 나누고자 하는 마음을 가져야 한다. 큰마음을 가져야 한다. 작은 것에 연연하면 큰 것을 얻지 못한다. 때에 따라서는 모든 것을 버릴 수 있는 마음도 가져야 한다. 버릴 때 얻을 수 있다. 작은 것을 버리면 작은 것을 얻게 되고 큰 것을 버리면 큰 것을 얻게 되는 진리를 깨우쳐야 한다.

55. 인재 선별은 이렇게 하라

부지이관기무범(富之而觀其無犯)
귀지이관기무교(貴之而觀其無驕)
부지이관기무전(付之而觀其無轉)
사지이관기무은(使之而觀其無隱)
위지이관기무공(危之而觀其無恐)
사지이관기무궁(事之而觀其無窮)

부유하게 해주어 예법을 범하는가 보라
높은 벼슬을 주어 교만함이 없는가 보라
중책을 맡겨 의지에 흔들림이 없는가 보라
일을 시켜보아 성실하고 숨김이 없는가 보라
위험에 처하게 하여 두려움이 없는가 보라
일을 맡겨 지혜가 무궁한가 보라

참된 인재인지 아닌지를 구별하는 것만큼 어려운 것이 없다. 단시간에 사람을 정확히 분별하기가 쉽지 않고, 그렇다고 해서 무턱대고 장기간 사람을 시험해 본 후에 분별하는 것도 어려움이 있다. 그래서 예로부터 이러한 인재 선별에 대하여 많은 고심을 하였는데, 여기서는 예의 범절, 겸손, 의지의 굳셈, 성실과 정직, 용기, 지혜의 6가지 요소를 기준으로 삼고 있다. 대부분의 사람은 가난하거나 처지가 궁핍할 때에는 겸손해지고, 자신을 낮춘다.

그러나 돈을 벌고 지위가 어느 정도 올라가게 되면 거만을 떨고 안하무인이 되기 십상이다. 사람은 똑똑한데 금전 문제 등에서 지저분하고 사리 사욕이 앞선다면 이는 인재로서 자격이 없다. 사람을 시험하는 잣대에는 여러 가지가 있을 수 있으나, 돈 관계를 어떻게 하느냐를 보면 확연히 드러나는 경우가 많다. 술을 먹여보아 사람을 시험하라고 하는 문헌도 있다.

〈한비자〉「내저설상편」에 보면 사람을 평가하는 방법이 나온다. 그 중에 일청법(一聽法)이라는 것이 있는데, 이는 사람을 한 명씩 일일이 들어보아 그 능력을 시험해 보는 방법이다.

제선왕(齊宣王)은 생황듣기를 좋아했는데 한 번 들을 때마다 언제나 300명씩 합주를 시켰다. 그러자 이를 노려 실력도 없는 수백 명의 사람들이 합주팀에 끼어들었다. 남곽(南郭)의 처사(處士) 한 사람도 그 속에 끼어 왕의 녹을 먹고 있었다. 그런데 선왕이 죽고 민왕(湣王)이 뒤를 잇자 그는 합주보다는 독주를 좋아했다. 그러자 처사는 그만 도망가고 말았다.

역시 〈한비자〉「내저설상편」에 나오는 얘기다. 한소후(韓昭侯)가 손톱을 깎은 다음 그 중 하나를 손에 감춰놓고 손톱이 없어졌다고 하면서 빨리 찾을 것을 옆에 있던 신하들에게 재촉하였다. 그러자 측근의 신하 한 명이 재빨리 자기의 손톱을 깎아 "여기 찾았습니다"라고 내보였다. 한소후는 이로써 신하 중에 누가 거짓말을 하고 있는가를 알게 되었다.

56. 여론에만 치우쳐 진정한 인재를 몰라보는 잘못을 범치 마라

거현이불용(擧賢而不用)
시유거현지명(是有擧賢之名)
이무용현지실야(而無用賢之實也)
기실재군(其失在君)
호용세속지소예(好用世俗之所譽)
이부득기현야(而不得其賢也)

현명한 자를 천거하되 쓰지 못한다면
현인을 천거했다고 하는 명분만 있을 뿐
실속 있게 쓰지 않은 것이다.
그 잘못은 임금에게 있다.
세속 사람들이 칭찬하는 사람을 등용하기를 좋아할 뿐
진정 인재를 찾지 못한 데 있다.

사람을

잘 분별하는 것도 중요하지만 그 못지않게 중요한
것은 선택한 사람을 잘 쓰는 것이다. 아무리 좋은
인재를 발탁한들 그 인재가 적재적소에서 그의 능력을 십분 발휘하지
못하도록 한다면 이 또한 잘못된 일이다. 이러한 잘못은 바로 윗사람
에게 있다.

또한 말로만 그럴듯한 사람을 뽑아 실제에 있어서는 엉뚱한 일을
저지르는 경우도 있다. 〈사기(史記)〉에 나오는 유명한 '장평(長平)의
싸움'은 바로 이러한 경우이다. B.C. 260년 진(秦)나라와 조(趙)나라가

사람을 너무 쉽게 판단하지 마라!

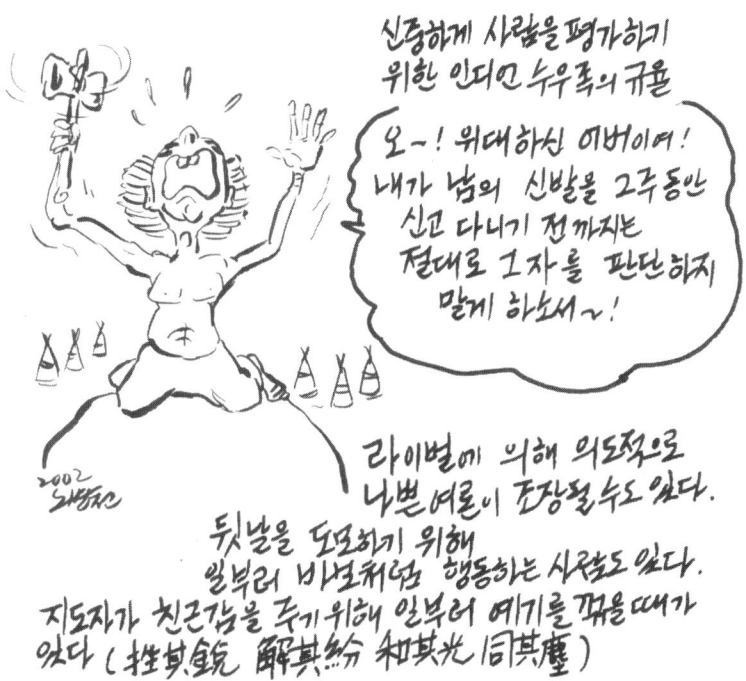

신중하게 사람을 평가하기 위한 인디언 수우족의 규율

오~! 위대하신 아버지여! 내가 남의 신발을 그 무 동안 신고 다니기 전 까지는 절대로 그 자를 판단하지 말게 하소서~!

라이벌에 의해 의도적으로 나쁜 여론이 조장될 수도 있다.

뒷날을 도모하기 위해 일부러 바보처럼 행동하는 사람도 있다.

지도자가 친근감을 주기 위해 일부러 여기를 꺾을 때가 있다 (挫其銳 解其紛 和其光 同其塵)

당시 최대규모의 전쟁을 하게 되는데, 이 전쟁에서 진나라의 지휘관 백기(白起)는 조나라의 지휘관 조괄(趙括)을 유인하여 약 40만 명이나 되는 어마어마한 군대를 생매장시켰다.

그런데 과연 조괄은 어떤 사람이었을까? 그의 아버지 조사(趙奢)는 이론과 실제가 합치된 조나라의 명장이었으나 조괄은 그저 아비의 병법만 흉내낼 뿐 실제에 있어서는 헛것에 불과하였다.

이 사실을 간파한 진나라에서는 모략을 꾸며 진나라 사람들이 정말로 두려워하는 장수는 조사가 아니라 바로 조괄이라고 소문을 내게 한다. 이 소문을 들은 조나라 왕은 조괄을 총지휘관으로 임명하였다. 그런데 조괄의 어미가 이 소식을 듣고 왕에게 간청하기를 "전쟁이란 목숨을 거는 것이다. 내 아들은 내가 잘 안다. 그저 병법을 말로만 흉내낼 뿐이다. 절대로 아들을 총지휘관으로 삼아서는 안 된다"고 하였지만, 이를 듣지 않고 전장에 내보낸 결과 그와 같이 처참한 결과를 가져오게 된 것이었다.

무릇 입으로만 그럴듯하게 떠벌리는 병법, 실제에 있어서는 아무짝에도 쓸모 없는 병법, 그리고 이론과 실제의 괴리 등은 모두가 주의하여야 할 일이다.

57. 용병의 원리는 일(一)에 불과하다

> 문 도
>
> 무왕문태공왈(武王問太公曰)
> 병도여하(兵道如何)
> 태공왈(太公曰)
> 범병지도막과어일(凡兵之道莫過於一)
> 일자능독왕독래(一者能獨往獨來)
>
> 무왕이 태공에게 묻기를
> 용병의 원리가 무엇인가
> 태공이 대답하기를
> 무릇 용병의 원리는 일(一)에 지나지 않는다.
> 일(一)이 되면 능히 혼자 갈 수도 있고 혼자 올 수도 있다.

병법의

아버지라고 불리는 강태공이 결론적으로 말한 용병의 원리는 단 한마디로 일(一)이다.

일(一)이란 '하나가 되는 것'을 말한다. 장수와 병졸이 하나가 되고, 병졸이 서로 하나가 되는 태세가 되면 어떤 위험한 상황에서도 혼자 행동하지 않고 함께 싸울 수 있다는 것이다.

강태공의 영향을 많이 받았던 손무는 〈손자병법〉에서도 이와 같은 원리를 그대로 적용하고 있다. 익히 아는 '상하동욕자승(上下同欲者勝)'은 이를 말하고 있다. 아무리 무기가 발달되고 새로운 과학문명으로 전쟁 기술이 진보되었다 하더라도 결국 전쟁은 인간이 하는 것이기 때문에 '위와 아래가 하나가 되는 것'이 이루어지지 않으면 전쟁에서 승리를 기약하기 어렵다. 모든 장수는 이에 유념하여 '부대가 하나가 되는 것'을 가장 먼저 이루어야 할 것이다.

몽고메리 장군은 "지휘통솔의 시작은 사람의 마음을 잡는 것이다"라고 말하였고, 삭스 장군은 "인간의 마음은 전장에 관한 모든 문제의 출발점이다"라고 하였다.

삼국통일을 이룩한 김유신 장군은 이와 관련하여 "전쟁에 이기고 지는 것은 군사의 많고 적음에 달려 있지 않고 사람의 마음가짐이 어떤가에 달려 있다"고 하였다.

'운용지묘재일심(運用之妙在一心)'이라는 고사가 있다. 이는 〈진서(晋書)〉「악비전(岳飛傳)」에 나오는 말인데, '진을 치고 그 다음에 싸운다는 것은 전술의 상식이다. 그러나 운용의 묘는 자기 일심에 있다'라는 뜻이다. 어떤 좋은 전술이라도 그것을 활용하는 사람의 마음에 따라 달라진다고 하는 것이다.

58. 먼저 적국 임금의 총명을 가리라

범공지도(凡攻之道)
필선색기명(必先塞其明)
이후공기강(而後攻其强)
훼기대(毁其大)
제민지해(除民之害)
음지이색(淫之以色)
담지이리(啗之以利) 양지이미(養之以味)
오지이락(娛之以樂)

무릇 적국을 치는 법은
반드시 먼저 그 나라 임금의 총명을 가리고
그 후에 강한 적군을 치고
그 강한 세력을 무너뜨려야
백성의 해를 제거한다.
그 임금을 여색으로 음탕하게 만들고
이익으로써 꾀며 맛있는 것으로 배부르게 하며
음악으로써 즐겁게 한다.

전쟁을 쉽게 하는 교묘한 방법을 말하고 있다. 먼저 상대국 임금의 총명을 흐리라고 하고 있다. 임금은 전쟁을 결심하고, 전쟁을 전체적으로 지도하는 위치에 있는 사람이다.

만약 이러한 임금이 총명이 흐려져 판단력이 상실된다면 전쟁은 가히 쉬워진다. 그래서 임금의 총명을 흐리게 하기 위하여 여색에 빠지게 하고, 맛있는 음식을 탐닉하게 하여 배부르게 하며, 위락으로 정신을 혼미하게 만든다. 이렇게 된다면 아무리 총명한 자라 할지라도 마약 속에 빠져 있는 자처럼 정신과 몸이 무너지고 만다.

〈성경〉에 나오는 최초의 전쟁인 '싯딤 골짜기 전쟁'에서 소돔과 고모라를 비롯한 5개의 성읍은 북방왕 동맹군들의 기습적인 공격을 받아 힘도 없이 무너지고 말았다. 그 원인은 바로 사해를 중심으로 소금 무역이 성행하였던 소돔과 고모라의 백성들이 긁어모은 돈으로 여색과 음식을 탐닉함으로써 몸을 망치고 정신을 혼미케 하였던 까닭이었다.

역사적으로 볼 때 한 나라가 망하는 원인에는 대부분의 경우 외적인 원인보다도 내적인 원인이 많다. 무적 로마가 망하게 된 원인도 이와 같은 것이다. 가장 무서운 적은 내부에 있다. 이는 비단 한 사람의 인생에서도 마찬가지이다.

59. 덮치려할 때는 먼저 엎드린다

지조장격(鷙鳥將擊) 비비렴익(卑飛斂翼)
맹수장박(猛獸將搏) 이부복(耳俯伏)
성인장동(聖人將動) 필유우색(必有愚色)

사나운 새가 먹이를 공격할 때에는 낮게 날면서 날개를 접고
맹수가 먹이를 덮치려 할 때에는 귀를 숙이고 낮게 엎드린다.
성인이 행동을 시작하려 할 때에는 반드시 어리석은 빛을 띤다.

'**무사는** 자기를 알아주는 사람을 위하여 목숨을 바친다'고
하는 고사를 남긴 전국시대의 유명한 자객 예양
은 주인의 복수를 이루고자 이름을 바꾸고 죄인들 틈에 끼어 적의 궁
중에서 일하게 되었다.

그는 품속에 칼을 품고 변소의 벽을 바르는 일을 하면서 은밀히 주
인의 원수인 조양자를 기다렸다. 그러나 곧 발각이 되었고 주인을 위
한 갸륵한 마음을 크게 산 조양자가 그를 용서하여 주었다. 그러자 예
양은 온몸에 옻칠을 하고 문둥병자로 가장하였으며, 숯을 먹고 목소
리를 바꾸어 아주 딴 사람으로 행동하였다. 이렇게 하여 은밀히 조양
자를 기다렸으나 결국은 그 뜻을 이루지 못한 채 잡혀 죽게 되었다.
자객인 예양이 한 이 은밀한 행동은 바로 적을 공격하기 위하여 한껏
몸을 움츠리는 모습 그것이었다.

적의 방심을 유도하여 허점을 노리고, 나의 태세를 낮추어 적의 경

계심을 이완시킨 후에 공격이 뒤따른다. 한국전쟁 직전에 북한이 각
종 평화회담의 제스처를 쓴 것도 바로 이와 같은 맥락이었다. 항시 결
정적인 공격이 있기 이전에는 평화니 뭐니 하면서 적의 경계심을 풀
어버리는 작업을 하게 마련이다. 평화로울 때 이를 더욱 조심하여야
한다.

  1973년 10월 6일에 발발되었던 유명한 제4차 중동전쟁 전날인 10
월 5일 금요일까지도 이스라엘의 정보 보고에는 전쟁 가능성이 아직
도 '낮은 것 중에도 가장 낮은 상태(the lowest of the low)'라고 되어
있었다. 그래서 이스라엘의 각료들은 다음날의 휴일(욤키프르 : Yom
Kippur)을 위하여 각각 지방으로 내려갔고, 아무도 다음날 전쟁이 있
으리라고는 꿈도 꾸지 못하였다.

  이렇게 철저한 기도비닉으로 몸을 잔뜩 움추렸던 이집트는 그 다음
날 이스라엘을 향하여 기습적인 선제공격을 가하여 초전에 엄청난 피
해를 입혔다. 항상 선제공격만을 일삼았던 이스라엘의 입장에서 이집
트가 먼저 선제공격을 하리라고는 상상도 못하였던 것이다. 방심은
금물이다. 교만은 패망의 선봉이다.

60. 사람은 양성적인 면과 음성적인 면을 함께 보아야 진면목을 알 수 있다

무도

필견기양(必見其陽)　우견기음(又見其陰)　내지기심(乃知其心)
필견기외(必見其外)　우견기내(又見其內)　내지기의(乃知其意)
필견기소(必見其疎)　우견기친(又見其親)　내지기정(乃知其情)

반드시 양성적인 면과 또 음성적인 면을 봐야
그 마음을 알 수 있고
반드시 그 밖에서 하는 일과 또 안에서 하는 일을 봐야
그 뜻을 알 수 있고
반드시 멀리 하는 것과 또 가까이 하는 것을 봐야
그 진정을 알 수 있다.

정확하게

사리를 분별하는 것은 어렵다. 어떤 일이 있으면 그 일의 양면을 동시에 볼 수 있어야 정확한 판단을 할 수 있게 된다. 겉으로 보이는 현상만으로 속단해서는 안 된다. 사람을 보는 눈도 마찬가지이다. 겉으로 친절하게 보이고 잘 하는 것처럼 보여도 실상 그 속은 무슨 다른 마음이 있을지 모르는 것이다. 그러므로 사람을 판단하거나 일의 진상을 파악함에 있어서 결코 단견으로 속단해서는 안 되는 것이다.

〈삼십육계〉의 제10계는 '소리장도(笑裏藏刀)'인데 이 뜻은 '겉으로는 웃지만 속에는 칼을 품고 있다'는 의미이다.

겉으로 보여지는 모습으로만 사람을 판단하지마라!

겉으로는 잘하는 듯 큰소리치고,
그럴듯 하게 보여도
속은 전혀
딴판인경우가
있다!

겉으로는 도덕군자처럼
깨끗하고 거룩하게
보여도 속에는
온갖 음란, 폭력,
지저분한 것들로
가득차 있을수도 있다!

사람의 깊은 속 마음을
겉모양으로 어찌 다 헤아릴까?

　춘추시대 월왕 구천이 오나라에 패하자 오왕 부차에게 굴욕적인 신하 행세를 하면서 그의 환심을 사 경계심을 풀게 한 뒤 은밀히 준비하여 부차를 쳐부순 유명한 와신상담(臥薪嘗膽)의 고사도 바로 이런 소리장도의 비책을 말하고 있다.

　손무는 "적이 겸손한 태도로 나오면 이는 필경 공격하기 위하여 준비하는 것이다. 사전에 약속이 없는 데도 강화하려고 나오면 필경 이는 이떤 모략이 있는 것이다(〈손자병법〉 「제9행군편」)"고 하면서 심리적인 차원에서 적의 속셈을 정확히 파악할 것을 종용하고 있다.

양면성을 동시에 보는 눈을 가져야 한다. 장수는 한쪽에 치우치지 않는 균형된 시각으로 냉정히 사물을 판단하는 능력을 가져야 한다.

61. 싸우지 않고 이기는 것이 완전한 승리이다

무 도

전승불투(全勝不鬪)
대병무창(大兵無創)

완전한 승리란 싸우지 않고 이기는 것이며
대병(大兵)은 상함이 없이 전쟁을 한다.

〈손자병법〉이 지향하고 있는 핵심이 바로 부전승인데, 이는 온전한 상태로 목적을 이루는 '전(全)'을 달성하는 것이다. 깨어지고 목적을 달성하는 방법은 좋지 않다. 피아(彼我)가 공히 깨어지는 싸움은 결국 모두에게 손해가 되기 때문이다. 이러한 부전승의 사상은 손무가 독창적으로 만들어낸 것이 아니라, 이미 손무가 태어나기 600여 년 전 강태공이 〈육도〉에서 언급한 것이다. 싸우지 않고 이기는 것이 완전한 승리라고 강태공은 말하고 있다.

이미 앞에서도 설명이 되었지만, 〈성경〉 「전도서」 1장 9절에 보면 '이미 있던 것이 후에 다시 있겠고 이미 한 일을 후에 다시 할지라.

해 아래는 새 것이 없나니 무엇을 가리켜 이르기를 보라. 이것이 새 것이라 할 것이 있으랴. 우리 오래 전 세대에도 이미 있었느니라'고 기록되어 있다. '해 아래 새 것이 없다'는 것이다.

손무의 〈손자병법〉도 이미 그 원리라든가 여러 어구들은 그 이전부터 존재하였던 것이다. 과연 세상에서 새 것이 있을 수 있을까? 어떤 형태이든 이미 존재하였던 것은 아닌가? 그런 맥락에서 전쟁의 원리도 과거나 현재나 아니면 미래나 모두 동일한 것이 아닌가? 비록 시대의 변천에 따라 과학 기술의 발달로 신무기 체계는 등장할지라도 그 저변에 흐르는 전쟁의 원리, 용병의 원리, 승리와 패배의 원리 등은 불변할 것이다. 여기에 우리가 고전을 읽고, 고대병법을 들추어 연구하고 하는 분명한 이유가 있는 것이다.

걸프전의 대기동 작전 원리는 중부군 총사령관 슈워르츠코프의 말처럼 이미 고대 칸네 전투에서 착상되어 나온 것이다.

싸우지 않고도 이기는 것으로 '자중지란(自中之亂)'의 전법이 있다. 〈성경〉 「사사기」에 나오는 유명한 기드온의 300용사 전투는 전형적인 '자중지란'의 전법을 이용한 것이다. 불과 300명이 무려 13만5천명이나 되는 적진에 잠입하여 항아리를 깨고 횃불을 치들고 고함을 치니 깜짝 놀란 적들은 서로가 적으로 오인하여 자기끼리 찔러 죽였던 것이다.

삼국지에 보면 오나라 장군 감녕은 불과 100명을 이끌고 무려 40만 명이나 되는 조조 진영에 잠입하여 자중지란의 전법으로 서로를 찔러 죽이게 만든 기록이 있다.

62. 진실로 큰 지혜는 겉으로 나타나지 않는다

대지불지(大智不智)　대모불모(大謀不謀)　대용불용(大勇不勇)
대리불리(大利不利)　이천하자(利天下者)　천하계지(天下啓之)
해천하자(害天下者)　천하폐지(天下閉之)　천하자(天下者)
비일인지천하(非一人之天下)　내천하지천하야(乃天下之天下也)

큰 지혜는 지혜가 없는 듯 보이고 큰 꾀는 꾀가 없는 듯 보이며
큰 용기는 용기가 없는 듯 보이고 큰 이익은 이익이 없는 듯 보인다.
천하를 이롭게 하는 자는 천하가 그 길을 열어주고
천하를 해롭게 하는 자는 천하가 그 길을 막는다.
천하는 한 사람의 천하가 아니며 천하 만민의 천하이다.

사람을 겉으로 나타나는 모습으로만 쉽사리 판단해서는
안 된다. 속이 꽉 찬 사람은 오히려 겸손하기 때문
에 겉으로 보기에 마치 바보처럼 보일 수 있는 것이다. 빈 수레가 요
란하듯 속에 별로 든 게 없는 사람이 겉으로는 요란하며 목소리가 큰
법이다. 무술의 고수는 겉으로 보기에는 싸움도 못하듯이 보이지만
이제 무술을 시작한 지 1~2년 된 사람은 마치 모든 것을 깨달은 자
처럼 경거망동하게 행동한다. 정말 무서운 사람은 조용히 자신을 통
제할 수 있는 사람이다. 많이 알면 알수록, 깊이 들어가면 들어갈수록
인간이 가진 지식이 사실상 자연 앞에서는 별것 아님을 깨닫게 된다.
　세상에 널려 있는 헤아릴 수 없는 지식의 바다 가운데 과연 내가

알고 있는 것이 얼마나 될까? 어느 부분을 조금 안다고 해서 마치 전체를 다 아는 것처럼 자신을 과대 포장하는 사람이 많은 세상이다. 정말 깊은 단계까지 이르게 되면 무식의 한계에 부딪쳐 저절로 머리를 숙이게 되고 정말 아무것도 모르는 바보처럼 되어 버린다.

공부와 수양을 많이 하여 어떤 본질을 깨달은 사람은 말을 할 때 무척 쉬운 말로 한다. 어려운 외국어나 어려운 문장을 섞어서 유식하게 보이려는 듯이 말을 하는 사람은 아직 그 수준이 멀었다고 하는 증표이다. 정말 깨우친 사람은 단순하며, 어리석은 듯이 보이며, 자신을 낮추고 쉽게 말한다.

63. 벌은 윗사람에게 상은 아랫사람에게 많이 주어야 한다.

장이주대위위(將以誅大爲威) 이상소위명(以賞小爲明)
이벌심위금지이령행(以罰審爲禁止而令行)
고살일인이군진자(故殺一人而軍震者) 살지(殺之)
상일인이만인열자(賞一人而萬人悅者) 상지(賞之)
살귀대(殺貴大) 상귀소(賞貴小)

잘못을 범했을 경우에 비록 지위가 높은 자라 할지라도
처벌을 강행한다면 장군은 위엄을 세울 수 있고,
공을 세웠을 경우에 비록 낮은 지위에 있는 자라도
상을 분명히 한다면 장군은 신뢰를 얻을 수 있다.
이와 같이 실정에 맞게 상벌이 잘 시행된다면
명령이 잘 시행될 수 있다.
그러므로 한 사람을 처형하여 전군이 모두 두려워할 경우에는
그를 처형하며,
한 사람에게 상을 주어 전군이 모두 기뻐할 경우에는
그에게 상을 내린다.
벌은 높은 지위에 있는 사람에게 내림이 효과적이고,
상은 아랫사람에게 내림이 효과적이다.

상과 벌을 주는 행태를 보아 그 조직이나 사회, 국가의 미래를 알 수 있다. 어떤 잘못이 있어서 벌을 주어야 할 경우 아랫사람들에게 초점이 맞추어지는 조직이나, 그 반대로 어떤 공

벌은 윗사람부터 상은 아랫사람부터 주어야 효과적이다!

과가 있어서 상을 주어야 할 경우 윗사람에게 초점이 맞추어지는 조직은 그 미래에 대한 희망이 없다. 오히려 그 반대가 되어야 하는 것이다. 벌은 윗사람부터 상은 아랫사람부터 주어지는 풍토가 잘 조성되어 있는 조직은 결코 망하지 않는다. 어떤 잘못이 있는 경우에 윗사람은 흔히 아랫사람에게 호통을 치게 되며 그 책임을 묻는 경향이 많

다. 그런데 과연 그러한 잘못에 대한 책임은 그것을 감독해야 하는 윗
사람에게는 없는 것인가. 우선 그 자신에게 호통을 친 후에 아랫사람
에게 책임을 물어야 마땅할 것이다.

모든 잘못의 책임은 반반이다. 그렇기 때문에 아랫사람에게만 그
화살을 돌려서는 안 될 것이다. 이것을 진실로 잘 깨닫게 된다면 화를
한번도 내지 않고도 주어진 임무를 잘 감당할 수 있을 것이다.

삼 략(三略)

〈삼략(三略)〉의 저자가 누구인지는 명확하지 않다. 단지 수서경적지(隨書經籍志)의 병가(兵家)에 비로소 '황석공 삼략삼권(黃石公三略三卷)'이라고 기록되어 있고, 당서(唐書)와 송사(宋史)의 두 예문지(藝文志)에서도 똑같이 나타나 있다. 이 기록에 따르면 〈삼략〉은 황석공(黃石公)의 작품이라 할 수 있으나 이 또한 정확히 고증하기 어렵다. 흑자는 삼략이 육도를 지은 강태공 여상(呂尙)의 작품이라고 주장하기도 하지만 그 또한 근거가 분명치 않다. 삼략은 병가(兵家)의 기략(機略)에 상, 중, 하의 세 가지가 있다는 것을 설명한 것이다.

63. 병기는 상서롭지 못한 흉기이다

병자불상지기(兵者不祥之器)
천도오지(天道惡之)
부득이이용지(不得己而用之)
시천도야(是天道也)

병기란 상서롭지(복되고 길한) 못한 흉기이다.
하늘의 도는 그것을 사용하는 것을 싫어한다.
그러므로 부득이한 경우에 한하여 사용해야 한다.
이것이 하늘의 도를 따르는 길이다.

병기란 전쟁시 사람을 해치는 무기를 말한다. 무기는 사람을 상하게 하고 죽이기 때문에 좋은 것은 되지 못한다. 그래서 그것을 사용하는 것은 본질적으로 바람직한 상황은 아니다. 평화로운 세상에서는 결코 무기가 사용될 필요가 없다.

무기를 사용하여야 할 경우는 국가 존립 목적상 어쩔 수 없을 경우에 한한다. 이런 경우를 제외하고 병기를 자신의 사욕을 채우려는 목적으로 사용한다면 이는 하늘의 뜻을 저버리는 것이다.

64 장수는 국가의 운명을 맡은 자이다

상략

부장자국지명야(夫將者國之命也)
장능제승(將能制勝)
즉국가안정(則國家安定)

무릇 장수는 국가의 운명을 맡은 자이다.
장수가 능히 승리를 거두면
국가는 안정되는 것이다.

〈손자병법〉 「작전」 제3편에 보면 '지병지장(知兵之將)
민지사명(民之司命) 국가안위지주야(國家安
危之主也)' 즉 '전쟁을 잘 아는 장수는 국민의 생명을 맡은 자요, 또
국가 안위를 좌우하는 주인공이다'라고 하는 어구가 나온다. 이 어구
는 바로 〈삼략〉의 위 어구와 일맥 상통한다.

장수는 한 국가의 운명을 맡은 자이다. 장수가 전쟁에 임하여 승리
를 거두면 국가는 안정되지만 패배를 당하게 되면 국가의 존립은 위
태로워지는 것이다. 그럴진대 장수의 역할이 얼마나 큰 것인가.

사막의 여우 롬멜이 영국의 생쥐 몽고메리에게 패배하였을 때 독일
의 운명은 이미 기울어졌다. 진주만을 기습한 일본의 야마모도 이소
로쿠가 탄 비행기가 암호 해독으로 격추되었을 때 이미 일본의 운명
은 기울어졌다. 칸네 섬멸전의 명장 한니발이 로마의 스키피오에게
참패를 당하였을 때 이미 카르타고의 운명은 기울어졌다.

무릇 한 나라의 장수가 결정적인 전쟁에서 패배하게 되면 그 나라는 기울어지기 시작하는 것이다.

장수가 전쟁에서 승리를 거두거나 패배를 당하는 여부는 장수 개인의 능력에 전적으로 달려 있지만, 때에 따라서는 장수가 그 능력을 충분히 발휘하도록 뒤에서 도와주는 통치권자의 재량과 역할이 절대적인 경우가 있다. 통치권자가 장수에게 쓸데없는 의심이나 간섭을 함으로써 장수가 그 능력을 제대로 발휘하지 못하여 패배하는 경우가 역사적으로 허다하다.

이순신 장군은 의심 많고 속이 좁은 선조에 의하여 끝까지 고통을 당하다가 결국 마지막 관음포 해전을 마치고 자살에 가까운 전사를 택하고 말았던 것이다. 영웅이 영웅을 알아보며, 영웅이 비로소 영웅을 관리하여 줄 수 있다. 이는 그만큼 배포가 크기 때문이다. 졸장부는 결코 대장부를 품을 수 없다.

65. 장수에게 독단 활용의 재량권을 주라

중략

군세왈(軍勢曰)
출군행사(出軍行師)
장재자전(將在自專)
진퇴내어즉공난성(進退內御則功難成)

군세에 이르기를
군대가 출동하면 장수에게 재량권을 주어야 한다.
현지의 진퇴를 만약 조정으로부터 통제 받는다면
승리를 이루기 어렵다.

나폴레옹이 무너지기 시작한 것은 나이가 든 나폴레옹이 그의 부하들을 믿지 못하고 일일이 간섭하고 그의 통제권에서 벗어나면 불안하여 불같이 화내는 일이 겹치기 시작하면서 부터였다.

워터루 전투에서 블루헤르군을 추격하라고 하는 명령을 받은 프랑스의 그루쉬는 포성이 들리는 워터루로 방향을 바꾸어야 함에도 불구하고 감히 나폴레옹의 최초 명령을 어길 용기가 나지 않아서 곧장 와브르로 갔었다. 결과적으로 이때 놓친 블루헤르는 워터루에서 나폴레옹의 허리를 치는 기습 공격을 가함으로써 결정적으로 나폴레옹을 무릎꿇게 만들었다.

나폴레옹의 부하장수들은 이미 나폴레옹의 로봇이 되었던 것이다.

감히 그의 명령을 거역하면서 독단 활용을 할 생각조차 할 수 없었다. 그동안 수많은 전투에서 그저 나폴레옹의 말만 듣게 되면 반드시 승리하였기 때문에 그러하였던 것이다. 그런데 이러한 승리는 나폴레옹이 장악할 수 있는 통제 범위 안에서만 그것이 가능하였다. 그러나 시대는 변천하였고, 전장의 영역이 확장되면서 나폴레옹의 통제권을 벗어나는 전쟁이 발발되자 옛날처럼 그저 로봇처럼 행동하여서는 전체적인 승리를 얻기에 불가능하였다.

전장에서의 독단 활용이 무엇보다도 중요하였는데, 나폴레옹은 부하장수들을 믿지 못하였고, 그러한 독단 활용에 대한 훈련도 평소에 시키지 못하였다. 시대의 변화에 따른 교육 훈련을 제대로 시키지 못한 책임이 나폴레옹에게 있었다.

몰락 당시 나폴레옹이 마지막까지 인식하지 못하였던 결정적인 것이 있었으니 그것은 바로 샤론호르스트에 의하여 만들어진 '프러시아군의 참모본부제도'였다. 이미 프러시아군은 지휘관과 참모제도를 확립하였고, 거대해진 전장에서 효율적인 참모들의 활동이 승리를 끌어내는 원동력으로 작용하였던 것이다. 독불장군 나폴레옹은 아집과 독단 그것이 먹혀들었던 그의 시대와 함께 무대에서 사라졌다. 오늘을 사는 우리 주변에 나폴레옹과 같은 독불장군은 어디 없는가?

66. 영웅의 마음을 사로잡아 심복으로 삼아라

상략

부주장법(夫主將法)
무람영웅지심(務攬英雄之心)

무릇 임금이나 장수는
영웅의 마음을 사로잡아 자기의 심복으로 만들기에 힘써야 한다.

영웅의 마음을 사로잡아 자기의 심복으로 만들 수 있는 사람은 진정한 영웅이 될 것이다. 영웅은 영웅을 알아보기 마련이다. 자신의 세력을 확장하기 위하여 힘이 있는 호족들과의 혼인정책으로 29명의 처를 두었던 왕건에게는 신숭겸이라는 영웅이 있었다.

대구에 있는 공산(公山)에서 왕건은 후백제군에 포위를 당하였다. 진퇴양난의 위기에서 신숭겸은 왕건을 구하고자 자신이 왕건의 옷으로 갈아입고 왕의 수레를 몰아 후백제군을 유인한 후 장렬히 전사하였다. 싸움이 끝나자 구사일생으로 목숨을 건진 왕건이 자신을 대신하여 죽은 신숭겸의 시체를 찾았으나 목이 잘리어 알 수 없었다. 그러다가 신숭겸의 왼쪽 발에 있는 북두칠성 모양의 검은 사마귀를 보고 그 시체를 거두어 후한 장례를 치러주었다.

왕건은 머리가 없는 신숭겸을 장사 지내면서 순금으로 된 머리를 만들어 함께 묻었는데 도굴을 우려하여 춘천, 구월산, 팔공산에 똑같은 묘를 만들게 하였다. 그 후 공산(公山)은 싸움터에서 용감히 싸우다 죽은 8장군을 기리는 의미로 팔공산(八公山)으로 개명하였다.

이와 같이 신숭겸은 자신을 알아주는 한 영웅을 위하여 목숨을 바쳤고, 왕건은 이러한 영웅을 자신의 심복으로 부릴 수 있었던 것이다. 해하의 결전에서 항우의 초군을 격파하여 천하를 통일한 유방은 낙양의 궁궐에서 전승 축하연을 열었다. 그 자리에서 그는 이렇게 말하였다.

"나는 계책을 유악(帷幄 : 사령부)에서 세워 천리 밖의 전투를 승리로 이끈 장량에 미치지 못한다. 나라의 치안을 유지하고 백성을 안심시키고 군수지원에 만전을 기함에 있어서는 나는 소하에 미치지 못한다. 백만의 군사를 일으켜 싸우면 반드시 이기고 공격하면 반드시 목표를 탈취하는 데 있어서는 한신에 미치지 못한다. 이 세 사람은 모두가 출중한 인물들이다. 단지 나는 이들을 잘 거느렸을 뿐이다. 내가 천하를 손에 넣을 수 있었던 이유는 바로 이것이다. 항우에게는 단 하나의 걸출한 인물 범증이 있었으나 그조차도 제대로 쓰지 못하였다. 이것이 그가 내게 패한 이유일 것이다"

실로 영웅의 말이 아닐 수 없다. 큰 나무에 큰 그늘이 생기며, 깊은 물에 큰 고기가 모여드는 법이다.

67. 너무 강하면 부러진다

상 략

능유능강(能柔能剛) 기국미광(其國彌光)
능약능강(能弱能强) 기국미창(其國彌彰)
순유순약(純柔純弱) 기국필삭(其國必削)
순강순강(純剛純强) 기국필망(其國必亡)

부드러움과 굳음을 적당히 쓸 때 그 나라는 점차 빛나고
약함과 강함을 적당히 쓸 때 그 나라는 점차 이름을 떨친다.
부드러움과 약함에 치우칠 때에는 그 나라는 반드시 깎이고
굳음과 강함에 치우칠 때에는 그 나라는 반드시 망한다.

〈삼국지〉의

천하 장사 장비의 죽음은 실로 어이없는 것이었다. 평소 자비가 없고 너무 강하여 부하들의 마음을 사로잡지 못한 결과 조그마한 실수에 후환이 두려운 부하들의 손에 죽어버린 것이다. 천하를 벌벌 떨게 하였던 영웅 호걸이 어이없이 무너지는 장면이다.

이렇게 무릇 지나치게 강한 사람은 쉽게 부러지기 쉽다. 만물의 원리가 그렇다. 비바람이 몰아칠 때 자신을 뻣뻣하게 세우는 나무는 다 부러지고 말지만, 바람이 부는 데로 몸을 맡겨버리는 부드러운 나무는 그대로 서 있게 된다. 부드럽다는 것은 생명이 왕성하다는 것이며 딱딱하다는 것은 이제 그 생명이 종말을 향하고 있다는 것이다. 새로 태어나는 모든 동식물은 부드럽다. 그러나 죽어가는 모든 동식물은

너무 강하면 부러진다!

부러져 버리면
아무 소용이 없다.
때로는 유연하게
세상을 대처할
필요도 있다.
"人生은 누가 오래 가느냐"
에 그 성패가 달려 있다.
목숨이건 평판이건…

그 몸이 강하고 딱딱하며 굳어진다.

　그래서 '부드러움을 지키는 것은 곧 강하다'고 하는 '수유왈강(守柔日强)'이라고 하는 말이 있다. 이렇듯이 계급과 지위가 오를수록 요구되는 덕목이 바로 부드러움이다. 계급과 지위가 높기 때문에 높은 계급 그 자체만으로도 저절로 권위가 서게 마련이다.

　그러나 계급이 높은 사람이 지나치게 엄격하고 딱딱하며 원리원칙만을 고집한다면 아무도 그 밑에서 진심으로 충성을 하지 않는다. 그저 시늉만 낼 따름이다. 그것을 보고 상관은 착각해서는 안 된다.

　부드러움과 강함의 적절한 조화는 리더에게 있어서 언제나 고심하여야 하는 매우 중요한 과제이다. 〈손자병법〉「지형」제10편에 보면 군대가 망하는 경우를 6가지 들고 있다. 그 중에서 특히 유의하여야 할 것은 '함병(陷兵)'인데, 이는 장수는 너무 강한데 부하들은 약하여 이를 따르지 못하여 무너진다고 하는 의미이다.

부하들의 수준을 고려하지 않고 그저 장수의 잣대로만 지나치게 강하고 엄격하게 부하들을 다루고, 그렇게 요구한다면 언젠가는 내부적으로 견디지 못하여 무너지고 마는 군대가 되는 것이다. 그렇기 때문에 장수는 인내심을 가지고 서서히 수준을 높여주는 노력을 하지 않으면 안 된다.

68. 칭찬을 지나치게 하는 자를 경계하라

상 략

간웅상칭(奸雄相稱) 장폐주명(障蔽主明)
훼예병흥(毁譽並興) 옹색주총(雍塞主聰)
각하소사(各阿所私) 영주실충(令主失忠)
고주찰이언(故主察異言) 내도기맹(乃覩其萌)

간웅은 서로 상대방을 칭찬하여 임금의 총명을 흐리게 하며
남을 거짓으로 칭찬하기도 하고 헐뜯기도 하여
임금의 총명을 덮어 막아버린다.
자기 도당만을 요직에 앉게 노력함으로써
임금으로 하여금 충신을 제거하게 만든다.
그러므로 임금은 한 사람만의 말을 듣지 말고
여러 사람들의 다른 의견을 들어
종합적인 사리판단을 하도록 해야 한다.

너무 치켜올려 칭찬하는 자를 경계하라!

대부분의 칭찬에는 의도가 깔려 있다.

칭찬에 넘어가지 않는 사람이 어디 있을까? 나이, 지위 고하를 막론하고…

세상의 사람들 중에 칭찬을 싫어하는 사람이 있을까? 지위와 연령 고하를 막론하고 칭찬을 받아 기분 나빠할 사람은 아마도 없을 것이다. 오히려 지위가 높고 나이가 많이 들수록 이러한 칭찬에는 매우 약하다. 그래서 누군가 조금이라도 자신을 나쁘게 말하면 그것을 참지 못한다.

충직한 부하가 직언을 하면 그것을 제대로 받아들이는 상관이 흔치 않다. 겉으로는 받아들이는 척하지만 속으로는 불편함을 느낀다. 아니면 노골적으로 싫어하는 기색을 드러내는 경우도 있다. 그렇기 때문에 역사 가운데 수많은 사람들이 이러한 '인(人)의 장막'에 가려 아부하는 무리의 혓바닥에 놀아나 자신을 똑바로 바라보지 못한 채 끝까지 독재를 하거나 아집에 사로잡혀 결국은 비참한 종말을 고하게 되는 것이다. 그러므로 최고 지도자는 늘 이런 면에서 깨어 있어야 한다.

항상 좋다는 것은 무엇인가 좋지 않다고 하는 징조라 생각해야 한다. 항상 잘 된다는 것은 무엇인가 잘못 되어가고 있다는 것을 알아차려야 한다. 항상 자신을 치켜세우는 것은 무엇인가 자신을 비난하고 있다는 것을 똑바로 인식하여야 한다. 지휘관은 어느 한편에 치우쳐서는 안 된다. 어떤 의견이 있더라도 일방적으로 성급한 결론을 내서는 안 된다. 지휘관은 얇은 귀를 가져서는 안 된다. 많은 사람들의 의견을 듣고, 균형된 시각에서 결론을 이끌어내야 한다.

〈사기(史記)〉에 보면 상대방 우두머리의 판단을 흐리게 하는 각종 이간책들이 많이 등장한다. 이는 그만큼 사람의 혀를 통한 공작이 그 효과를 발휘하기 때문이다.

그림설명 │ **황석공(黃石公)**

사마법(司馬法)

69. 천하가 비록 태평할지라도 전쟁을 잊으면 반드시 위기에
처하게 된다/ 70. 전쟁으로써 미래의 더 큰 전쟁을 막을 수
있다면 전쟁도 긍정된다

〈사마법(司馬法)〉의 저자인 전양저(田穰苴)는 춘추 시대 말엽, 진(陳)나라 종실의 후예로서 B.C. 681년 정변을 피해 제(齊)나라로 망명한 전완(田完)의 후손이며, 대개 B.C. 547년부터 B.C. 490년까지 재위한 제의 경공(景公) 시대에 활약하고 병사했다고 하는 〈사기(史記)〉의 기록에 의해 그의 행적을 추정할 수 있다. 제의 경공은 장수로 임명되어 큰공을 세운 전양저에게 대사마(大司馬)라는 중직에 임명했고, 그 후 그는 사마양저라고 불리게 되었으며 그의 병법을 〈사마법〉이라 했다. 그러나 엄밀히 〈사마법〉은 주나라의 대사마가 계승해 가면서 사용하던 병서로서 제나라에 전승되어 대대로 내려오다 전양저에 의해 집대성되었다고 전해진다. 현재의 〈사마법〉은 옛 것과 다르며 A.D. 5~6세기경에 저술된 것으로 추정된다.

69. 천하가 비록 태평할지라도 전쟁을 잊으면 반드시 위기에 처하게 된다

인본 제1

> 국수대(國雖大)
> 호전필망(好戰必亡)
> 천하수안(天下雖安)
> 망전필위(忘戰必危)
>
> 나라가 비록 강대할지라도
> 전쟁을 좋아하게 되면 반드시 망하게 되고
> 천하가 비록 태평할지라도
> 전쟁을 잊으면 반드시 위기에 처하게 된다.

유비무환의 중요성을 말할 때 약방에 감초처럼 인용하는 어구인 '천하수안(天下雖安) 망전필위(忘戰必危)'가 나오는 원전이다. 아무리 나라가 강하거나 혹은 전쟁이 없는 평화의 시절이라도 전쟁을 좋아하거나 혹은 전쟁을 잊어버린다면 반드시 위기에 빠지게 된다는 말이다.

미국이 2001년 9월 11일, 빈 라덴으로부터 테러 공격을 당한 것도 어쩌면 미국이 가지고 있던 자만감 때문이었을 것이다. '세계 최강의 미국을 감히 누가 건드리겠는가!' 하는 자만감은 편향적인 중동정책을 펼치게 하였고, 그로 인하여 피해를 당한 측에서는 결국 테러의 형태로 보복을 하게 된 것이다. 미국의 입장에서 보면 확실히 전쟁을 잊었다. 아니 누가 감히 미국 본토를 상대하여 전쟁을 하리라고 생각이나 했겠는가? 이런 미국의 자만감과 방심이 기습적인 항공기 테러를 가능하게 만들었던 것이다.

사실 1941년 12월 7일 일본에 의하여 자행된 진주만 기습공격도 이러한 자만에서 비롯된 것이었다. 당시 미국은 '진주만을 기억하라 (Remember the Pearl Harbor)!'고 외치면서 죽어도 이러한 수치스러운 기습은 당하지 않으리라고 다짐해 왔다. 그러나 이렇게 오랜 평화의 시기를 거치게 되면 어느덧 그 각오와 결의는 희미해지기 마련이다. 어떤 경우든 전쟁에 대하여 방심하는 것만큼 국가안보에 무서운 적은 없다. 인류가 존재한 이래 전쟁은 언제나 있어왔고 앞으로도 이는 지구의 종말이 오기까지 변함이 없을 것이다.

비록 천하가 태평하더라도
유비무환의 태세는
잊어서는 안된다!

70. 전쟁으로써 미래의 더 큰 전쟁을 막을 수 있다면 전쟁도 긍정된다

인본 제1

살인안인(殺人安人)
살지가야(殺之可也)
공기국애기민(攻其國愛其民)
공지가야(攻之可也)
이전지전(以戰止戰)
수전가야(雖戰可也)

소수의 사람을 죽여 다수의 사람을 편안하게 할 수 있다면
사람을 죽여도 용납되며
적국을 공격하는 것이 적국의 백성을 사랑해 주는 결과가 된다면
공격해도 용납되며
전쟁을 함으로써 전쟁을 종식시키는 결과가 된다면
비록 전쟁일지라도 용납된다.

사람을 죽이거나, 적을 공격하거나, 전쟁을 하는 것에 대한 정당한 이유를 말하고 있다. 그런데 여기에는 신중한 숙고가 필요하다. 첫째는, 다수의 사람을 위하여 소수의 사람을 죽이는 경우이다. 몇 명의 사람이 나쁜 짓만 일삼고, 사람을 괴롭히며, 사회에 악을 끼칠 때, 그들은 다수의 행복을 위하여 죽임을 당하여야 옳은지? 오늘날 사형제도에 대한 찬반 양분의 여론에 비추어 신중을 기할 일이다.

둘째는, 적국의 백성을 사랑해 준다는 명목으로 적국을 공격하는 경우이다. 나폴레옹이 모스크바를 향하여 진공할 때나, 히틀러가 모스크바를 향하여 진공할 때에 당시 모스크바 주민들은 이들의 진공을 환영하였었다. 왜냐하면 그만큼 당시에 자국내 압제가 심하였기 때문에 오히려 나폴레옹이나 히틀러에 의하여 해방되기를 바라는 측면도 있었기 때문이다. 그렇지만 과연 전체적으로 볼 때 이들의 정복행위가 정당화될 수 있을까?

셋째는, 전쟁을 함으로써 전쟁을 종식시키는 경우이다. 물론 이런 상황도 있을 수 있다. 장기적이며 소모적인 대립을 계속하느니 차라리 전쟁을 하여 일찍 결론을 이끌어 국가에 이익을 가져다 경우이다. 제2, 3차 중동전쟁 당시 이스라엘이 아랍제국을 향하여 선제 기습공격을 감행한 경우가 이것이다. 이스라엘은 더 큰 전쟁으로 비화되기 전에 먼저 손을 썼던 것이다. 이 경우 정치지도자의 전략적 안목이 무엇보다도 중요하다.

그림설명 | 전양저(田穰苴)

위료자(尉繚子)

71. 적병 한 명을 죽이고자 아군병사 백 명을 죽게 한다면 이보다 용렬한 장수가 어디 있겠는가/ 72. 죽기를 좋아하는 사람은 아무도 없다/ 73. 죽음을 각오한 한 명의 도둑이 만 명을 피하게 한다/ 74. 장수는 심장과 같고 부하는 지체의 관절과 같다/ 75. 적보다 자기 지휘관을 두려워해야 승리한다/ 76. 연대책임을 진다/ 77. 장수로 임명되면 처자를 잊어야 한다/ 78. 천시는 지리만 못하고 지리는 인화만 못하다

〈위료자(尉繚子)〉의 저자는 위료(尉繚)로서, 전국시대 위(魏)나라 양혜왕 말년(B.C. 318) 대량(大梁) 출신으로, 생몰 연대와 활동 사적은 거의 전해지지 않고 있다. 〈사기(史記)〉에 의하면 진나라가 통일된 10년 후인 B.C. 236년경에 진시황에게 등용되었던 또 다른 위료가 위료자를 지었다는 설이 있는데 전자의 위료 기록이 타당한 것으로 추정되고 있다. 위료자는 〈한서 예문지〉에 의하면 전 6권 31편이 있었다고 하나 현존하는 것은 전 5권 24편뿐이다. 1972년 중국 산동성 은작산 한묘에서 출토된 병법 죽간 중에 〈손자병법〉, 〈손빈병법〉과 함께 〈위료자〉가 일부 발견되었다. 〈위료자〉는 군사 전략면보다 정치 안정면에 더 중점을 두고 있다.

71. 적병 한 명을 죽이고자 아군병사 백 명을 죽게 한다면 이보다 용렬한 장수가 어디 있겠는가

제담 제3

손적일인(損敵一人) 이손아백인(而損我百人)
차자적이상아심언(此資敵而傷我甚焉)
세장불능금(世將不能禁)

적병 한 명을 죽이고자 아군병사 백 명을 희생시킨다면
이는 적을 이롭게 하고 아군에게는 막심한 피해를 끼치는 것이다.
그러나 오늘날 용렬한 장수는 이를 막지 못하고 있다.

지휘관의 무모한 작전으로 적병 한 명을 죽이고 아군병사 백 명을 죽인다면 이보다 어리석은 경우가 어디 있겠는가? 이는 지휘관의 지략과 능력에 의하여 좌우된다.

부하 희생을 최소화하면서 전쟁의 목적을 달성할 수 있도록 모든 지휘관들은 부단히 자신의 능력을 계발하여야 한다. 잘못된 판단과 결심으로 수많은 목숨이 달아날 수 있다.

1943년 12월, 구주 대륙에 대한 상륙작전이 결정되고 아이젠하워 대장이 연합원정군 총사령관으로 임명되었다. 당시 노르망디 지역의 자연적인 조건 때문에 언제를 D-day로 잡느냐 하는 것이 작전 성공을 결정하는 관건이 되었다.

1944년 6월 5일 새벽 3시 30분, 태풍에 가까운 폭우가 쏟아지자 아이젠하워는 긴급회의를 소집하여 기상 담당 책임자인 스태그 대령에게 기상 전망을 보고받았다. 6월 5일 오후 늦게부터 6월 6일 오전까지 기상이 좋아질 것이라는 보고를 받은 아이젠하워는 역사적인 결단을 하게 되었다.

만약 그동안 연기되어 왔던 이 작전이 또 연기된다면 한달을 기다려야 하며 아울러 겨울이 닥쳐와서 작전기간이 줄어들고 상륙군의 사기 침체와 상륙 작전에 대한 비밀누설 우려가 있기 때문에 6월 6일로 D-day를 결정한 것이다. 이때의 역사적인 결심과정을 지켜본 스미드 준장은 다음과 같이 회고하였다.

"침묵은 5분간 흘렀으며 아이젠하워 장군은 회의실 소파에 앉아 있었다. 나는 일찍이 그와 같은 역사적 결심을 내릴 때 지휘관의 고독을 그토록 실감나게 느껴보질 못하였다. 드디어 그는 얼굴을 들고 가볍게 말하였다. 자, 갑시다!"

이것이 바로 유명한 노르망디 상륙작전의 D-day 결정 과정이었고, 최고 지휘관의 고뇌에 찬 결심이 얼마나 많은 사람들에게 영향을 주는 것인가를 보여주는 좋은 장면이다. 〈라이언 일병 구하기〉라는 영화에서 보듯이 노르망디 상륙 작전 당시 비록 수많은 병사들이 상륙 도중 목숨을 잃었지만 전쟁을 종식하기 위한 현명한 결단의 작전이라 평가할 수 있다.

적병을 한 명 죽이고자 아군병사 백 명을 죽이게 하는 것은 잘못, 이것은 한 명의 도둑을 잡기 위해 열 명의 선한 사람을 족치는 잘못과도 같다. 차라리 한 명의 도둑을 그냥 놔두더라도 열 명의 선한 사람에게 해가 없도록 하는 것이 좋은 것이다.

72. 죽기를 좋아하는 사람은 아무도 없다

제담 제3

민비락사이오생야(民非樂死而惡生也)
호령명(號令明) 법제심(法制審)
고능사지전(故能使之前)
명상어전(明賞於前) 결벌어후(決罰於後)
시이발능증리(是以發能中利) 동즉유공(動則有功)

누구든지 죽기를 좋아하고 살기를 싫어하는 사람은 없다.
죽기를 무릅쓰고 적진으로 뛰어가는 것은 군령이 엄하고
법제가 빈틈없이 확립되어 있기 때문이다.
사전에 상벌의 규정이 명백하게 되어 있고
사후에 그 시행이 엄격하게 지켜진다면
포상의 영예로 분발시키고 처벌의 위엄으로
과오를 방지하게 하여 움직이는 즉 공을 세우게 되는 것이다.

전쟁이란 그 자체가 비이성적이며 비인간적이다. 그렇기 때문에 전쟁은 하지 않아야 한다. 그러나 어쩔 수 없이 해야 되는 입장에 처하게 되면 승리 외에는 최상의 길은 없다. 전쟁에서 승리하기 위해서는 여러 가지 요인이 복합적으로 작용하게 된다. 어느 특정적인 것으로 해법을 찾기 어려운 것이다.

그러나 한 가지 확실한 것이 있다. 그것은 군사들이 목숨을 걸고 싸우려는 전의(戰意)가 얼마만큼 되어 있는가 하는 것이다. 싸우려는 태세가 되어 있지 않으면 아무리 무기 장비가 우수해도 소용이 없다.

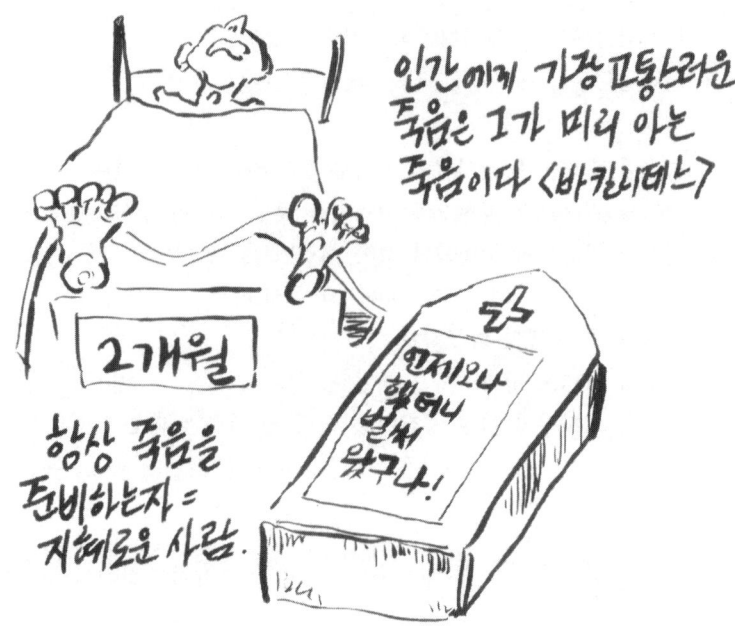

죽기를 좋아하는 사람은
아무도 없다! 그러나 …

인간에게 가장 고통스러운
죽음은 그가 미리 아는
죽음이다 〈바킬리데스〉

2개월

항상 죽음을
준비하는자 =
지혜로운 사람.

언제오나
했더니
벌써
왔구나!

그래서 우선적으로 싸우려는 의지를 만들어주는 것이 요구된다. 여기서는 엄격한 군령, 명확한 상벌시행을 그 방법으로 제시하고 있다. 군기가 선 군대라야 전쟁에서 승리할 수 있다.

　드 피크는 "군기의 목적은 병사들로 하여금 자신을 돌보지 않고 싸우게 하는 데 있다. 군기가 없이는 군대라 할 수 없다. 로마군대는 선천적으로 굳센 군대가 아니라 군기가 강한 군대였다"라고 말한 바 있다.

조선조 명종 때 장필무라는 장군은 공을 상관에게 돌리고 부하에게
는 워낙 엄격하기로 유명하였다. 그는 부하의 잘못에 대하여 추호의
용서도 없었다. 그런 연유로 그는 형벌을 남용한다는 어사의 제청으
로 파직되기도 하였다. 주위에서 그를 두고 부하에게 너무 가혹하다
고 평하자 그는 이렇게 말하였다.

"삶을 좋아하고 죽음을 싫어하는 것은 인지상정이다. 죽음을 싫어
하는 사람들을 몰아 죽을 곳에 가게 하는데도 감히 거역하지 못하는
이유는 물러서면 반드시 군법에 죽을 것을 알므로 차라리 앞으로 나
아가면 혹시 살 수도 있으리라는 것을 알기 때문이다. 평소에 엄하게
하지 않으면 그들은 두려움을 모르기 때문에 마음 또한 게을러지게
되니 죄를 범한 뒤에 비록 극형에 처한들 무슨 소용이 있겠는가?"

73. 죽음을 각오한 한 명의 도둑이 만 명을 피하게 한다

제담 제3

일부장검격어시(一夫杖劍擊於市)
만인무불피지자(萬人無不避之者)
신위비일인지독용(臣謂非一人之獨勇)
만인개불초야(萬人皆不肖也)
하즉필사여필생(何則必死與必生)
고불모야(固不侔也)

도둑 한 사람이 칼을 들고 시장에 나가 난동을 부린다면
만 명이 있더라도 피하지 않는 자가 없을 것이다.
칼을 든 도둑만이 용기가 있고
그 주위의 만 명은 모두가 비겁한 자라서 그렇겠는가
도둑은 필사적으로 죽음을 각오한 반면
다른 사람들은 목숨이 아까워서 살려고 버둥거리는
마음 자세가 본디 다르기 때문이다.

세상에서

제일 무서운 사람은 아마 '살기를 포기한 사람'
일 것이다. 목숨을 아끼는 것은 인지상정이다.
그렇기 때문에 어떤 위기에 접하였을 때에 목숨을 버릴 각오로 덤벼
들면 반드시 살 길이 뚫린다는 것을 말하고 있다.

이순신 장군은 조국의 운명이 걸린 명량 해전을 앞두고 '일부당경
(一夫當逕) 족구천부(足懼千夫)' 즉 '한 명이 길목을 지키면 천 명도

두렵게 할 수 있다'고 하면서 목숨을 건 결전을 종용하였다.

이백(李白)의 〈촉도난(蜀道難)〉에는 '일부당관(一夫當關) 만부막개(萬夫莫開)'라 하여 '한 사람의 병사가 길목을 지키는 것만으로 만 명의 병사가 공격을 해도 함락되지 않는다'고 하는 같은 맥락의 어구가 나온다. 목숨을 각오한 한 명이 목숨을 아끼는 만 명을 상대할 수 있다는 것이다.

우리가 세상을 살아가다 보면 이러한 각오로 덤벼들어야 할 때가 있다. 인생의 마지막 내리막길에서 더 이상 희망이 없다고 좌절하고 급기야 목숨을 끊을 생각까지에 이르면 반드시 이러한 어구를 깊이 생각할 일이다. 세상에 목숨을 걸 만큼 절망적인 경우가 어디 흔하겠는가? 정말 목숨을 버릴 각오로 다시 덤벼들고, 다시 시작하면 반드시 길이 열리게 마련이다. 모든 일에 목숨을 걸어라! 그리하면 반드시 성공할 수 있다.

74. 장수는 심장과 같고 부하는 지체의 관절과 같다

공권 제5

장수자심야(將帥者心也)
군하자지절야(群下者支節也)
기심동이성(其心動以誠) 즉지절필력(則支節必力)
기심동이의(其心動以疑) 즉지절필배(則支節必背)
부장불심제(夫將不心制) 졸불절동(卒不節動)
수승행승야(雖勝幸勝也) 비공권야(非攻權也)

장수는 심장에 해당하고
부하들은 지체의 관절에 해당한다.
심장이 성실히 행동하면 그 지체들도 반드시 힘을 다하게 된다.
심장이 회의를 품어 흔들리면 지체의 관절도
반드시 어긋나게 움직인다.
장수가 심장으로서 제대로 부하들을 통제하지 못하고
부하들이 지체의 관절로서 제대로 움직여주지 못하면
비록 승리를 했다하더라도 요행한 승리에 불과하지
진정한 실력으로 이긴 것은 아니다.

장수가 심장의 구실을 확실히 할 때 부하들은 지체의 관절과도 같이 움직여준다.

조지 마샬(Mashall)은 탁월한 지휘통솔력을 발휘하여 미 육군참모총장, 국무장관, 국방장관을 지낸 후 노벨 평화상까지 받았던 군인이자 정치가였다. 1902년에 장교로 임관하여 필리핀에 있는 30연대에서 소대장으로 근무할 때의 일이었다.

그가 7명을 인솔하여 수색정찰을 나가 어느 정글의 강을 건너게 되었는데 강 속에 우글거리는 악어에 놀란 부하들은 소대장을 물 속 흙탕에 밀치고 그대로 달아나 건너편에 당도하였다. 이때 마샬은 침착하게 다시 7명을 우로 어깨총으로 정렬시키고 건너왔던 강 저편으로 다시 돌아가 직접 인솔하여 건넜다. 그 다음에는 대형을 정렬시킨 후 검사 총을 하고 전방으로 수색작전을 계속하였다.

이렇게 말이 필요 없이 항상 행동으로 모범을 보인 마샬은 그 후 승진을 계속하여 원수까지 되었다. 마샬은 군 생활 14년 만에 비로소 대위로 진급을 하였던 전형적인 대기만성형이었지만 그는 분명한 소신을 가졌던 군인으로 누구에게도 심지어 대통령에게도 "NO!"라고 말할 수 있었던 당당한 사람이었다. 그는 "지휘관이 훌륭한 지휘통솔을 하기 위해서는 평일 50%를 그의 업무수행에 나머지 50%를 자기발전에 노력하여야 한다"고 말하였다.

75. 적보다 자기 지휘관을 두려워해야 승리한다

양소(楊素)는 중국 수나라의 창업과 멸망에 영향을 끼친 장군이자 재상이었다. 그는 싸움터에서 잘못을 저지르는 자에게 즉시 목을 잘라버리는 냉혹함으로 엄격한 군기를 세운 인물로 유명하다.

서기 580년경, 수나라의 대장 양소는 군법을 어기는 자가 있으면 그 자리에서 처형하고 한번도 용서해 주는 경우가 없었다. 처형되는 자가 많을 때는 100여 명에 이르고 적은 때에도 10여 명에 이르렀다. 또한 처형된 자의 질펀한 피를 코앞에 두고도 조금도 개의치 않고 태연히 웃고 있는 양소를 보고 모두들 겁에 질려 있었다고 한다.

그 결과 양소의 부하들은 엄격한 군령에 두려워하여 적과 싸우게 되면 죽는 힘을 다하여 싸우게 되어 양소의 군대가 출정을 하게 되면

적보다 자기 지휘관을 두려워 해야 이긴다 !

반드시 승리를 거두었다.

양소와 비슷한 경우로 당나라 장수 이정이 있었다. 이정 역시 전장에서 적을 두려워하여 싸움에 머뭇거리는 자가 있으면 10명 중에 반드시 3명은 목을 잘라버렸다.

'공부하는 사람은 3일만 헤어져 있어도 괄목상대(刮目相對)하게 된다'고 하는 괄목상대의 주인공인 삼국시대 오나라의 장수 여몽(呂蒙) 또한 이와 같은 장수 중의 하나였다.

그는 같은 고향인 여남 출신의 부하 한 사람이 비가 오자 민가에서 삿갓 하나를 구하여 투구를 덮었는데 "투구는 관물이므로 이를 비에 맞지 않게 덮은 것은 잘한 일이나 삿갓을 구하기 위하여 민폐를 끼쳤

으므로 군령을 범한 것이다. 비록 같은 고향 사람일지라도 죄를 덮을
수 없다"고 하고는 울면서 목을 베었다. 이에 오나라 군사들은 추상
같은 군령에 길에 버려져 있는 물건도 줍지 않게 되었다. 이와 같이
군사들이 적보다 주장(主將)을 두려워하게 되면 반드시 군령이 엄하
게 세워져 전쟁에서 승리하게 되는 것이다.

이와 반대의 경우, 지휘관보다 적을 두려워하는 군대가 되면 반드
시 패하게 되는 것이다.

76. 연대책임을 진다

> 군중지제(軍中之制)
> 오인위오(五人爲伍) 오상보야(伍相保也)
> 십인위십(十人爲什) 십상보야(什相保也)
> 오십인위속(五十人爲屬) 속상보야(屬相保也)
> 백인위여(百人爲閭) 여상보야(閭相保也)
> 오유간령범금자(伍有干令犯禁者)
> 지이불게(知而弗揭) 전오유주(全伍有誅)
>
> 군의 편제는 다음과 같다.
> 5명으로서 1개 오를 편성하고 서로 연대책임을 진다.
> 10명으로서 1개 십을 편성하고 서로 연대책임을 진다.
> 50명으로서 1개 속을 편성하고 서로 연대책임을 진다.
> 100명으로서 1개 여를 편성하고 서로 연대책임을 진다.
> 같은 오(伍)내에서 군령을 어기거나 범법을 했을 경우
> 대원 중 한 사람이라도 신고하면 대원 전체는 면죄되지만
> 알면서도 신고하지 않았을 경우에는 전원이 처벌당한다.

군대의 특징 중에 하나는 '연대책임'이다. 이는 사회의 어느 조직에서도 찾기 어려운 특별한 조치라 할 수 있다. 그만큼 한 사람의 행동이 전체에 미치는 영향이 지대함을 말하여 주는 것이다. 이렇게 해야 전쟁시에 혼자 멋대로 나아가거나 도망하지 못하게 되는 것이다. 군대는 마치 쇠사슬처럼 서로 연결되어 있다.

예를 들어 한 사람이 탈영을 하였다 가정하면 그로 인하여 수많은 사람들이 연관되어 어려움을 겪게 되는 것이다. 유격훈련 시에도 한 사람이 끝자리 번호를 잘못 부르면 그로 인하여 다른 사람들도 덩달아 연대책임을 물어 같은 벌칙을 받게 되는 것이다.

어찌 보면 억울한 경우라 할 수 있지만 전쟁을 대비해야 하는 군인의 입장에서 보면 이러한 연대책임은 바로 연대의식을 강화시켜 줌으로써 서로의 중요성과 개인 행동의 신중성을 더하여 주는 긍정적인 효과가 있는 것이다.

〈한비자〉「화씨편」에 보면 상앙(商鞅)이 진효공(秦孝公)에게 정치의 요점에 대하여 설명하는 대목이 있다. '다섯 집과 열 집을 한 조로 만들어 서로가 서로의 잘못을 고발하여 연대책임을 지도록 할 것.'

오늘 날 북한은 바로 이러한 점에 착안하여 연대책임제를 강력히 구축하고 있는 것이다.

77. 장수로 임명되면 처자를 잊어야 한다

병유오치(兵有五致)
위장망가(爲將忘家)
유은망친(踰垠忘親)
지적망신(指敵忘身)
필사즉생(必死則生)
급승위하(急勝爲下)

용병에는 다섯 가지의 극치가 있다.
장수로 임명되면 처자를 잊어야 한다.
국경을 넘어 진공하면 부모를 잊어야 한다.
적과 대결하게 되면 자기 자신을 잊어야 한다.
죽을 각오로 싸우면 살아 남을 수 있고
승리를 서두는 것은 하책이다.

전쟁에 임하는 장수의 마음가짐에 대하여 이만큼 절실하게 표현한 구절도 아마 없으리라. 장수로 임용되는 순간부터 처자를 잊어야 한다는 말은 참으로 냉혹한 말이 아닐 수 없지만 그만큼 장수라는 직책이 모든 백성의 생사와 나라의 존망이 걸린 중요한 신분임을 말하여주는 것이다.

〈성경〉「디모데후서」2장 3절에 보면 '네가 그리스도 예수의 좋은 군사로 나와 함께 고난을 받을지니 군사로 다니는 자는 자기 생활에 얽매이는 자가 하나도 없나니 이는 군사로 모집한 자를 기쁘게 하려 함이라!'고 적혀 있다. 역시 같은 맥락이다. 군사로 뽑힌 자는 자기 생활에 얽매여서는 안 되는 것이다.

군사가 군에 근무하면서 집안일로 머리를 썩히고, 가족에만 연연한 다면 어떻게 목숨을 건 전쟁을 수행할 수 있겠는가. 적진에 가까울수 록 잊어야 하는 정도가 깊어진다. 적과 마주 대하였을 때는 자기 자신 조차 잊어야 하는 것이다. 자기 자신을 염려한다면 그 순간 코앞에 있 는 적에게 목이 달아날 것이다. 다 잊어버리고 오직 죽을 각오로 싸울 때 비로소 살아 남을 수 있다.

좋은 군사, 진정한 군인이 되기 위해서는 자신을 얽매어버리는 모 든 것에서 자유로워져야 한다. 공명심에 얽매이거나, 진급에 연연하 거나, 돈이나 사사로운 이익에 얽매어버린다면 참 군인이 될 수 없다. 그렇기 때문에 참 군인이 되고자 하는 자는 날마다 마음을 비우고, 쓸 데없는 욕망에서 해방되는 연습을 해야 한다.

'버린 만큼 얻을 수 있다.'

78. 천시는 지리만 못하고 지리는 인화만 못하다

맹자 공손추 하편

천시불여지리(天時不如地利)
지리불여인화(地利不如人和)

천시는 지리만 못하고
지리는 인화만 못하다.

인화는 아무리 그 중요성을 강조해도 지나침이 없다. 더욱 이 전쟁에 있어서 인화는 승리를 위한 절대적인 요소이다. 아이젠하워는 이런 면에서 인화의 귀재라 할 수 있다.

이러한 특징으로 그는 287만 6천 명이라는 엄청난 군대를 지휘하는 유럽진공연합군 총사령관이 되었으며, 그 인기를 힘입어 미국의 제34대 대통령을 지냈다. 그는 소령을 16년이나 달았던 전형적인 대기만성형의 군인이었다.

그는 1941년 3월에 대령으로 진급하였으며, 그해 9월 임시 준장이 되었고, 일본의 진주만 기습으로 전쟁이 발발되자 태평양 방면의 작전을 위한 장기계획을 작성하여 보고하는 과정에서 마샬 총장에게 크게 인정받아 1942년 3월 임시 소장으로 진급하였다.

그해 6월에는 신설된 유럽 미군 사령관이 되면서 중장으로 진급하였으며, 1942년 11월 미·영 연합군의 북아프리카 진공 작전 성공으로 탁월한 지휘력을 인정받아 마침내 1943년 3월 연합군 최고사령관이 되면서 대장으로 승진하였다. 이와 같이 아이젠하워는 대령이 된 지 불과 2년여 만에 대장으로 초고속 승진을 한 것이다.

미 육군 사상 이런 예는 일찍이 없었다. 그리고 대장이 된 지 1년여 후인 1944년 12월 마침내 육군원수(임시)가 되었고 2년 후에는 자동적으로 정식계급이 되었다. 이렇게 아이젠하워가 비록 초창기에는 늦게 진출을 하였지만 후일에는 초고속 승진을 하게 된 이유에는 그만이 할 수 있는 특유한 인화의 능력이 결정적이었다.

미국군과 영국군 그리고 그 연방군으로 구성된 사상 초유의 대연합군을 무리 없이 지휘할 인물로 아이젠하워는 그야말로 적격이었다. 모난 구석이 없이 늘 웃음과 따뜻함과 유머로서 사람들을 대하였고 인화를 제일로 삼았던 그의 이러한 성격이 모두에게 환영받았던 것이다. 적이 없는 사람은 실상 가장 강한 사람일 것이다.

아이젠하워가 성공한 것에는 이와 같이 훌륭한 인품도 한몫을 하였지만 결코 그것만이 성공의 열쇠는 아니었다. 그의 생애는 한시라도 허송을 하지 않는 피눈물나는 노력과 공부와 성실한 근무태도로 점철되어 있었다. 그는 미래를 위하여 잠시라도 준비하지 않는 시간이 없었다고 한다.

끈기와 노력, 성실, 그리고 인화에 대한 타고난 성품 등이 그를 훗날 미국의 대통령 그것도 재선 대통령까지 지내게 하였던 원동력이 되었던 것이다. 그는 1969년 3월 28일 78세의 나이로 심장병이 악화되어 세상을 떠났다. 천시는 지리만 못하고 지리는 인화만 못하다고 하는 이 심오한 진리의 말을 모든 지휘관들은 깊이 새겨야 할 것이다.

그림설명 | **위 료**(尉繚)

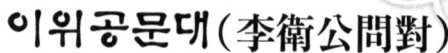

이위공문대(李衛公問對)

〈이위공문대(李衛公問對)〉는 당(唐)나라 태종 이세민(李世民, 599~649)과 명장인 위국공(衛國公) 이정(李靖, 571~649)이 병법에 관한 문답 즉 문대(問對)를 한 내용을 기록한 병서이다. 당태종은 돌궐을 평정하고 다시 고구려를 정벌하기 위해 돌궐 평정에 대공을 세운 이정과 주로 〈손자병법〉을 중심으로 심도 있게 문답을 주고받았다. 〈이위공문대〉는 송나라에 이르러 무경칠서의 하나로 채택되었고 우리나라도 고려조 이래 이 병서가 도입되어 널리 읽혀졌다. 그 내용은 상, 중, 하로 구분되어 있으나 단지 책 분량을 안배하기 위해 편의상 나눈 것에 불과하다. 당태종의 날카로운 질문에 대한 이정의 명답은 병법의 진수를 보여주기에 조금도 부족함이 없다.

79. 〈손자병법〉 13편은 모두가 허실에 벗어나지 않는다

태종왈(太宗曰)
짐관제병서(朕觀諸兵書)
무출손무(無出孫武)
손무십삼편(孫武十三編)
무출허실(無出虛實)

태종이 말하되
짐이 여러 병서를 보았지만
모두가 〈손자병법〉에서 벗어나지 않고
〈손자병법〉 13편도
허실(虛實)에서 벗어나지 않는다.

병법의 핵심은 허실을 정확히 분별하여, 적의 허를 노리고 실은 피하며, 나의 허는 최소화하거나 보강하여 실로 만들고, 나의 실로 적의 허를 치는 것이라 할 수 있다.

이러한 허실을 제대로 알기 위하여 〈손자병법〉 「모공」 제3편에 지피지기(知彼知己)의 개념이 나오며, 「허실」 제6편의 전체를 할애하여 허실을 설명하고 있는 것이다. 강약허실(强弱虛實)에 대한 개념을 분명히 인식할 수 있어야 평소 효과적으로 전력을 배양할 수 있고, 전시에 승리를 거두는 방법을 알게 되는 것이다.

그런데 사실상 허와 실을 정확히 분별하고 파악하기란 쉽지 않다.

적은 항상 기만을 통하여 실을 허로 보이게 하기도 하고 허를 실로 보이게도 할 수 있다. 〈손자병법〉에서 제시되는 14가지의 궤도(詭道)는 어떻게 적을 속일 수 있는가 하는 방법을 보여주는 것이다.

1967년 6월에 있었던 6일 전쟁에서 어이없이 패한 아랍은 이를 만회하고자 고도의 기만 작전으로 1973년 10월 전쟁을 성공적으로 시작하였다. 당시 이스라엘은 극도의 자만감으로 아랍을 깔보고 있었고, 아랍은 이러한 점을 이용하여 기만 작전을 구사하였다.

아랍 각국은 이스라엘의 관심을 더욱 무디게 하기 위하여 부단한 동원훈련을 반복하였는데, 이집트는 1973년도에 들어서만 무려 20여 회의 예비역을 동원하였고, 그 이전 해까지 합하면 41회나 동원훈련을 반복하였다. 시리아 역시 매년 여름이면 골란고원에 병력을 투입하는 것을 무슨 연례행사처럼 실시하였다. 그리고 철통같은 보안 대책을 강구하여 이러한 전면 공격에 대하여 그 누구도 사전에 알지 못하도록 하였다. 그렇기 때문에 이스라엘은 이집트가 공격하기 하루 전날인 10월 5일 금요일까지도 그들의 공격을 전혀 눈치채지 못하였던 것이다. 다음날 이스라엘은 이집트에게 '허'를 찔리고 말았다.

80. 병법의 진수는 마음으로 전해지며 말로는 전할 수 없다

문대중

병법가이의수(兵法可以意授)
불가이어전(不可以語傳)

병법이란 마음으로는 전할 수 있어도
말로는 전할 수 없다.

깨달은 바 '진리'는 말이나 글로 전하여지는 성격이 아니다. 만약 말이나 글이라는 매체를 통하여 한번 걸러지게 되면 어떤 형태로든 본래의 의미가 퇴색되어 버린다. 그렇기 때문에 병법의 진수도 말로는 전할 수 없고 단지 마음으로 느껴야 하는 것이다. 아무도 이러한 진리를 말이나 글로 전달받을 수는 없는 것이다. 우리가 읽고 있는 진리의 말들도 그러하다.

〈성경〉은 세계적인 베스트셀러이다. 〈성경〉이 기록된 기간은 대략 1400 ~1500년이며 다양한 직업을 가진 40여명에 의하여 작성되었다. 오늘날 전하여져 내려오는 〈성경〉은 분명 무오(無誤)하지만 문제는 당시 작성되었을 때의 그 느낌이 얼마만큼 그대로 전하여 질 수 있느냐 하는 것이다.

쉬운 예로 모세가 하나님을 시내 산에서 뵐 때에 그 놀라운 광경을, 또는 사도 바울이 봤다고 하는 천국을 묘사함에 있어서도 어떻게 그 기이한 장면을 제한된 인간의 언어를 빌려 정확히 전달할 수 있겠는가 하는 것이다. 사실상 불가능한 것이다. 인간의 언어는 제한되어 있다. 온갖 느낌을 정확히 표현하지 못한다.

　느낌이나 마음 그 자체 외에는 이러한 장면을 지극히 제한되는 말이나 글로는 도저히 표현할 수 없다는 것이다. 그래서 진리는 말이나 글로는 전하여지지 못하고 단지 마음으로 전한다고 하는 것이다. 또한 수많은 인쇄 매체로 된 글이나 책자는 그 자체에 이미 수많은 오류를 가지고 있다. 번역이나 전하여 지는 과정에서 이미 변질되고 본질에서 벗어나는 경우가 대부분이다. 원전에서 조금이라도 손을 가하면 이미 본질에서는 떠나 있다는 의미이다.

　〈성경〉도 최초 히브리어와 헬라어에서 각국의 언어로 번역되는 과정에서 얼마나 많은 오류가 있었는가? 과연 저자가 말하려고 하는 의도가 정확히 다른 사람에게 그 느낌 그대로 전하여 질 수 있겠는가?

이것은 사실상 불가능한 것이다. 그래서 모든 진리는 말이나 글로는 전하여 질 수 없는 것이다. 마음으로 느끼는 느낌, 그리고 오랜 숙고 끝에 비로소 깨달아지는 깨달음, 이것을 우리는 추구하여야 한다. 불교에서 말하는 '염화미소(拈華微笑)'가 그러한 의미일 것이다.

그렇기 때문에 본질을 꿰뚫는 깊이 있는 학문의 경지에 이른다는 것은 실로 평생을 바쳐도 모자라는 어려운 일이 아닐 수 없다. 그래서 대부분의 사람들은 본질의 변죽만 울리다가 스스로 포기하거나 아니면 스스로 정한 낮은 기준에 이르러 자족하며 생을 마치는 것이리라.

81. 수많은 병서의 핵심은 적의 실수를 유도하는 것에 있다

문대하

태종왈(太宗曰)
짐관천장만구(朕觀千章萬句)
불출호다방이오지일구이이(不出乎多方以誤之一句而已)

태종이 말하되
짐이 병서의 일천 장과 만 가지의 구절을 보았지만
모두가 '온갖 방책을 써서 적의 실수를 유도한다'는
한 구절로 요약할 수 있다.

위대한 승리 뒤에는 때때로 우매한 적장이 존재한다. 역사적인 칸네 섬멸전 당시 한니발은 로마의 바로

가 지휘권을 받는 날을 기하여 유명한 주머니 전략으로 로마군을 유인하여 무려 7만여 명을 섬멸시켰다. 바로의 급한 성격을 잘 이용한 한니발의 지략이 적중한 결과였다. 적의 실수를 유도하는 것이 바로 전략이며 병법의 묘미이다.

〈손자병법〉「시계」제1편에 나오는 14가지의 궤도는 그 핵심이 적의 실수를 유도하는 것이다. 나의 실수를 최소화하고 적의 실수를 최대화할 수만 있다면 전쟁은 쉬워진다. 〈손자병법〉「병세」제5편에 나오는 '이정합(以正合) 이기승(以奇勝)'은 전쟁을 하는 방법을 말하고 있는데, 여기서 '이기승'의 역할은 적의 의표를 찌르는 기책으로 나아가서 적 지휘관의 두뇌를 마비시키면서 최대한 적의 실수를 유도하여 승리를 거두는 것이다.

군사작전에 있어서 적의 실수를 유도하는 각종 기만책은 그런 의미에서 매우 중요하다. 실을 허로 보이게 하고 허를 실로 보이게 하며, 강을 약으로 보이게 하고 약을 강으로 보이게 하는 등의 모든 기만방책은 모든 지휘관들이 머리를 싸매고 고심하여야 할 분야이다.

82. 병법을 배우는 요령은 반드시 낮은 것부터 시작하라

문대하

습병지학(習兵之學)
필선유하이급중(必先由下以及中)
유중이급상(由中以及上)
즉점이이심의(則漸而而深矣)
불연(不然) 즉수공언(則垂空言)
도기송(徒記誦) 무족취야(無足取也)

병법을 공부하는 요령은
반드시 낮은 것부터 시작하여 중간 것에 도달하고
중간 것에서 다시 심오한 것에 도달한다면
점진적으로 높은 경지에 도달할 수 있다.
이러한 절차를 밟지 않는다면 아무리 많은 병서를 읽었다해도
그것은 한낱 글귀만 암송하였을 뿐
그 내용은 얻은 것이 없다고 할 것이다.

무엇이든지 제대로 본질을 꿰뚫기 위해서는 기초부터 차근히 나아가지 않으면 안 된다. 처음부터 욕심을 내어 기초과정이나 단계를 무시하고 껑충 뛰어 윗부분을 다룬다면 결코 깊이 있는 수준으로 나아가지 못한다.

무술을 배우려고 하는 청년이 스승 밑에서 3년 정도 나무를 패고 물을 긷고 하면서 온갖 고생을 다 한 후에 겨우 무술의 기초를 시작

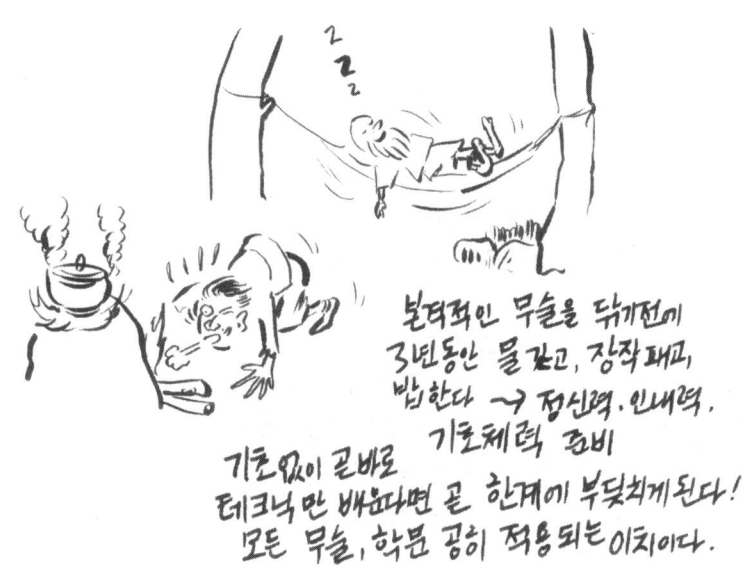

깊이 있게 들어가려면
기초부터 든든히 세우라!

본격적인 무술을 닦기전에
3년동안 물 긷고, 장작 패고,
밥 한다 → 정신력 · 인내력 ·
기초체력 준비

기초없이 곧바로
테크닉만 배우다면 곧 한계에 부딪히게 된다!
모든 무술, 학문 공히 적용되는 이치이다.

하는 것과 같은 이치이다. 3년이라는 긴 세월을 투자하여 나무를 패고 물을 긷는 노력은 결코 헛된 것이 아니다. 그동안 깊은 수준의 무술을 닦기 위하여 기초 체력을 완성시키는 기간이 되기 때문이다.

만약 그런 과정을 무시한 채 한낱 기교에 치우친 기술만을 배우게 되면 결코 깊은 수준의 무술의 경지에 도달하지 못한다. 학문도 마찬가지이다. 하나 하나씩 기초부터 밟아나가며 많은 시간을 투자하여 깊이 있는 깨달음을 얻어갈 때 마침내 본질을 꿰뚫을 수 있는 것이다.

그림설명 │ 이세민(李世民), 이정(李靖)

삼십육계(三十六計)

〈삼십육계(三十六計)〉는 남송(南宋, 420~479)의 개국공신인 단도제(檀道濟)의 저술이라고 전해지나 당시까지 전래되어온 병법 중에 36가지의 비책을 후세 사람들이 집대성했다고 함이 옳을 것이다. 1941년 중일전쟁 중 중국의 오지인 성도(成都)의 한 고서점에서 삼십육계의 필사본이 발견되어 오늘날에 되살아났는데 '삼십육계 줄행랑, 도망치는 게 상책'이라는 말만 전해듣다가 그 서른여섯 가지의 비책을 실제로 접하자 많은 사람들이 환상의 책으로 충격을 받았다고 한다. 실제로 서른여섯 가지의 기가 막힌 계략을 읽어 보라. 환상의 비책이 아닐 수 없다. 〈삼십육계〉는 비단 전쟁 관계뿐만 아니라 인생을 사는 처세의 지침서로서도 매우 유용할 것이다.

83. 제1계 만천과해(瞞天過海) : 하늘을 속이고 바다를 건넌다

제1계

비주즉의태(備周則意怠) 상견즉불의(常見則不疑)
음재양지내(陰在陽之內)
부재양지대태양태음(不在陽之對太陽太陰)

주도 면밀히 준비되었다고 자만하는 사람에게는
반드시 해이한 마음이 일어난다. 늘 눈에 익히 보아온 것에
대해서는 의심을 갖지 않게 된다.
숨은 비책이란 공공연히 보이는 활동 속에서 존재하는 것이다.
겉으로 드러나는 활동과 완전히 대치되지는 않을 것이다.
대단히 공공연한 어떤 것들 중에는
대단히 깊은 음모가 숨어 있을 수 있다.

제1계

'만천과해(瞞天過海)'는 하늘까지 속일 정도로 철저히 속이는 것을 말한다. 특히 너무나 뻔하여 조금도 의심하지 않은 것들에 의하여 속임을 당할 수 있음을 말하고 있다. 그래서 지혜 있는 자는 평소에 공공연히 행해지고 있는 것 중에서도 뭔가 이상한 점이 없는가를 살펴야 한다.

'만천과해'의 출처는 〈영락대전〉「설인귀 정료사략」에서 비롯된다.

당태종 이세민은 장사귀를 총사령관으로 삼아 병력 30만 명을 이끌고 북방으로 나아가 송정관을 공략하였다. 이어 요동으로 나아가는데 눈앞에 끝없는 바다가 펼쳐져 있었다.

당태종은 이를 보고 "보라. 요하의 물이다. 이미 도성에서 5천 리나 나와 있는 판인데…"하고 한숨을 쉬었다. 당태종은 이 물을 건너기 위해 각 군 장수들을 모아 계책을 의논하였다. 이때 설인귀는 당태종 몰래 계략을 꾸몄다. 각 군 장수들이 다시 황제 앞에 소집되고 당태종은 바다를 건널 계책을 물었다.

이때 가까이 있던 신하가 말하기를 "요 근처에 사는 한 노인이 황제께서 친히 와주시기를 바라고 있습니다. 그 노인의 말에 의하면 30만 명분의 군량을 준비하고 있다고 합니다" 당태종은 크게 기뻐하며 그 노인을 장막 안으로 불러들였다. 그리고 친히 그 내막을 듣자 마침내 당태종은 백관들을 이끌고 해변가로 가게 되었다.

앞을 보자 약 1만 호의 집들이 색깔도 선명한 막으로 둘러쳐 있고 마루에는 융단이 깔려 있었다. 당태종이 자리에 앉자 백관들이 서로 술을 권하여 매우 심기가 좋았다. 사면에는 바람소리와 파도소리가 크게 들려왔다. 마침내 손에 든 술잔이 흔들리고 몸이 기울기 시작하였다. 당태종은 까닭을 몰라 장막을 열게 했다. 그런데 눈앞에는 넓디넓은 푸른 바다가 아닌가! 이때 옆에서 고하기를 "지금 황제께서는 바다 위에 떠 있는 거대한 배 안에 계십니다. 이것이 바다를 건너는 저의 계입니다"

84. 제2계 위위구조(圍魏救趙) : 돌아가서 핵심을 치라

제2계

공적불여분적(共敵不如分敵)
적양불여적음(敵陽不如敵陰)

한데 모여 있는 적을 치는 것은 분산된 적을 치는 것보다 못하다.
양(陽 : 정면공격, 잘 알려진 방법)으로 적을 치는 것은
음(陰 : 측후방공격, 은밀한 계책)을 이용하는 방법으로
적을 치는 것보다 못하다.

제2계　　'위위구조(圍魏救趙)'는 일이 꼬였을 때 직접 그 자리
를 치지 말고 약간은 떨어져 있더라도 그 일을 풀 수
있는 핵심을 찾아 그것을 쳐서 문제의 근본을 해결하라고 하는 계략
이다.

생활 가운데서도 이런 일은 비일비재하다. 직접 부딪치면 힘도 더
들고 또 제대로 일이 풀리지 않을 때가 있다. 그런 때에는 조금은 돌
아가는 듯하지만 핵심을 찾아 그것을 노리면 일이 저절로 풀리게 되
는 것이다. 그래서 문제의 맥(핵심)을 발견하는 능력이 무엇보다도 요
구된다. 쓸데없이 빙빙 돌아 시간 낭비하고 돈 낭비하고 노력 낭비하
는 것만큼 어리석은 것이 없다.

전국시대 중엽인 B.C. 341년, 위나라 혜왕은 방연에게 30만 대군으
로 이웃나라인 조나라 수도 한단을 포위하고 항복을 강요하도록 했
다. 졸지에 위나라의 기습공격을 받아 겹겹이 포위 당한 조나라는 장
기전에 이르자 어린 자식까지 서로 바꾸어 먹는 최악의 형세까지 갔

돌아가서 핵심을 치라!

분쟁의 현장에 직접 말려들지 말고, 문제를 해결할 수 있는 급소(핵심)를 찾아서 그곳을 치라! 저절로 풀린다!

핵심

다. 조나라 소왕은 최후의 방법으로 제나라에 밀사를 보내어 구원을 요청했다.

위나라가 조나라를 공략하여 강해지면 자국도 위태롭게 된다는 걸 인지한 제나라에서는 전기를 총사령관으로 삼고 손빈을 군사로 삼아 원정군을 편성했다. 장군 전기는 그 즉시 위나라가 포위하고 있는 한단을 향해 곧바로 공격하려고 했다. 그러자 손빈이 이를 막으면서 유명한 '손빈의 계'를 진언했다.

"실마리가 흐트러져 얽힌 것은 주먹으로 때려 풀지 않으며, 싸움을 말릴 때는 손으로 치지 않습니다. 급소를 치고 빈틈을 찔러 적의 형세를 불리하게 만들면 곧 자연히 풀리게 되는 것입니다. 지금 위나라와 조나라가 서로 싸우고 있기 때문에 날쌔고 정예한 군대는 모두 다 밖에 나가 있고 늙은이와 어린애만 나라 안에 피로해 있을 것입니다. 그러니 수도인 대량을 점령하고 적의 허점을 찌르면 위나라는 반드시 조나라를 공격하지 못하고 저절로 조나라는 구출될 것입니다. 이것이 일거에 조나라에 대한 포위를 풀게하고 위나라를 피폐케하는 방법입니다"

이 말을 듣고 전기는 그대로 실행했더니 과연 위나라는 조나라의 수도 한단을 포기하고 제나라 군과 계양에서 싸우게 되었으며, 제나라의 군대가 위나라의 군대를 크게 쳐부수었다. 이것이 '위위구조'의 출처이다. 이렇게 '위위구조'는 간접접근 전략의 좋은 전형이다.

85. 제3계 차도살인(借刀殺人) : 라이벌로 라이벌을 치라

제3계

적이명(敵已明) 우미정(友未定) 인우살적(引友殺敵)
불자출력(不自出力) 이손추연(以損推演)

적은 이미 명백한데 우군이 어찌할까 동요할 때는
우군을 끌어들여 우군으로 하여금 적을 죽이게 하고,
자신의 소모는 피한다.
역(易)의 손괘의 이치에 따라 일을 계획하고
힘을 확장시켜 나가야 한다.

라이벌로 라이벌을
제거하라!

누가 싸우게
만들었는지 눈치
채지 못하게 하는게
중요!

이이제이 (以夷制夷)
이적공적 (以敵攻敵)
이이벌이 (以夷伐夷)

제3계 '차도살인(借刀殺人)'은 실로 고차원적인 계략이다. 내 손가락 하나 까닥하지 않고 은밀히 상대를 제거하는 방법이다.

이 비책은 은밀히 이루어지므로 당하는 적조차도 누가 범인인지 전혀 눈치채지 못한다. 예를 들어 갑이 을을 제거하려고 할 때 우군인 병을 이용하여 병으로 하여금 을을 치게 한다. 그렇게 될 때 병은 갑이 시켜서 그렇게 한 것이 아니라 병 스스로의 의지로 을을 친 것으로 인식한다. 제거당하는 을의 입장에서는 갑이란 존재는 의식하지 못한 채 직접 제거 당한 병에 대해 원한을 품게 된다. 이것이 바로 '차도살인'의 비책이며 갑은 병으로 하여금 갑의 농간에서 행동하고 있다는 눈치를 채지 않도록 노력하는 것이 핵심이다.

형나라 왕의 애첩 중에 정수라는 여자가 있었다. 형나라 왕이 새로 미녀 한 명을 얻어 몹시 그녀를 아꼈다. 질투가 치민 정수는 어느날 그 미녀에게 말했다.

"우리 임금님은 여자가 손으로 입을 가리는 것을 퍽 교태스럽게 생각해요. 임금님과 함께 있을 때 그렇게 해보세요"

그 후 그 미녀는 왕과 함께 있을 때는 항상 입을 손으로 가렸다. 왕이 정수에게 물었다.

"저 애는 왜 늘 입을 가리는 것인가?"

"언젠가 저에게 흘깃 흘리는 소리를 들었습니다. 임금님의 몸 냄새가 역겹다더군요"

어느날 왕과 정수와 미녀 셋이 함께 한 자리에서 미녀는 역시 입을 가리고 있었다. 정수가 이전에 또 한번 언질을 준 것이다. 자존심이 몹시 상한 왕은 시종에게 고함을 쳤다.

"저 계집의 코를 당장에 도려내라!"

시종은 얼른 그녀의 코를 도려내어 버렸다. 이것이 전형적인 '차도살인'의 계략이다.

또 다른 차도살인의 계략이 〈한비자〉「설림상편」에 나온다.

주군(周君)은 한(韓)나라의 엄수(嚴遂)와 앙숙이었기에 틈만 나면 엄수를 제거하고자 노렸다. 이것을 눈치챈 풍저(馮沮)가 주군에게 이렇게 가르쳐주었다.

"엄수는 한나라의 재상이오. 그런데 한나라 왕은 한괴(韓傀)란 인물을 엄수보다도 더 아끼고 있소. 그러니까 먼저 한괴를 암살하시오. 그러면 한나라 왕은 한괴를 죽인 자를 엄수라 지목하고 반드시 엄수를 처단할 것이오"

풍저의 진언에 따라 한괴를 암살하였더니, 과연 한나라 왕은 엄수를 의심하여 그를 죽여 버렸다. 이와같이 주군은 차도살인의 계략으로 엄수를 슬며시 제거한 것이다.

86. 제4계 이일대로(以逸待勞) : 적이 지칠 때 치라

제4계

인적지세(因敵之勢) 불이전(不以戰) 손강익유(損剛益柔)
적의 기세를 꺾기 위해서 반드시 싸움으로 할 필요는 없다.
강적은 피로하게 만들어 약화시킨 후에 이를 치면 이쪽의
열세로써 적의 우세를 제압할 수 있는 것이다.

제4계 '이일대로(以逸待勞)'는 강한 적에 대해 현명히 대처하는 방법을 가르쳐주고 있다. 적이 강할 때 직접 앞에서 부딪치게 되면 결국 큰 피해만 입고 뜻을 이루기 어렵다.

투우사가 성난 소를 다룰 때를 보면 이를 잘 알 수 있다. 이리 저리 뛰게 만들어 지쳐 흐느적거릴 때 결정적인 칼을 등에 꽂는다. 처음부터 부딪치면 위험하기도 하고 힘도 들기 때문이다.

당태종이 고구려를 치기 위하여 그 계략을 이정 장군과 논한 〈이위공문대〉에는 힘을 다스리는 방법에 대하여 다음과 같이 기록하고 있다.

유인으로 적이 말려들게 기다리고(以誘待來), 안정을 유지하면서 적

이 조급해지기를 기다리고(以靜待躁), 신중히 기동하면서 적이 경솔히 움직이기를 기다리고(以重待輕), 엄정하면서도 적이 해이해지기를 기다리고(以嚴待懈), 질서를 유지하면서 적이 혼란해지기를 기다리며(以治待亂), 수비를 강화하고 적이 공격해오기를 기다린다(以守待攻)'

이와 같이 '이일대로'의 계략은 적의 힘과 능력을 최대한 소진시킨 후에 쉽고 자연스럽게 목적을 이루는 것을 말하고 있다.

'이일대로'를 논하면서 특히 주의해야 할 것은, 조직의 리더들은 조직원들이 힘들어 지쳐 일을 포기하게 만들어서는 안 된다는 것이다.

리더의 입장에서 보면 어디 하나 중요하지 않은 것이 없기 때문에 조직원에게 이런 일 저런 일을 강요하기 쉽다. 처음에는 열심히 하다가 결국은 모두가 지쳐버려 자포자기 상태에 이르게 된다. 이것은 현명한 방법이 아니다. 결코 지침으로써 일을 제대로 이루지는 못하는 어리석음은 피해야 할 것이다.

야근을 하는 부하를 보고 흐뭇해하는 리더가 있다면 뭔가 잘못된 것이다. 일의 경중완급을 깊이 생각하여 여유를 가지고 즐겁게 일을 마무리해 나가는 조직의 전반적인 풍토를 모든 리더는 만들어야 한다. 그리고 무엇보다도 조직을 지휘하는 리더 스스로가 여유를 가지고 그 자신이 먼저 지치는 일이 있어서는 안 된다.

주변을 둘러보면 뭐가 그리 바쁜지 날마다 허둥대며 정신을 못 차릴 정도로 뛰어다니는 리더들이 있다. 리더는 여유를 가져야 한다. 그래서 전쟁 중에도 휴가가 있는 이유이다. 롬멜은 이렇게 말하였다.

"우수한 지휘관이란 남보다 약간 앞을 내다보고 생각한다는 것뿐이다. 지휘관은 매일 일찍 일어나 조용히 생각하면서 여러 가지 안건을 구상하는 습관을 반드시 길러야 한다. 잠이 부족하여도 아침 일찍 일어나 여러 가지 일을 여유 있게 생각하라."

87. 제5계 진화타겁(趁火打劫) : 불을 질러놓고 틈을 치라

제5계

'진화타겁(趁火打劫)'은 적을 혼란에 빠뜨린 후에 정신을 차리지 못하는 상황을 이용하여 목적을 이룬다고 하는 계략이다. 그래서 적측에 내우(內憂)가 있으면 그 영토를 점령하고, 외환(外患)이 있으면 그 백성을 겁탈하고, 내우외환(內憂外患)이 있으면 그 국가를 초토화시킨다. '진화타겁'은 적이 혼란에 빠졌을 때 그를 이용하여 치라고 하는 계략인데 이에 철저히 위배되어 후일 사람들에게 조롱거리가 되었던 '송양지인(宋襄之仁)'을 간단히 소개한다.

송나라는 춘추시대에 큰 나라 중의 하나였다. 환공이 죽자 양공이 유언에 따라 송나라 왕이 되었다. 양공은 왕위에 오른 지 수년이 지나자 패자가 되려는 야망에 사로잡혀 재상 목이의 반대에도 불구하고 정나라와 전쟁을 일으켰다. 이때 초나라는 정나라를 구원하고자 송나라에 침공해 왔다. 양공은 직접 군대를 이끌고 홍수(泓水)의 강변에서 초군을 맞았다. 송군이 전투를 위하여 전개를 끝냈는데도 초군은 아직 강을 건너는 중에 있었다. 목이가 진언하였다.

"적군은 병력이 많고 아군은 열세합니다. 그러나 천만다행히도 적군이 강을 건너는 중이니 이때를 놓치지 말고 공격합시다."

그러나 양공은 "아니다. 때를 기다리자. 이때 치는 것은 비겁한 일이다." 그러는 동안에 초군은 도하를 완료하였다. 그러나 막 도하한지라 대형 없이 우왕좌왕하였다.

다급해진 목이가 '바로 이때 공격해야 합니다'라고 했으나 역시 허락하지 않았다. 초군의 대형이 완료된 후에야 양공은 비로소 공격을 명령하였다.

그러나 송군은 강력한 초군에 의하여 일격에 격파 당하였다. 양공도 허벅지에 부상을 입어 상처가 깊었다. 이 처참한 패배에 대하여 책임을 묻는 송나라 사람들에게 양공은 태연히 말하였다.

"모름지기 군자는 상처입은 자를 죽이거나 노인을 붙잡는 법이 아니다. 또 옛날 싸움에서는 적이 불리한 입장에 있을 때에는 공격하지 않았다. 나는 포진도 하지 않은 적을 공격하는 그런 비겁자가 아니다" 그후 양공은 부상이 도져서 죽고 말았다.

이것이 후일 비웃음거리가 된 '송양지인(宋襄之仁)'이다.

남이 곤경에 처해 있을 때 이를 이용하여 이익을 취한다는 것은 분명 잘못된 것이다. 그러나 전쟁 상황에서는 다르다. 전쟁은 어디까지나 승리를 그 목표로 하고 있다. 전쟁과 일상생활과는 잘 구분을 해야한다. 일상생활에 있어서 '진화타겁'은 라이벌의 과오와 약점을 이용하여 내가 이익을 보는 경우로도 볼 수 있는데 실로 깊이 생각해야할 일이다.

88. 제6계 성동격서(聲東擊西) : 동에서 소리치고 서를 치라

제6계 '성동격서(聲東擊西)'는 반대방향에 관심을 쏠리게 하여 무방비를 치는 계략이다. 급작스런 상황변화에 대하여 침착하게 대처함으로써 이를 지혜롭게 극복한 경우와 '성동격서'를 잘 이용하여 전쟁을 승리로 이끈 예를 하나씩 든다.

전자의 경우, 서한의 경제 때 오월 등 분봉왕 7개국이 연합하여 반란을 일으켰으나 한나라의 장군인 주아부는 성루를 고수하고 일체 밖으로 나가지 않았다. 오군이 성의 동남쪽을 공격할 조짐이 보이자 그는 곧바로 성의 서북쪽 수비를 강하게 하고 대기하자(성동격서를 간파한 조치) 아니나 다를까 오군이 서북쪽으로 침공해 와서 이를 쉽게 물리칠 수 있었다. 이는 지휘관이 침착하게 대처함으로 적의 간계에 속지 않았던 예이다.

후자의 경우, 동한 말기 황건적이 쳐들어오자 주전이 이를 맞아 대처하였다. 그는 적정을 살필 수 있도록 황건적의 진 밖에 작은 산을 쌓았다. 그리고는 북을 치고 함성을 지르며 황건적의 서남쪽을 공격하는 것처럼 시위하였다. 황건적은 당황하여 서남을 수비하기 위하여 달려갔다. 이를 보고 주전은 몸소 주력 5천 명을 이끌고 동북으로 불의의 기습공격을 가하여 황건적을 섬멸시켰다. 이는 '성동격서'를 잘 이용한 예이다.

북한군의 기묘하고 영활한 전술 가운데 '동성서격(東聲西擊)'이라는 것이 있다. 이는 바로 제6계인 '성동격서'를 그대로 따온 것이다. 그리고 북한군은 '동격서습(東擊西襲)'이라 하여 동쪽에서도 실제로 공격을 하고 동시에 서쪽도 기습을 하는 전법도 잘 사용하고 있다.

'성동격서'는 예로부터 많이 활용해온 계략이다. 한쪽으로 적의 관심을 유도하여 실제 병력의 이동까지 이루어지면 비어 있는 결정적인 목표를 향하여 일거에 병력을 집중하여 공략하는 것인데, 이것은 쌍방 지휘관의 고도의 머리싸움이다. 이러한 궤계는 상당한 노력과 인내와 통찰력을 요구한다. 섣불리 덤벼들어 속단했다간 적의 계략에 빠져든다. 속는 척 하면서도 속이고, 속으면서도 속지 않는 척하는 고도의 지략이 요구되는 것이 바로 승부의 세계이다.

독일의 만쉬타인 장군은 그의 저서 〈잃어버린 승리〉에서 당시 세당 돌파전을 회고하며 이렇게 말하였다. "히틀러는 어떤 의미에서 전술적인 제육감(第六感)이라는 것을 가지고 있었다"

히틀러는 만쉬타인의 말에 동조하여 프랑스와 영국 연합군의 관심을 끌기 위하여 북쪽나라인 네덜란드의 영토를 넘어 벨기에로 대규모 양공 작전을 실시하였고, 주력은 아무도 예측하지 못하였던 아르덴느 삼림지대로 지향하여 세계가 놀란 '세당 돌파전'을 성공시켰던 것이다. 당시 '성동격서'의 진수를 보여준 히틀러의 용병술이었다.

89. 제7계 무중생유(無中生有) : 없어도 있는 것처럼

제7계

> 광야(誑也) 비광야(非誑也) 실기소광야(實其所誑也)
> 소음(少陰) 태음(太陰) 태양(太陽)
>
> 속이면서도 속이지 않는 척하니 실제 그 속에는
> 속임수가 있는 것이다.
> 크고 작은 거짓 모습은 더 큰 참모습을 감추기 위한 것이다.

제7계

'무중생유(無中生有)'는 허상을 보여주어 판단을 흐리게 하여 실제로 있는 것처럼 만드는 계략이다. 당대의 영호조가 옹구를 포위하였을 때의 일이다. 옹구성내의 장군 장순은 병사들에게 천개의 짚인형을 만들어 검은 옷을 입히게 하였다. 그리고는 새끼줄을 묶어 성벽에서 아래로 서서히 늘어뜨리게 하였다. 영호조의 병사들은 사람이 내려오는 줄 알고 앞을 다투어 화살을 쏘아댔다.

수십만 개의 화살이 짚 인형에 꽂히자 장순은 다시 짚 인형을 위로 올려 순식간에 화살을 확보하였다. 그 후 장순은 또다시 짚인형을 내려보냈는데 그 중에 결사대 500명을 섞어 내려보냈다. 가짜에 속았던 영호조의 병사들은 또다시 화살을 뺏을 속셈이구나 하고 비웃으며 이를 방관하여 버렸다. 그리하여 결사대 500명은 손쉽게 영호조 진영에 도달하여 일거에 습격하니 혼비백산하여 도망치는 영호조 군을 추격하여 결정적 타격을 입혔다.

이와 비슷한 경우로 〈삼국지〉에 나오는 제갈공명의 '의인술(擬人術)'이 있다. 후대에 널리 알려진 적벽대전을 눈앞에 두고 있는 시기에 제갈공명은 갑자기 10만 개의 화살을 획득하라는 요구를 받았다.

오나라 장수 주유가 제갈공명을 함정에 빠뜨려 죽이고자 한 것이다. 주유가 열흘의 여유를 주자 제갈공명은 오히려 "조조가 당장 쳐들어올텐데 열흘씩이나 걸려서야 되겠습니까? 한 사흘만 주면 됩니다"라고 하였다.

제갈공명은 배를 준비하고 각 배마다 볏짚 인형 100개씩을 실어 20여 명의 수병들과 함께 대안에 포진한 후 위나라 군사를 향하여 나아가게 하였다. 양자강의 기상을 미리 파악해둔 제갈공명은 안개 낀 날을 택하여 발진하였다. 희미한 안개 속에 접근하는 제갈공명의 배 위에서 북소리와 함께 함성이 터져 나오자 위나라의 병사들은 앞뒤 가릴 것 없이 있는 화살을 마구 쏘아대니 어느새 볏짚 인형에는 10만개 이상의 화살이 박혀 있었다. 이것이 바로 '무중생유'의 계략이다.

이와 한가지로 조조는 어느날 행군 중에 목이 몹시 말라 고통을 호소하는 병사들에게 이렇게 말하였다. "이제 조금만 가면 시큼한 살구밭이 있으니까 갈증은 면할 수 있다" 이 말을 들은 병사들은 금방 입 안에 물이 고였고 이리하여 힘을 낸 병사들은 실제 물이 있는 곳까지 갈 수 있었다. 이 또한 '무중생유'의 계략이다.

'시호삼전(市虎三傳)'이라는 고사가 있다. 세 사람이 말을 퍼뜨리면 거리에 호랑이가 있다는 말이다. 없는 것도 여럿이 말을 맞추면 있는 것처럼 된다는 것으로 '무중생유'와 맥을 같이 한다.

90. 제8계 암도진창(暗渡陳倉) : 몰래 돌아서 뒤를 친다

제8계

시지이동(示之以動) 이기정이유생(利其靜而有生)
익동이손(益動而巽)

공격하는 방향을 보여줌으로써 적이 그곳으로 집중할 때
엉뚱한 방향에서 실제로 공격하여 적을 무찌른다.

제8계 '암도진창(暗渡陳倉)'은 앞으로 적의 이목을 집중시켜 뒤쪽을 친다는 은밀한 계략이다. 이는 마치 제6계인 '성동격서'와 같은 맥락이다.

'암도진창'의 출처는 〈사기(史記)〉의「회음후(淮陰侯) 열전」이다.

A.D. 208년 진(秦)에 대항하여 전국에 봉기군이 일어났을 때 유방은 진의 장군인 장한의 침공을 막고자 잔도(棧道)를 모조리 불태워 버렸다. 잔도를 태워버리면 관중으로 되돌아갈 수 없기 때문이었다. 그후 2년이 지나자 한의 유방은 출병을 다시 결심하였다.

유방 휘하의 한신 장군은 적을 속이기 위하여 사람을 보내어 불에 타버린 잔도를 수리하는 것처럼 보여 적군의 이목을 잔도로 집중시킨 후 은밀히 옛길(봉현과 양당현 사잇길)로 우회하여 진창(陳倉)으로 진격하여 적의 배후를 찔러 진의 장군 장한을 패퇴시키고 관중을 평정하였다. 이것이 바로 '암도진창'의 출처이다.

'암도진창'은 근본적으로 적의 판단을 흐리게 하여 목적을 이루는 계략인데 일상생활에 있어서도 이러한 '암도진창'은 사용할 수 있다.

선입관에 의하여 한쪽으로만 지나치게 생각이 매여 있는 사람에게

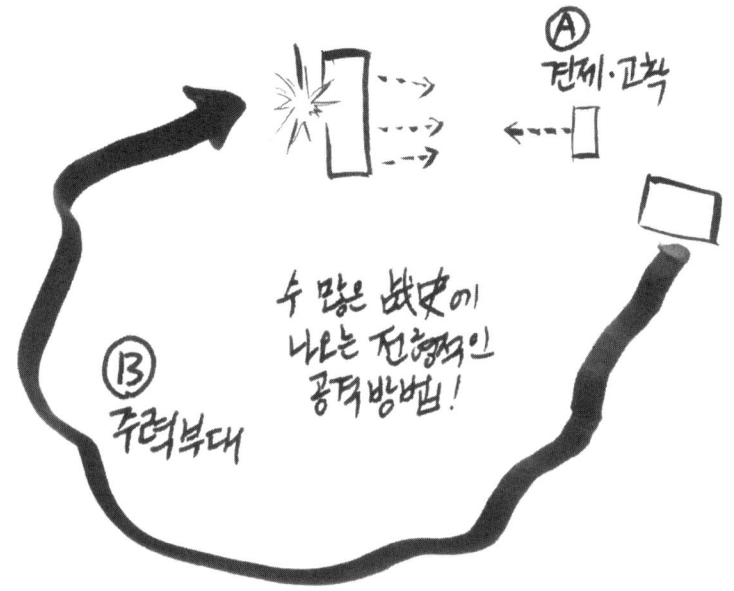

몰래 돌아서 뒤 (허점)를 친다 !

Ⓐ 견제·고착

수 많은 戰史에 나오는 전형적인 공격방법 !

Ⓑ 주력부대

'암도진창'은 유효하다. 라이벌의 입장에서는 그러한 고정관념에 사로잡힌 적의 허점을 잘 이용하여 전혀 엉뚱한 방향에서 기습을 가할 수 있다.

  그렇기 때문에 조직을 이끄는 리더에게는 무엇보다도 유연한 사고가 필요한 것이다. 리더에게 있어서 편견은 금물이다. 리더에게는 두루 살피어 균형되게 판단할 수 있는 통찰력과 혜안이 필요한 것이다.

91. 제9계 격안관화(隔岸觀火) : 떨어져서 불 구경한다

제9계   '격안관화(隔岸觀火)'는 적이 스스로 붕괴되기를 기
다렸다가 손쉽게 전과를 거두는 계략이다.

북한군의 기묘하고 영활한 전술 중에 하나인 '망원전술(望遠戰術)'
은 바로 이러한 계략이다. 적들끼리 서로 싸우게 하고 그 싸움을 바
라다보면서 쉽게 이익을 구한다고 하는 이 계략은 이른바 '자중지란
(自中之亂)'의 전법이다.

<성경>에 나오는 유명한 기드온의 300용사와 미디안 족속 동맹군
13만 5천 명이 싸웠던 전쟁도 이러한 '자중지란'의 전법이 유효한 경
우이다. 기드온은 300명을 세 그룹으로 나누었고 100명씩 적들이 자
고 있던 장막 주위로 몰래 들어가 불시에 함성을 지르고 항아리를
깨고 나팔을 부른 후에 살짝 숨어버렸으니 졸지에 자다가 깬 미디안

족속들은 보이는 사람들이 전부 적으로 보여 자기끼리 서로 칼로 죽였던 것이다.

제2차 세계대전의 2대 격전 중의 하나였던 스탈린그라드 전투에서 패배한 독일군은 일단 뒤로 물러섰고, 1943년 여름 또다시 독일군 제1의 전략가라 불리우는 만쉬타인 장군에 의하여 쿠르스크 반격을 시도하였다. 독일군은 90만 명의 병력과 전차 및 자주포 2,700대를 투입하였고, 이에 대비한 소련군은 134만 명과 전차 및 자주포 3,300대를 투입하는 실로 보기드문 대규모 작전이 쿠르스크에서 벌어졌다. 독일군의 진격방향을 미리 감지한 소련군은 철저한 준비를 통해 쿠르스크 전투를 승리로 이끌었다.

루시(Lucy)라고 하는 소련군 첩자에 의하여 독일군의 공격계획이 히틀러가 서명하기 2주나 앞서서, 또한 만쉬타인이 생각한 가장 빠른 작전 개시일보다 1개월이나 앞서서 이미 소련군 수뇌부에 넘어갔던 것이다. 독일군의 하계공세인 치타델 작전을 저지하자 소련군은 일거에 독일군을 몰아붙여 국경선을 회복하고 폴란드 국내로 진격하여 바르샤바를 눈앞에 둔 비슬라 강둑까지 갔다. 이때 스탈린은 더 이상 군대를 진격시키지 않고 강둑에서 기다리게 하였다.

병참지원도 문제가 있었지만 그보다도 더 중요한 것은 정치적 계산으로 '격안관화' 계략을 이용한 것이다. 폴란드 내 지하조직의 봉기를 유도, 독일군과 싸우게 하여 저절로 두 마리의 새를 잡기 위해서였다. 과연 폴란드 의용군과 독일군은 쌍방간 많은 피해를 냈고, 음흉한 스탈린은 비슬라 강 언덕에서 회심의 미소를 짓고 있었다.

92. 제10계 소리장도(笑裏藏刀) : 겉으로는 웃고 속에는 비수를

제10계

신이안지(信而安之) 음이도지(陰以圖之) 비이후동(備而後動)
물사유변(勿使有變) 강중유외야(剛中柔外也)

적에게는 믿도록 만들고, 방심시키며, 비웃어 깔보게 만든 후
이 편은 은밀하게 계책을 세워 충분히 준비가 갖추어진 연후에
행동한다.
적에게는 눈치 못채게 하여 의심을 불러일으키게 하지 마라.
이것이 은밀히 살기를 감추고 겉으로는 부드럽게 보이게 하는
비책이다.

제10계

'소리장도(笑裏藏刀)'는 미소를 보여주어 안심시킨
후에 등뒤에 칼을 꽂는 비열한 계략이다. 손무는
이와 같은 맥락에서 이렇게 말하고 있다. "적이 겸손한 태도로 저자
세로 나오면 이는 필경 공격하기 위하여 준비하는 것이다. 사전에 약
속이 없었는데도 강화하려고 나오면 이는 필경 어떤 모략이 숨어 있
는 것이다〈손자병법〉「행군」제9)"

송대(宋代)에 위주의 지사로 조위(曹瑋)가 있었다. 워낙 엄한 군율
로 다스려 모두 두려워하고 있었다. 하루는 그가 부장들을 불러 연회
를 베풀고 있는데 돌연 수천 명의 병사들이 서하로 도망쳤다.

이 보고를 받자 부장들은 깜짝 놀라 얼굴을 마주보며 조위의 눈치
를 살폈다. 이때 조위는 평소와 다름없이 태연한 얼굴로 웃으며 이렇

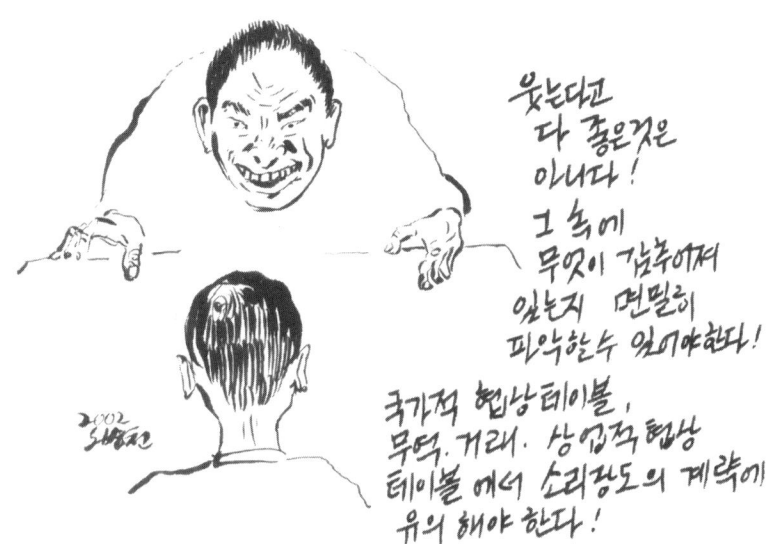

게 말하였다.

"놀랄 것 없다. 그 병사들은 내 명령대로 행동하고 있는 중이다"

이 소문을 들은 서하에서는 자기 땅으로 도망쳐온 수천 명의 병사들이 조위의 은밀한 계략인 줄 알고 즉시 잡아 모조리 죽여버렸다. 이것이 조위의 '소리장도'의 계략이다.

'소리장도'는 철저히 겉과 속이 다른 계략이다. 생활 가운데 우리는 이러한 경우를 많이 본다. 겉으로는 친절하고, 마치 간이라도 빼어줄 듯 알랑거리지만 막상 목적을 달성하고 난 후에는 언제 봤느냐는 듯이 돌아서는 사람들이 있다. 자기에게 이익이 걸려 있거나 목줄이 걸

려 있을 때는 수단 방법을 가리지 않고 앞에서 얼쩡거리다가도 그 일
이 끝난 후에는 안면을 싹 바꾸어버리는 것이다.

경우에 따라서는 어제의 은인을 향하여 칼을 꽂는 일도 있다. 미사
여구가 많고 지나치게 상대를 치켜올리는 사람은 항상 조심하여야 한
다. 그 속에 무엇이 들어 있는지 모르는 일이기 때문이다.

93. 제11계 이대도강(李代桃僵) : 작은 것을 내주고 큰 것을 얻는다

제11계

세필유손(勢必有損) 손음이익양(損陰以益陽)

전쟁 상황이 진전됨에 따라 필연적으로 손실이 생기게 마련인데
그 경우에 국부적으로 생각하지 말고 전체를 보라

제11계 '이대도강(李代桃僵)'은 작은 손실이 생기면 그것을
더 큰 이익으로 대신할 수 있도록 하는 계략이다.

'강(僵)'이란 쓰러진다는 말인데, '이대도강'은 '오얏나무가 복숭아
나무 대신에 쓰러진다'는 뜻풀이다. 바둑에서 몇 개의 돌을 버리고 상
대의 대마를 취하는 것 역시 '이대도강'이다. 큰 것을 위하여 작은 손
실은 감수하라고 하는 것이다.

'이대도강'의 출처는 〈악부시집(樂府詩集)〉이다. 이를 잠시 살펴보
자.

복숭아가 지붕 없는 우물 위에 열리고
오얏나무가 복숭아나무 옆에 서 있네.
벌레가 들어 복숭아나무 뿌리를 갉아먹으니
오얏나무가 복숭아나무 대신하여 쓰러지네.
나무조차도 저렇게 몸을 바꾸거늘
형제야 어찌 잊을 수 있으리!

　일본 사무라이 시절에 풋내기 사무라이가 당대의 고수 사무라이와 피할 수 없는 운명의 한판을 벌이게 되었다. 보름달이 휘영청 밝아오고 찬바람이 몰아치고 있었다. 고수는 무림의 왕자답게 어엿한 자태로 칼을 겨누다가 이윽고 풋내기 사무라이를 향하여 쏜살같이 뛰어들었다. 그러나 그 순간 피할 줄 알았던 풋내기 사무라이는 꼼짝도 않고 제자리를 지키면서 왼쪽 팔을 고수의 칼에 의하여 댕강 날려버렸다. 그리고는 그 순간 오른손에 든 칼로 순식간에 고수의 목을 날려버렸다. 어차피 피할 수 없는 상황에 직면하여 풋내기는 자신의 팔을 날려버리고 상대의 목을 잘라버렸던 것이다. 이것이 '이대도강'의 한 단면이다.

　만약에 풋내기 사무라이가 제 목숨을 건지기 위하여 몸을 이리저리 피했더라면 고수의 날카로운 검법에 의하여 필연적으로 목숨을 잃었을 것이다. 이와 같이 작은 것을 과감히 버리고자 하면 큰 것을 얻을 수 있는 것이다.

　세상살이에 있어서도 이것은 그대로 적용된다. 알량한 자존심을 지키려고 쓸데없는 고집을 부리다가 더 큰 것을 잃어버리는 경우가 있다. 정작 중요한 것을 위하여 목숨을 바치지 않고 하잘것없는 것에 정신을 빼앗기는 사람들도 있다. 이것은 작은 것을 탐하다가 정작 큰 것을 놓쳐버리는 '소탐대실(小貪大失)'의 삶이 아닐 수 없다. '이대도강'은 우리에게 소탐대실의 삶을 살지 말라고 가르쳐주는 귀중한 교훈이다.

잠시 좋은 평가를 받기 위하여 동료를 헐뜯거나, 잠시 작은 이익을 취하기 위하여 권모술수를 행하거나 하는 따위는 바로 '이대도강'의 정신에 정면으로 위배되는 것이다. 결국 올바르고 진실한 것이 이기는 것이다.

94. 제12계 순수견양(順手牽羊) : 굴러온 떡은 일단 먹는다

제12계

미극재소필승(微隙在所必乘) 미리재소필득(微利在所必得)
소음(少陰) 소양(少陽)

적의 조그마한 실수라도 이를 이용하고, 눈앞에 조그마한
이익일지라도 일단 손에 넣어라
적의 하찮은 과오를 아군의 작은 승리로
연결시키는 것이 중요하다.

제12계

'순수견양(順手牽羊)'은 비록 작은 이익일지라도 그것을 일단 취하라는 것이다. '순수견양'은 '순순히 나의 말에 따르는 양(羊)이 있다면 아무 말하지 말고 몰고 가버리라'는 뜻풀이인데, 두 가지 의미로 해석할 수 있다.

첫째는 눈앞에 굴러온 이익은 일단 취하라는 것이고, 둘째는 아무리 사소한 것일지라도 하찮게 여기지 말고 내 것으로 만들라는 것이다. 전자의 경우는 일종의 횡재(橫財)이다. <사기(史記)>에 따르면 '하

늘이 주는 복을 받지 않으려 하면 도리어 화를 받게 된다'고 하였는데 순수하게 굴러온 복은 외면해서는 안 된다고 하는 것이다.

여기서 특히 주의해야 할 것은 무턱대고 집어삼키다가 가시가 목에 걸려 더 큰 화를 당하게 될 수 있다는 것이다. 이른바 뇌물로 유인하는 이익을 냉큼 삼켰다가 후일 큰 일을 당하게 되는 경우다.

후자의 경우는 아무리 작은 이익이나 기회라도 이것을 버리지 말고 철저히 나의 큰 이익을 위하여 잘 사용하라는 것이다. 〈삼국지〉에 나오는 내용을 살펴보자.

후한의 헌제는 배반한 신하들로 인하여 장안에 납치, 감금되었다. 학대에 견딜 수 없어 수레에 몸을 실어 기회를 보다가 마침내 낙양으로 도망하게 되었다. 이를 눈치채고 기마대가 추격해 왔다. 수레와 기마대는 속력부터 달라 곧 잡힐 지경에 이르렀다. 마침 길에서 노신(老臣) 동승을 만나니 동승은 즉시 상황을 판단하고, 헌제를 옹호하고 있는 가신과 장수들을 향하여 벼락같이 소리쳤다.

"너희들 몸에 있는 주옥과 재물을 전부 길에 버려라!"

추상같은 명령에 모두 옷의 금대를 풀어 던지고, 가지고 있던 보화와 재물을 길가에 버렸으며 뒤이어서 황후도 주옥의 관과 가슴에 있는 장식품을 그리고 헌제는 늘 곁에 보관하던 부책전적(符冊典籍)까지 미련 없이 수레 밖으로 던져버렸다. 촌각을 다투어 달려오던 적 기마대 장병들은 갑자기 길바닥에 널려져 있는 금은보화를 보고 앞을 다투어 주우려고 덤볐다. 이 사태에 당황한 기마대장은 노성을 지르며 이를 제지하고자 날뛰었으나 부하들은 굶주린 이리떼처럼 재물 줍기에 바빴다. 헌제가 유유히 도망쳤음은 물론이다.

이것이 바로 동승이 행한 '순수견양'의 역이용 계략이다. 눈앞의 이익이라도 먹을 것이 있고 먹지 말아야 할 것이 있는 것이다.

95. 제13계 타초경사(打草驚蛇) : 의심나면 두드려보라

제13계　　　'타초경사(打草驚蛇)'는 돌다리도 두드려보라는 것
　　　　　　　처럼 매사에 신중을 기하여 의심되는 바를 없애고
안전하게 행동하라고 하는 계략이다.

손무는 "군의 행군하는 길에 험난한 산이나 소택지, 갈대나 초목이
우거져 있는 곳이 있으면 반드시 반복 수색하여야 한다. 이런 곳에는
복병이 숨어 있기 쉽다〈손자병법〉「행군」제9"고 하면서 의심되는
곳은 철저히 수색하여 이를 없앤 후에 행동하라고 말하고 있다.

이것이 바로 '타초경사'의 모습이다. '타초경사'란 문자 그대로 풀
면 '뱀이 어디 있는가를 알기 위하여 주변의 풀을 이리저리 침으로
뱀을 경계한다'는 것인데, 뱀을 직접 목표로 하지 않고 주변의 풀을
치는 데는 두 가지 의미가 있다.

첫째는 직접 뱀의 위치를 찾으려 한다면 많은 시간이 소요되고 찾
을 확률도 희박하다는 것이요, 둘째는 만약 직접 뱀의 머리를 치는 경

우에는 놀란 뱀이 역으로 덤벼들어 화를 입게 될 수도 있다는 것이다. 군에서 행하는 위력수색은 '타초경사'의 한 방법이다.

의심할 만한 어떤 인물을 조사하기 위해서 직접 그 인물을 추궁하는 것이 아니라 일단 그 인물을 둘러싼 운전수, 비서, 기타 가족들을 빙빙 둘러 조사하는 방법도 '타초경사'이다. 슬며시 이쪽에서 돌 한 개를 던져보면 반대편에서 수십 개의 돌이 날아온다. 상대의 반응과 규모를 대략 짐작할 수 있는 것이다. 어떤 사람의 인물됨을 알기 위하여 극히 짧고도 자극적인 말을 던져본다. 이에 대응하는 그 사람의 즉각적인 반응을 보고 그 인물이 어떠한지 대략 평가할 수 있다. '타초경사'의 출처는 단성식(段成式)의 〈유양잡조(酉陽雜俎)〉이다.

당대 당도현(當塗縣)에 왕노(王魯)라는 지사가 있었다. 그는 돈이라면 환장을 하는 탐관오리였다. 하루는 고을의 백성 한 명이 왕노의 부하관리가 뇌물을 받아먹고 있다는 고소장을 왕노에게 올렸다.

깜짝 놀란 왕노는 무심결에 그 고소장에 이렇게 추가적으로 적었다. '너는 풀을 쳤다고 하지만 나는 이미 뱀처럼 깜짝 놀랐다.'

도둑이 제발 저리다고 했던가. 거북에 놀란 가슴 솥뚜껑보고 놀라는 격이다. 무릇 죄를 짓고는 못사는 것이다. 그런데 오늘날에는 죄를 짓고도 편히 잠들 수 있는 강철같은 인간들이 참 많아지고 있다.

매사에 신중을 기해서 행동할 것을 강조하는 측면에서 '타초경사'를 보면, 〈한비자〉의 「설림하편」에 나오는 '조각(彫刻)의 원리'는 재미있다. 그 내용을 잠시 살펴보면 이렇다. 환혁(桓赫)이 말하였다.

"조각을 할 때는 코는 클수록 좋고 눈은 작을수록 좋다. 너무 큰 코는 작게 만들 수 있지만, 너무 작은 코는 크게 할 수가 없다. 너무 작은 눈은 크게 만들 수 있지만, 너무 큰 눈은 작게 만들 수 없다" 실로 지혜로운 방법이 아닐 수 없다.

96. 제14계 차시환혼(借屍還魂) : 필요하면 시체라도 이용하라

유용자(有用者) 불가차(不可借) 불능용자(不能用者)
구차(求借) 차불능용자이용지(借不能用者而用之)
비아구동몽(匪我求童夢) 동몽구아(童夢求我)

쓸모가 있는 사람은 이용하기가 어려우나
쓸모가 없는 사람은 이쪽에서 써주기를 원하고 있는 법이니
오히려 쓸모 없는 이런 사람을 이용하라
이것은 이쪽이 상대를 이용하고자 하는 욕구보다 저쪽이
간절히 이쪽에게 이용되어지기를 바라는 욕구가 큰 것이다.

제14계 '차시환혼(借屍還魂)'은 비록 쓸모가 없어 보이는 사람도 잘만 이용하면 매우 유용하게 사용할 수 있다는 계략이다. 다시 말해 이용가치가 없어 보이더라도 내가 어떻게 그것을 유용하게 이용하는가 하는 것이 매우 중요하다는 것이다.

예로부터 왕조가 교체될 때는 대부분 망한 나라의 임금의 자손을 내세워 옹립하고자 한다. '차시환혼'이란 것이 '시체를 빌려 혼을 집어 넣는다'고 하는 말이기에 여러 차원에서 응용이 가능하다.

왕년에 이름 꽤나 날렸던 사람이 시운에 밀려 묻혀 살더라도 그 사람을 내세워 현재 계획하고 있는 사업을 추진하는 것도 '차시환혼'이다.

고물상인들이 폐품화된 물건을 싼 값에 사들인 후에 몇 군데를 수선하고 색을 다시 입혀 비싼 값에 되팔아 넘기는 것도 일종의 '차시환혼'이다.

죽은 시체라도 이용가치가 있으면 이용한다!

지혜로운 사람은 주변의 모든 것을 잘 이용할 줄 아는 사람이다!

필요하면 적도 내 편으로 만들어라!

　군사적인 견지에 있어서도 어떠한 여건, 기회, 자원 등을 군사목적에 맞도록 어떤 형태로든 이용하는 것이 '차시환혼'이며, 그런 의미에서 무기, 장비의 관리개선이라든지 제도개선 등은 바로 이러한 맥락에서 출발한다.

〈삼국지〉에 나오는 조조는 이러한 '차시환혼'을 잘 이용하였다.

동탁이 여포에게 피살되자 헌제는 낙양으로 다시 돌아갔다. 세상의 혼란은 이미 극에 달해 있었다. 이 때 조조는 동탁 타도의 기치 아래 모인 원소 밑에 있었는데, 한때 조조는 동탁이 헌제를 내세우고자 할 때 반대하여 전군교위라는 벼슬을 버리고 물러난 적이 있었다. 그런데 낙양으로 돌아온 헌제가 그래도 믿을 만한 인물로 조조를 택하여 (순욱의 진언에 따르기는 했지만) 도움을 요청하였다.

헌제의 등극을 반대했었던 조조인지라 피차 불편한 감정이 있었지만 조조가 서슴지 않고 헌제의 요청을 받아들임으로 수도를 다시 조조의 본거지인 허(許)로 옮겼다. 비록 헌제가 허수아비요 시체에 불과하였지만 조조는 이를 잘 이용하여 그의 입지를 굳게 할 수 있었던 것이다. 헌제는 조조에게 대장군, 무평후라는 벼슬을 내려 천하를 호령하게 하였으니 이때가 건안 원년(A.D. 196)이다.

97. 제15계 조호이산(調虎離山) : 근거지에서 꾀어내라

제15계

대천이곤지(待天以困之) 용인이유지(用人以誘之)
왕건래반(往蹇來反)

자연 조건에 따라 적을 괴롭히고 다시금 인위적으로 각종
기만 방책을 통하여 적을 꾀어내어 괴롭힌다.
이 편이 적에게 침공해 들어가면 위험이 도사리고 있느니 만큼
오히려 적이 이 편을 침공해 준다면 이 편이 유리해 진다.

제15계   '조호이산(調虎離山)'은 유리한 근거지에 들어 박혀 있는 적을 상대하지 말고 온갖 유인책으로 적을 밖으로 끌어내어 승부를 거는 계략이다. '호랑이를 산 밖으로 끌어내라'고 하는 '조호이산'의 계략은 많은 전쟁의 역사에서 쉽게 찾을 수 있다. 대표적인 것이 한신이 조나라 군대 20만 명을 상대했을 때 행한 배수진의 전법이다.

그리스 신화에 보면 헤라클레스가 거인 '알키오네우스(alcyoneus)'를 상대하는 장면이 나오는데 이때 알키오네우스가 그의 고향땅인 플레그라(phlegra)에 있을 때는 헤라클레스가 그를 이길 수가 없었다. 그래서 헤라클레스는 그를 고향땅 밖으로 끌어내어 곤봉으로 단숨에 때려 죽였다.

'불입호혈부득호자(不入虎穴不得虎子)'라는 말이 있다.

〈후한서〉「반초전」에 나오는 이 말은 '호랑이 굴에 들어가지 않으

면 호랑이 새끼를 얻을 수 없다'고 하는 의미인데, 이런 경우는 '조호이산'과 다른 의미이다. 어떤 문제에 부딪쳤을 때, 경우에 따라서는 비록 모험이기는 하지만 문제의 핵심을 찾아 호랑이 굴에 직접 들어가서 일을 처리해야하는 경우를 말하고 있다.

그러나 조호이산은 호랑이 굴 안에 들어가는 것이 아니라 호랑이를 굴 밖으로 유인해내는 것이다. 적이 힘을 쓸 수 있는 근거지를 포기하게 하고 내가 상대적으로 유리한 태세에서 적을 상대하는 매우 현명한 용병술이라 할 수 있다.

〈성경〉에 보면 이스라엘 백성들은 여호수아의 통치하에 가나안 땅 정복작전에 들어가는 장면이 나온다. 그동안 광야에서 야전형 전투를 계속해 왔던 이스라엘 백성들인데 막상 가나안 땅에 들어서니 여리고를 비롯한 수많은 성들이 존재하고 있었다. 물론 성을 공격할 공성 장비도 없었고 성을 상대로 싸워본 경험도 없었기에 여호수아는 특별한 전략을 구사하였다. 그것이 바로 '조호이산'의 전법이다.

아이성 전투나 기타 여러 성을 상대할 때 여호수아는 먼저 강력한 매복을 시켜놓고, 소수의 병력을 동원하여 적의 견고한 성 전방에서 적을 유인하였고, 유인되어 나온 적병들을 매복에 의하여 대부분 섬멸하는 전략을 구사하여 가나안 정복전쟁 7년을 성공적으로 마무리할 수 있었다. 만약 이러한 '조호이산'의 전법으로 싸우지 않았다면 여호수아는 공성 전투 간 수많은 피해를 입게 되어 제대로 정복을 했을지 의문이다.

손자는 "가장 최악의 방법은 공성이다(「모공」 제3). 이는 부득이할 때 하는 것이다"라고 하여 공성의 폐해를 언급하였다. 강한 적에 직접 부딪치는 것만큼 어리석은 것은 없다.

98. 제16계 욕금고종(欲擒姑縱) : 잡고자 하면 놓아주라

제16계

핍즉반병(逼則反兵) 주즉감세(走則減勢) 긴수물박(緊隨勿迫)
누기기력(累其氣力) 소기투지(消其鬪志) 산이후금(散而後擒)
병불혈인(兵不血刃) 수유부광(需有孚光)

적을 추격할 때 너무 지나치게 하면 도리어 적의 반격을 만난다.
적을 도주시키기만 해도 적의 세력은 약화되는 것이다.
바짝 적의 뒤를 추격은 하지만 그러나 휘몰아쳐서는 안 된다.
체력을 소모시키고 그 전의를 상실시켜 적이 뿔뿔이 흩어지는 것을
기다려 붙잡도록 한다. 이러한 용병이라야 유혈을 방지할 수 있다.
융통성 있게 대응하고 세심하게 실행해서 적을 와해시켜라.
그렇게 해야 우리편이 유리해진다.

제16계

'욕금고종(欲擒姑縱)'은 잡고자 하면 놓아준다고 하는 고차원적 계략이다. 실제에 있어서 이 계략은 몇 단계를 앞서 보는 혜안이 없으면 실행이 어려운 계략이다.

제갈공명이 맹획을 일곱 번 풀어주고 일곱 번 붙잡아 완전히 자기 사람으로 만든 '칠종칠금(七縱七擒)'의 고사는 바로 이러한 '욕금고종'의 정신과 일치한다. 제갈공명이 위를 타도하여 한왕조를 재건한다는 대의명분을 앞세우고 오나라와 동맹을 맺으며 기반을 잡아갈 무렵, A.D. 225년에 남방에서 서남이(西南夷)라는 오랑캐가 날뛰자 이를 토벌하기 위하여 군사를 일으켰다.

당시 오나라가 이들을 지배하고자 노리고 있었기 때문에 제갈공명

이 선수를 친 것이다. 5월, 공명이 진군하여 남방에 이르자 용감한 추장 맹획(孟獲)이 대항해 왔다. 이미 정예군대인 공명의 상대가 되지 않았던 오합지졸의 맹획군인지라 쉽게 맹획을 생포할 수 있었다. 공명은 맹획을 좋은 옷과 음식으로 잘 대접하고 촉군의 진영도 구경시켜 주었다. 그리고 당당한 위용에 놀라는 맹획을 부드럽게 대하며 다시 풀어 주었다.

그런데 다시 3일 후에 맹획은 공격해 왔다. 역시 쉽게 공명은 그를 생포하였다. 공명은 전과 꼭 같이 대우하여 보내며 이렇게 말하였다.

"촉군의 위세를 보니 어떠냐? 이길 자신이 있으면 언제라도 또 공격해오너라"

그 후 또 다시 3일이 되자 맹획은 공격하였는데 역시 쉽게 생포 당하였다. 공명은 그를 전과 같이 대접하고 역시 또 놓아주었다. 이렇게 하기를 무려 일곱 번이 되니 맹획은 드디어 무릎을 꿇고 제갈공명에게 말하였다. "공은 천하의 위공을 등에 업고 계시오. 남방사람들은 이미 대항할 생각이 사라졌소."

그리고는 곧바로 맹획의 부하들이 투항해 왔으며 공명은 오지의 전지까지 진출 모조리 평정하였다. 진정한 승리는 적을 굴복(屈腹)시키는 것보다 적을 심복(心腹)시킬 때 얻을 수 있다. 굴복한 적은 다시 대항할 수 있어도 심복한 적은 완전히 내 사람이 될 수 있기 때문이다. 이런 '욕금고종'의 지혜는 우리가 배울 만한 가치가 크다.

99. 제17계 포전인옥(抛磚引玉) : 작은 미끼로 큰 대어를

제17계 '포전인옥(抛磚引玉)'은 '기왓장을 던져주고 옥을 얻는다' 즉 '하찮은 것을 미끼삼아 고귀한 것을 얻는다'는 계략이다. 적을 유인할 때에도 이와 같은 '포전인옥'을 사용할 수 있다.

미끼의 선택과 활용방법에 따라 일의 성패가 결정되며, 상대로 하여금 전혀 미끼인줄 눈치채지 못하게 하는 것이 관건이다.

동업자간에 일을 하면 여러 가지 복잡한 이해관계로 얽히게 된다. 특히 이익이 남았을 때 분배과정이 그렇다. '포전인옥'의 방법에 따르면 3분의 2를 상대에게 주고 나는 3분의 1만 가진다. 그렇다면 너무 많이 주는 것이 아닌가? 아니다. 이런 일을 세 번만 반복하면 나는 하나를 다 가진 것과 같다. 왜일까?

중요한 것은 그 다음이다. 이렇게 '그 사람하고 일을 같이 하면 3분의 2를 얻을 수 있다'는 평판이 자자해지면 점차 일거리가 늘고 찾아오는 고객과 친구가 많아진다. 그쯤 되면 3분의 2가 문제가 아닌 것이다. 송나라에 감지자(監止子)라고 하는 거상이 있었다.

어느날 금 백냥을 호가하는 귀한 옥을 팔겠다는 사람이 그 사람에게 찾아왔다. 그런데 그 자리에는 감지자에게 놀러온 다른 상인이 있

작은 미끼로 대어를!

포~전~인~옥!

작은욕심에 끌려 큰것을 놓치지 말라!

었는데 그 옥을 보고 몹시 탐을 내었다. 만약 둘이 경합을 벌이게 되면 옥값은 터무니없이 올라갈 판이었다. 그때 감지자가 짐짓 실수인척 옥을 떨어뜨려 흠이 가게 하였다. 울상이 된 옥장수에게 그냥 백냥을 주고 감지자는 그 옥을 샀다. 며칠 뒤 감지자는 그 옥을 갈아 흠을 완전히 없앴다. 그리고 그 옥을 금 일천냥이나 남겨 팔았다. 백냥을 던져 천냥을 건진 '포전인옥'이다.

전국 말기 유명한 법가였던 한비(韓非)의 이야기다. 그는 한나라의 왕자로 태어났으나 힘없는 소실이라 천대를 받았는데 당대의 대학자인 순자의 문하에서 자립하기 위하여 공부하고 있었다.

어느날 마을 입구의 강이 자주 범람하여 피해가 막심하자 제방을 구축하게 되었다. 그런데 면장이 주민들을 동원하여 일을 시키니 꾀만 부리고 일이 진척되지 않았다. 면장이 한숨을 쉬고 있는데 한비가 그에게 한 가지 계책을 알려주었다. 면장은 한비가 시키는 데로 옥돌

하나를 강가에 몰래 묻어놓고 강가를 파다가 그 옥돌이 발견되게 하였다. 한 주민이 그 옥돌을 발견하여 비싼 값에 팔았다.

이 소문이 퍼지자 너도나도 다투어 부역에 참가하게 되어 순식간에 일을 마쳤다. 한비의 '포전인옥'이다. 한비는 유명한 〈한비자(韓非子)〉의 저자이며, 후일 진시황이 그의 책을 보고 정치지침서로 삼았다. 이 이야기를 전해 들은 한비의 선생 순자는 "이(利)를 보면 그 뒤에 숨어 있는 해(害)도 볼 줄 알아야 한다"고 충고하였다.

손무도 「제8구변편」에 '필잡어리해(必雜於利害)'라 하여 같은 맥락에서 언급하였다. 이와 같이 작은 것을 던져 큰 것을 얻을 수 있는 지략이 '포전인옥'이다.

100. 제18계 금적금왕(擒賊擒王) : 잡을 바엔 두목을 잡아라

제18계

최기긴(准其緊) 탈기괴(奪其魁) 이해기체(以解其體)
용전우야(龍田于野) 기도궁야(其道窮也)

적의 주력을 격파하고 그 지휘관을 포획하면
적 전체를 붕괴시킬 수 있다.
이것은 용을 큰 바다를 떠나게 해 육지에서 싸우게 하는 것과
같은 곤경에 빠뜨리도록 하라는 것이다.

제18계 '금적금왕(擒賊擒王)'은 '적을 잡으려면 왕을 잡아라' 즉 '문제의 핵심을 정확히 파악하고 그것을 집중 공략하라고 하는 계략이다' 초전에 적을 이겼으면 그 승세를 타고

잡을바엔 두목을!

핵심을 장악하라!

더욱 전과확대 해야 한다. 만약 작은 승리에 만족하고 큰 승리를 획득할 시기를 놓쳐버린다면 병력의 손실은 다소 줄일 수 있을지는 모르나 적의 주력이 격파되지 않은 상태이므로 오히려 지휘관의 근심을 더해 줄 뿐 아니라 잘못하면 지금까지의 전과가 단숨에 물거품이 될 수 있다. 특히 적장을 포획하거나 사살하는 것은 매우 중요하다.

1991년 걸프전 당시 이라크의 후세인을 제거하지 못함으로써(이는 미국의 정치적 속셈이 다분히 깔린 것이지만) 그는 오늘날까지 위협적인 존재로 영향을 미치고 있다. 그리고 2001년 9.11테러로 시작된 미국의 아프가니스탄과의 전쟁에서 끝까지 테러의 조종자 빈 라덴을 추적하고 끝장을 내려고 하는 것은 바로 '금적금왕'의 정신이다. 모든 일에는 핵심적인 부분이 있게 마련이다.

아무리 크고 힘이 장사인 철인도 그것을 움직이는 핵심 조종장치가 있게 마련이며, 그것을 제거해 버린다면 그 위력적인 덩치는 그대로 고물 쇠붙이에 불과해진다.

당 숙종 때 장순(張巡)은 윤자기와 전투를 벌여 파죽지세로 몰아붙여 적진 깊숙이 들어갔다. 장수들의 깃발 있는 곳까지 돌진하여 적장 50여 명, 병사 5천 여명을 베어 죽였는데 적 지휘관인 윤자기의 모습은 발견할 수 없었다. 장순은 적 지휘관을 제거하지 않으면 이 전투는 의미가 없음을 간파하고 즉시 꾀를 내어 병사들에게 화살촉 대신 뾰족한 볏짚을 쏘게 하였다.

그 볏짚으로 만든 화살을 맞은 윤자기의 부하들은 장순이 화살이 다한 것으로 착각하여 좋아라하며 윤자기에게 알리러 갔다. 그리하여 장순은 윤자기를 금방 분간할 수 있었고 남제윤에게 진짜 화살을 쏘게하니 윤자기는 왼쪽 눈을 맞아 죽지는 않았지만 곧바로 전군 퇴각 명령을 내렸다.

이렇게 적장을 잡아야 승리가 확실해지는 것이다. 피해를 최소화하고 목적하는 바를 달성하는 방법이 바로 이것이다. 두보의 〈전출새시(前出塞詩)〉에 보면 사장선마(射將先馬)라 하여 '장수를 쏘려면 우선 말을 쏘아라'고 하는 말이 있다. 이 말은 상대를 쓰러뜨리거나 혹은 굴복시키려면 그것과 가장 관계가 깊은 것을 우선 손에 넣으라고 하는 뜻이다. 이는 '금적금왕'과 맥을 같이 하고 있다.

문제의 핵심을 알고 일을 하면 훨씬 경제적이다. 어떤 보고서를 작성하는 데 있어서 밤새껏 작성하였는데 다음날 상급자의 검토 과정에서 영 엉뚱한 방향으로 갔다면 또다시 밤을 새워야 한다. 그러나 문제의 핵심을 미리 사전에 조율해서 알아내면 손쉽게 일을 마무리 할 수 있다.

문제의 핵심에 직진(直進)할 수 있는 능력을 가진 자가 바로 인재인 것이다.

101. 제19계 부저추신(釜低抽薪) : 가마솥 밑에 장작빼기

제19계

부적기력(不敵其力) 이소기세(而消其勢)
태하건상지상(兌下乾上之象)

힘으로는 대항하기 어려우나 적어도
그 기세는 약화시킬 수 있다.
즉 유연하게 강세를 이기는 제 방법을 통하여
적을 굴복시키는 것이다.

제19계 '부저추신(釜低抽薪)'은 '가마솥을 끓이고 있는 장작을 밖으로 빼내 힘의 원천을 제거하라'고 하는 계략이다. 물이 끓는 것은 화력에 의한 것이다. 화력이 세면 셀수록 물은 격렬히 끓어오르며 그 세력을 저지하기 어렵다. 장작은 화력을 만드는 재료이다. 장작 그 자체는 큰 힘이 있거나 위험한 것은 아니다.

펄펄 끓는 물은 직접 저지하기 어려우나 장작은 쉽게 빼낼 수 있다. 장작을 솥 밑에서 빼내거나 더 이상 넣지 않는 방법을 통하여 강세를 약화시키는 것이니 이것이 '부저추신'이다. 우리는 '부저추신'의 지혜를 배울 필요가 있다. 직접 위험한 것을 상대하려면 어려울 뿐만 아니라, 피해도 크고 실패의 확률도 많다. 그런 경우에는 그 강세를 제거할 원천을 찾아 슬쩍 제거하는 방법을 사용하는 것이다.

이른바, 아킬레스건을 잡는 것이다. 누구든지 결정적인 치부나 아킬레스건이 있기 마련이다. 그것을 슬쩍 건드리는 것으로도 충분히 목적을 달성할 수 있는 경우도 있다. 정치계의 거물들이 곧잘 여자 스캔들에 연루되거나 돈에 연루된 스캔들에 말려 하루아침에 무너지고 마는 경우를 종종 볼 수 있다. 이런 것들이 라이벌에 의하여 은밀히 이루어지는 일종의 '부저추신'의 계략이다.

〈위료자〉는 "사기가 왕성할 때 전쟁하라. 그러나 사기가 저하될 때는 전쟁을 피하라"고 말했는데, 적의 기세가 펄펄 끓고 있을 때는 잠시 식기를 기다리거나 식힌 후에 전쟁을 해야 함을 말하고 있다.

후한 초기 오한(吳漢)의 진영에 야습이 있었다. 갑자기 당한 일이라 대사마(大司馬) 오한의 부하들은 어찌할 바를 몰라 쩔쩔 맸다.

그때 오한은 전혀 동요하지 않고 태연히 침상에 누워 있었다. 이를 본 병사들은 오한이 무슨 기가 막힌 계책이 있는 줄 알고 즉각 평정을 되찾았다. 곧 오한은 정예부대를 선발하여 반격에 나서 적을 크게 무찔렀다. 이것이 계략에 의하여 나의 기세를 살리고 적의 펄펄 끓는 기세를 꺾는 방법이다.

'부저추신'의 출처는 〈회남자(淮南子)〉「본경훈(本經訓)」이다.

'북제의 위수의 장작을 빼내어 끓음을 멎게 하고 풀을 잘라 뿌리를 제거한다. 그러므로 끓어오르는 물을 끓지 않게 하려면 그 근본을 알아 불을 제거하여야 한다.'

102. 제20계 혼수막어(混水摸魚) : 물을 혼탁케 한 후 더듬어 고기를 찾는다

제20계

'혼수막어(混水摸魚)'는 정세가 불분명하고 혼탁한 틈을 이용하여 중간자를 내편으로 만들며 이익을 취하라고 하는 계략이다. 여기서 '막(摸)'은 '더듬는다'는 뜻일 때는 '막'이며, '본뜬다'고 할 때는 '모'로 발음된다. 여기서는 더듬는다는 뜻이다.

쉴 새 없이 분쟁으로 들끓고 있는 국면에서는 여러 힘들이 충돌한다. 약소한 측에서는 누구를 따르고 반대할 것인지 태도가 명확하지 못하고, 더구나 적은 눈이 어두워 이러한 것을 깨닫지 못하고 있으니 이 틈을 이용하여 약소한 측을 빼앗아버린다.

〈육도(六韜)〉에서는 군의 징후를 이렇게 말하고 있다.

"전군이 몇 번이고 혼쭐이 나서 마음이 뒤죽박죽 되어 있다. 설상가상으로 적을 과대평가하여 겁에 질려 사기가 땅에 떨어지고 있다.

서로 귀를 맞대고 눈으로 수긍하며 유언비어가 난무하고 거짓말을 믿어버린다. 군의 명령을 두려워하지 않고 장수를 존경하지 않게 된다. 이런 모습들은 모두 겁내어 약해진 징후이다"

그래서 고기를 잡으려면 이러한 혼란을 틈타 기회를 잡아야 하는 것이다.

이를테면 유비가 형주를 장악하고 서천을 손에 넣은 것은 바로 이러한 '혼수막어'의 계략을 사용하였기 때문이다. 〈손자병법〉「시계」제1에 '난이취지(亂而取之)' 즉 '혼란케 하여 이를 취한다'고 하는 교란작전의 계책이 있다. 예로부터 전승의 요체는 적 지휘관의 마음을 빼앗는 데 있다. 냉정하고 침착한 적 지휘관을 내 의도대로 이끌기란 대단히 어렵다. 그래서 각종 기만술과 기책으로써 판단을 흐리게 하고, 신경을 마비시켜 정상적인 결심을 하지 못하도록 만드는 것이다.

클라우제비츠가 말하기를 "예기치 않은 사태에 직면하였을 때 이를 처리할 만한 능력이 바로 침착이다. 이 지성(知性)의 순간적인 활동은 보통이면 된다. 침착도는 마음이 평정을 회복할 때까지의 시간으로 측정할 수 있다"고 하였다.

귀곡자(鬼谷子)가 말한 "한 개의 돌을 던져 보아라!"고 하는 의미는 교섭에 임할 때 우선 상대의 마음에 충격을 주어 균형을 깨뜨리고, 상대의 본성을 파악한 후에 대책을 강구하며 그 약점을 포착하여 그것을 찔러 목적을 달성하라는 것이다. 이것이 바로 '혼수막어'의 계략인 것이다.

103. 제21계 금선탈각(金蟬脫殼) : 껍질 벗어놓고 돌아가기

제21계

> 존기형(存其形) 완기세(完其勢) 우불의(友不疑)
> 적부동(敵不動) 손이상고(巽而上蠱)
>
> 그 형체를 보존하고 그 기세를 완전케 하면
> 이 편은 의심치 않게 되며
> 적도 공격해 올 엄두를 내지 못하게 되는 바
> 그 가운데 비밀리에 주력을 딴 곳으로 기동시켜 적을 속인다.

제21계

'금선탈각(金蟬脫殼)'은 '매미가 껍질을 벗어버린 다'는 뜻으로 '허상만 남겨놓고 적을 속인 후 주력을 뒤로 빼돌려 결정적인 순간에 써먹는다'는 계략이다. 이 계략은 통상 지연작전시 사용될 수 있고 보다 적극적인 공세행동으로는 주력을 교묘히 빼돌려 대규모 우회작전을 시도하여 궤멸적인 타격을 가하는 작전에도 이용되어진다.

여기서 유의해야 할 것은 '껍질'을 벗겨놓고 '실체'를 움직일 때 어떤 방법으로 '껍질'을 '실체'로 인식시키는가 하는 것이다. 고도의 지략으로 완전무결한 계획하에 이루어지지 않는다면 오히려 적의 역공작에 걸려들어 고스란히 '실체'가 적의 입속으로 들어가 '밥'이 되고 만다.

'금선탈각'의 계략은 지휘관의 과감하고 냉정한 판단과 탁월한 군사안이 뒷받침될 때 비로소 성공을 기약할 수 있다. '금선탈각'의 출처는 유방의 고사이다.

한고조 유방(B.C. 247~195)은 항우의 대군대에 포위를 당하였다. 견디다 못하여 할 수 없이 항복의 의사를 내비쳤다. 그러나 항우에게 잡힐 마음은 추호도 없었다. 우선 성의 동문으로 부녀자들을 내보내 적병이 구경하고 있는 틈을 이용하여 잽싸게 서문으로 도망가 버렸다. 항우가 여유 있게 성안으로 들어왔을 때는 이미 성은 텅빈 껍질뿐이었다. 유명한 탄네베르크 섬멸전도 꼭 이와 같은 경우이다.

제1차 세계대전 개전 초 50여만 명의 러시아군은 동부 프러시아 지방의 동남향과 남향에 배치하고 있는 독일 제8군 13만 명을 포위 격멸하려 하였다. 이때 힌덴부르크 제8군사령관과 루덴도르프 참모장, 호프만 작전참모는 깜짝 놀랄 계획을 실행하였다.

1개 기병사단 1만여 명으로 하여금 북방의 러시아 제1군 23만 명을 묶어버리고, 나머지 9개 사단으로 하여금 남부 국경지대의 러시아 제2군 27만여 명을 포위, 완전하게 궤멸시키고 말았던 것이다.

독일군 1기병사단은 비록 뒤에는 텅빈 껍질에 불과하였지만 마치 실세인 것처럼 철저히 러시아 제1군을 기만하였고, 그리하여 제2군이 처절하게 궤멸되는 순간에도 멀리서 구경만 하게 만들었던 것이다. 탄네베르크 섬멸전은 '금선탈각'의 대표적인 전례라 할 수 있다.

이와 같이 '금선탈각'이 성공되기 위해서는 힌덴부르크와 같은 명장의 탁월한 통찰력과 혜안이 필요한 것이며, 상대적으로 적장의 우매함이 늘 동반되어야 한다. 위대한 승리 뒤에는 이렇게 늘 우매한 적장이 뒷받침해 주었다. 칸네 섬멸전 당시 로마의 바로 장군처럼 말이다.

104. 제22계 관문착적(關門捉賊) : 문 막아놓고 도둑 잡기

소적곤지(小敵困之) 박(剝) 불리유유왕(不利有攸往)

미약한 적은 포위해서 섬멸해 버린다.
만약 이를 놓친다면 단말마적 반항세력화 되어 쫓아가면
극히 불리해 진다.

제22계 '관문착적(關門捉賊)'은 도둑을 잡을 때는 문을 닫
아놓고 잡으라고 하는 계략이다. 도둑을 잡음에 문
을 꼭 닫으라고 하는 뜻은 도망가는 것이 두려워서가 아니라 도망간
도둑이 딴 사람의 손에 이용될까 염려함이다. 물론 도망간 도둑을 찾
아서 쫓아가서는 안 된다. 이는 도둑이 파놓은 함정에 빠지지 않기 위
해서이다. 도둑이란 바로 신출귀몰하는 적을 말한다.

'관문착적'은 대체로 두 가지 경우에 적용된다. 첫째는 미약한 적
이라 쉽게 가두어 일망타진이 가능한 경우이고, 둘째는 비록 적은 수
의 적일지라도 도망갈 경우 구원세력을 얻는 등 더 큰 세력으로 화
하여 화근이 되는 경우이다.

모택동은 그의 16자「유격전법」의 마지막에 도망가는 적은 쫓으
라고 강조하였다.

적진아퇴(敵進我退) 즉 '적이 오면 물러나라'

적거아요(敵據我擾) 즉 '적이 멈추면 교란하라'

적피아타(敵疲我打) 즉 '적이 지치면 치라'

적퇴아박(敵退我迫) 즉 '적이 도망가면 쫓아라'

문을 다 걸어놓고 도둑 잡기!

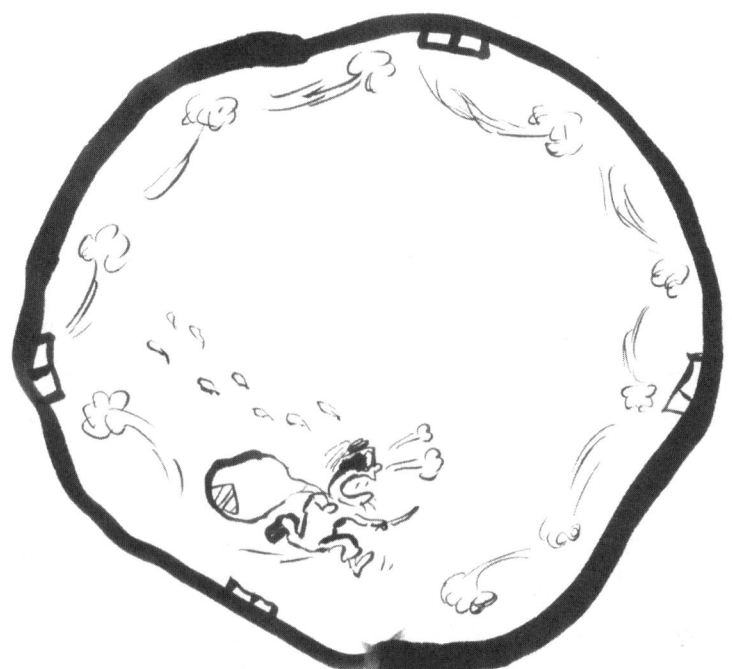

궁지에 빠진 쥐가
고양이를 물지 않도록
유의!

완전 섬멸이
가능한 조건에서
일망타진!

실생활에 있어서 도망갈 길을 완전히 막아놓고 일망타진하는 식의
'관문착적'은 그 적용에 있어서 많은 지혜를 요구하고 있다. 사람의
심리란 궁지에 몰리게 되면 전혀 엉뚱한 방향으로 행동이 나타나기

때문이다. 이를테면 자식을 지나치게 나무라면 집을 뛰쳐나가거나 경우에 따라서는 위험한 탈선을 일삼는 경우도 있다.

라이프치히 전투에서 연합군은 궁지에 몰린 나폴레옹군이 도망할 수 있는 유일한 길인 엘스트교를 터놓음으로써 결국 승리를 얻을 수 있었다. 만약 퇴로를 막아 독안에 든 쥐로 나폴레옹을 만들었다면 상황은 또다시 달라졌을지도 모른다.

105. 제23계 원교근공(遠交近攻) : 발등의 불부터 꺼라

제23계

형금세격(形禁勢格) 이이근취(利以近取)
해이원격(害以遠隔) 상화하택(上火下澤)

지형적으로 제약을 받을 시에는 가까이 있는 적부터 공격하는 게 유리하며 멀리 있는 적부터 공격하는 것은 불리하다.
불은 위로 타오르고 못의 물은 아래로 흐른다.
(같은 적이라도 대책을 달리해야 한다.)

제23계 '원교근공(遠交近攻)'은 '먼 나라와는 외교관계를 맺고 가까운 나라를 친다'는 계략이다. 이것은 고도의 외교정치술이다. '원교근공'의 출처는 〈사기(史記)〉이다.

전국시대, 당시 진(秦)나라는 먼 곳에 있는 강대국인 제나라를 원정하려 하였다. 범수는 인접국인 한(韓), 위(魏)나라를 그냥 두고 먼 나라인 제나라를 치는 게 어리석은 계책임을 깨닫고 이렇게 설득하였다.

"먼 나라는 친교하고 가까운 나라부터 쳐야 합니다. 치[寸]를 얻어도 임금의 치요, 자[尺]를 얻어도 임금의 자입니다"

그리하여 '원교근공'의 계책을 채택, 먼저 한(韓)을 치고, 이어서 조(趙)를 치고, 초(楚)를 치고, 연(燕)을 치고, 대(代)를 치고, 마지막으로 제(齊)를 쳐서 드디어 천하를 평정하여 통일을 이루었다. 이것이 바로 '원교근공'의 계략이다. '원교근공'은 이렇게 먼 곳에 있는 적은 일단 친교하고 눈앞에 걸리는 적부터 친다고 하는 것인데 이는 처세에 있어서도 그대로 적용될 수 있다.

일을 처리함에 있어서 일단은 당면한 과제부터 해결하고 난 후, 일의 우선 순위를 정하여 행하는 것이다. 뒷일은 대략적인 복안만을 세우고 우선은 당장에 해야 할 일을 해결해 나가는 것이 현명한 일의 방식이다. 그렇지 못하고 순서를 거꾸로 하는 사람도 있다.

나중에 해도 될 일을 미리 끄집어내 고민하고 시간을 낭비하다가 당장에 해야 할 일을 놓쳐 낭패를 보는 경우이다. 이런 사람은 리더로부터 인정을 받기 어려우며, 또한 이런 사람이 리더가 된다면 부하들은 엉뚱한 장단에 고생만 하고 별 재미를 보지 못하게 되는 것이다.

리더는 '원교근공'의 지혜를 가지고 일의 경중완급을 잘 따져 행할 줄 알아야 한다. '원교근공'은 특히 멀리 볼 수 있는 눈이 무엇보다도 필요한 계략이다. 미리 장래 일을 살필 줄 알아야 하고 정세의 흐름을 읽는 전략적인 안목을 가져야 한다.

〈장자(莊子)〉의 「추수편(秋水篇)」에 보면 '정중지와부지대해(井中之蛙不知大海)'라 하여 '우물안 개구리는 바다를 말해도 알지 못한다'는 말이 있다. 이것은 미래를 예측해야 하는 리더들이 결코 우물안 개구리가 되어서는 안 된다고 하는 것이다. 우물 밖을 벗어나야 세상을 정확히 읽을 수 있는 것이다. 그래서 사람을 위한 투자는 아무리 강조해도 지나침이 없다. 많이 보고 많이 다녀야 비로소 안목이 커지는 것이다. 그래야 멀리 보면서 계책을 세우는 '원교근공'이 가능한 것이다.

106. 제24계 가도벌괵(假途伐虢) : 명분 앞세워 땅뺏기

제24계

양대지간(兩大之間) 적협이종(敵脇以從)
아가이세(我假以勢) 곤(困) 유언불신(有言不信)

대국과 아국의 중간에 낀 소국에 대해서
만약 대국이 그 소국을 정복하려 한다면
우리는 즉각 군사를 출동시켜 위세를 가하지 않으면 안 된다.
위기에 직면한 소국과 같은 이런 경우에 말로만 하고
실제 행동을 보여주지 않으면 신뢰감을 줄 수 없다.

제24계 '가도벌괵(假途伐虢)'은 '길을 빌려 괵나라를 친다'고 하는 계략으로써 식민지를 손아귀에 넣을 욕심으로 제국주의자들이 주로 행하는 계략이다. '가도벌괵'의 출처는 〈좌전분국집(左傳分國集)〉이다. 춘추시대, 우(虞)와 괵(虢) 두 나라는 진(晋)과 국경을 같이 하고 있었다.

B.C. 658년, 진이 괵을 공격하려고 할 때 우를 통하지 않고서는 침공이 어려워 우에게 길을 잠시 빌려 달라고 하였다. 우는 길을 빌려주는 것이 우려되어 주저했으나 이미 진과 내통하고 있던 중신들이 만약 진에게 길을 빌려주지 않으면 먼저 우부터 정복당할 것이라고 주

상하였다. 이때 백리해(百里奚)가 만약 진에게 길을 내어주면 괵을 친 후에 반드시 우를 칠 것이니 빌려주어서는 안 된다고 진언하였다. 그러나 별 도리가 없어 진에게 길을 내어주었고, 진은 괵을 친 다음 2년 후 그 여세로 우를 쳤다. 이것이 바로 '가도벌괵'이다.

임진왜란이 일어나기 전에, 왜국은 조선을 향하여 '명을 치기 위함이니 길을 빌려달라'고 하였다. 이것은 결국 조선 땅을 집어삼키기 위한 '가도벌괵'의 계략이었던 것이다. 왜적들이 부산의 동래성을 포위하고 '싸우려면 싸우고 싸우지 않으려면 길을 빌려달라(戰則戰矣 不戰則假道)'는 팻말을 세우자 동래부사 송상현은 "싸워서 죽기는 쉬우나 길을 빌리기는 어렵다(戰死易 假道難)"고 맞대응하였고 결국 죽기까지 싸웠다.

힘이 없으면 당하고 마는 것이 국제적인 냉엄한 현실이다. '가도벌괵'의 상황에 대비하여 약소국이 할 수 있는 평소의 방책은 고슴도치 전략일 것이다. 뭔가 한 칼을 준비하는 것, 나를 덮치면 너도 다친다는 것을 보여주는 고슴도치의 전략은 바로 약소국이 할 수 있는 '가도벌괵'의 대응책이다. 약소국이 주변여건을 잘 이용하여 많은 동맹국을 확보하는 것도 한 방책이다.

현대에 이르러, 세계 만방에 많은 이민자들을 보내어 세계 전략의 일환으로 그들로 하여금 몸담고 있는 나라에서 영향력을 미치게 하고, 그들의 세력권을 넓히고, 그들만이 할 수 있는 독특한 영역을 점령, 확장하여 유사시에 이 모든 국가들이 한국을 돕는 편에 서도록 하는 것이 '가도벌괵'을 대비한 현명한 국제 외교술이 될 것이다.

세계 전체를 멀리, 그리고 한 눈에 보는 전략적 안목이 지도자에게는 무엇보다도 필요하다.

107. 제25계 투량환주(偸梁換柱) : 우군의 힘을 빼서 내 손아귀에 넣는다

제25계 '투량환주(偸梁換柱)'는 '대들보와 기둥을 바꾸어버린다'는 말인데, 나를 도와주는 우군은 결국 언젠가는 나의 적이 될 수 있기 때문에 우군의 힘의 원천을 교묘히 빼돌려 나의 것으로 만들어 결국 내 손아귀에 우군을 넣어버린다는 계략이다.

진형을 만들 때는 동서남북의 방위가 있다. 앞뒤에 천형(天衡)의 구축은 진형의 대들보[梁]에 상당하며, 중앙으로 꿰뚫는 지축(地軸)은 진형의 기둥[柱]에 해당한다. 일반적으로 이 대들보와 기둥의 방위는 주력부대가 담당한다. 따라서 부대의 진용을 잘 보면 주력부대가 어디에 있는지 알아낼 수 있다.

다른 부대와 협동하여 싸울 때는 몇 번이고 그 진용을 바꾸도록 유도하여 은밀히 그 부대의 주력을 빼내게 하거나 또는 우리 부대와 교체시켜 대들보와 기둥 역할을 하도록 한다. 그렇게 되면 그 부대는 제대로 싸움을 할 수 없게 되니 우리 부대는 곧장 이를 병합하여 전투에 투입시킨다. 이는 이쪽의 우방을 쳐 병합, 다른 적을 공격하는 교묘한 계략이다.

내가 힘이 모자랄 때 병을 치기 위하여 어쩔 수 없이 을을 내편으로 하여 공동의 힘으로 병을 친다. 그러나 을도 결국은 내가 제거해야만 하는 대상일 때에는 이런 '투량환주'의 덫을 사용하는 것이다. 공동으로 병을 치는 동안 을이 전혀 눈치채지 못하도록 하면서 을의 중요한 힘의 원천(대들보와 기둥)을 하나씩 제거해 버리는 것이다. 을은 병을 치는 것에만 온갖 신경이 가 있기 때문에 자신의 중요한 힘의 원천이 빠져나가는 것을 미처 깨닫지 못한다. 그 후에 그것을 알았다 하더라도 이미 회생할 능력이 사라진 뒤이다.

오늘날 '투량환주'의 계략은 국제 사회의 경쟁에도 얼마든지 사용될 수 있다. 그래서 우방이나 동맹국은 항상 조심해야 하는 것이다. 어제의 우방이 언제 나의 적으로 변할지는 아무도 모르는 것이다. 겉으로는 대의명분을 앞세우는 그들의 진짜 속셈을 어찌 알겠는가.

내면적인 의미는 다르지만 〈사기(史記)〉의 「진섭세가(陳涉世家)」에 나오는 '연작안지홍곡지지(燕雀安知鴻鵠之志)' 즉 '제비나 참새가 어찌 기러기나 고니의 뜻을 알겠는가'라고 하는 말과 같이 작은 나라는 큰 나라의, 작은 인물은 큰 인물의 큰 속셈을 알 수 없는 것이다.

108. 제26계 지상매괴(指桑罵槐) : 빗대어 나무란다

대릉소자(大凌小者) 경이유지(警以誘之) 강중이응(剛中而應)
행험이순(行險而順)

강대한 자가 약한 자를 굴복시키려면
경고의 방법으로 스스로 따르도록 해야 한다.
강력하게 경고하여 응하도록 하고
엄격히 해서 순종하도록 해야 한다.

제26계

'지상매괴(指桑罵槐)'는 '뽕나무를 가리키면서 회나무를 책한다'고 하는 계략으로써 직접 상대의 잘못을 지적하지 않고 넌지시 주변의 것을 가리켜 간접적으로 나무란다고 하는 의미이다. '지상매괴'는 정면으로 비난하거나 매도하기 어려운 입장에 처해 있을 때 넌지시 제3자를 꾸짖어 상대가 알아듣게끔 만드는 간접적 의사전달 계략이다.

조직에는 언제나 명령이 따르며 그에 대하여 책임도 따른다. 경우에 따라서는 책임 추궁도 해야 한다. 직접적인 비난이나 질책은 치명적인 상처가 되어 조직의 발전에 역행할 우려가 있게 된다.

누구나 자신이 지키고자 하는 최소한의 자존심이 살아 있기 때문에 이러한 질책 특히 리더 층에 대한 질책은 특별한 주의를 기울여야 한다. 부하들 앞에서의 직접적인 질책은 곧 그 리더로 하여금 부하 장악에 실패하게 만드는 원인이 되고 만다. 그래서 꼭 질책을 해야 하는 경우에는 그 대상자가 혼자 있을 때나 아니면 꼭 전체 앞에서 해야 할 경우에는 '지상매괴'의 방법으로 둘러 질책하는 것이 보다 현명한 처사이다.

러·일전쟁 당시 러시아의 발틱 함대가 항구에 들어가기 직전까지 기필코 여순 요새를 함락하기 위하여 혈안이 되어 있던 다이모쿠 제3군에 대하여 명령으로 독전하기보다는 오히려 '발틱 함대가 이미 인도양으로 들어가 버렸다'고 하는 정보를 흘려버리는 게 더욱 효과적이 되었다. 역시 봉천회전시 각 군이 의도대로 진격을 하지 않자 후일 일본 수상이 된 다나카 당시 만주군 총사령부 참모는 각 군에 대하여 질책하기 보다는 '다른 군대는 이미 전방에서 격전중이다'라고 하는 거짓 정보를 흘려보내 각 군을 독전시키는 데 성공하였다. 자존심을 슬며시 건드린 것이다.

'지상매괴'는 직언을 할 때에도 필요한 지혜로운 방책이 될 수 있다. 누구든지 직접적인 충고를 듣게 되면 기분이 상한다. 아마 이에는 그 누구도 예외가 없을 것 같다. 일단 기분은 나빠지는 것이다. 그래서 직언은 매우 조심해야 하는 것이며 정말 모든 것을 다 포기할 생각이 없으면 직언을 삼가는 것이 보다 지혜로울지 모른다. 〈한비자〉(韓非子)는 직언의 비결을 이렇게 말하였다.

첫째, 임금이 어설픈 계획을 가지고 자화자찬하면 슬그머니 다른 예를 들어 지혜를 제공하고 모른 체 하고 있을 것.

둘째, 임금의 행위를 칭찬할 때에는 다른 사람의 같은 행위를 들어하고 말릴 때에는 공통점이 있는 다른 예를 들 것.

셋째, 부도덕한 행위로 번민하고 있는 임금에게는 같은 예를 들어 별 것 아님을 말해 주어 안심시키고, 실패하여 시무룩해진 임금에게는 다른 예를 들어 실패가 아님을 보여주어 마음을 고쳐먹게 할 것.

진언하면 내가 망하고 진언 안 하면 조직이 망하게 되는 현실에서 가슴에 새겨 둘 지혜로운 진언법이라 할 수 있다.

109. 제27계 가치부전(假痴不癲) : 미친 척하되 돌지는 않는다

제27계

녕위작불지불위(寧僞作不知不爲) 불위작가지망위(不爲作假知妄爲)
정불로기(靜不露機) 운뢰둔야(雲雷屯也)

차라리 어리석게 가장하여 함부로 행동하지 않는 것이 좋으며
좀 안다고 경거 망동해서는 안 된다.
조용히 때를 기다려 몸을 드러내지 말 것이다.
번개를 품은 구름이 때를 기다리며 머물고 있는 것처럼.

제27계

'가치부전(假痴不癲)'은 '미친 척을 가장하되 실제로는 미치지 않는다'는 말로 어지러운 세상에서 자신을 보존하고 또한 자신의 포부를 펼 때를 지혜롭게 기다린다고 하는 계략이다.

〈성경〉에 보면 사울 왕의 끈질긴 살해 추적을 받아온 다윗이 도망하여 가드 왕 아기스에게로 간 장면이 있다(「사무엘상」 21장 10절 이하). 이 때 아기스의 신하들은 다윗의 등장이 두려워 아기스 왕에게 그것을 고하니 다윗은 급히 상황을 판단하여 미친 체 하였다.

그 기록을 보면 다음과 같다.

'그들의 앞에서 그 행동을 변하여 미친 체 하고 대문짝에 그적거리

며 침을 수염에 흘리매 아기스가 그 신하에게 이르되 너희도 보거니와 이 사람은 미치광이로다. 어찌하여 그를 내게로 데려왔느냐!'

이와 같이하여 다윗은 자칫 죽을 수 있는 위기에서 벗어날 수 있었고 후일 이스라엘을 가장 강대한 나라로 만든 왕이 되었던 것이다.

〈채근담〉에 보면 이런 말이 있다.

'군자의 재주는 구슬이 바위 속에 숨겨진 것같이 남들이 쉽게 알지 못하도록 해야 한다. 교묘한 재주는 서툰 솜씨 속에 감추고 어둠으로 밝음을 드러내며, 청렴하면서도 혼탁한 가운데 머물고, 굽힘으로써 몸을 펴는 바탕으로 삼는 것, 이것이 세상을 살아가는 안전한 길이요, 몸을 보호하는 안전한 방법이다.'

노자도 말하기를 "지도자다운 자는 자기의 재능을 깊이 숨기고 있기 때문에 마치 어리석은 자 같이 보인다"고 하여 같은 이치를 설명하였다. 불량배의 가랑이 밑을 기어 간 한신도 이와 같은 맥락에서 미친 체 한 것이다.

〈맹자〉「공손추」에 보면 '수유지혜불여승세(雖有知慧不如乘勢)'라 하여 '지혜가 있다고 할지라도 추세를 타느니만 못하다'고 하는 말이 있다. 이 말은 아무리 똑똑한 사람이라 할지라도 때를 타고나야 한다는 말이다. 어떤 사람에게는 일찍, 어떤 사람에게는 강태공과 같이 인생의 종착역에 다다라서, 어떤 사람에게는 평생에 한 번도 그 때를 타지 못하는 경우도 있다. 시대가 영웅을 만드는 것이다.

〈사기(史記)〉「초세가(楚世家)」에 보면 '불비삼년역불명(不飛三年亦不鳴)'이라 하여 '3년 동안 날지 않고 또한 울지도 않는다'라는 고사가 있다. 이 말은 오랫동안 허송세월 한다는 비유인데 큰 인물이 될 사람은 기회가 오기를 기다리며 오랫동안 은인자중 한다는 말이다.

춘추시대 초나라의 장왕(莊王)은 즉위하고 3년 동안 국사는 돌보지 않고 그저 주야 유흥에 빠졌는데 걱정되는 신하가 이를 지적하자, "이 새는 날면 하늘에 도달하고 울면 사람까지도 놀라게 하리라. 물러가라. 나로서는 알고 있는 바이다"라고 말하였다. 후일 장왕은 춘추 5패왕의 한 사람이 되어 천하를 호령하는 인물이 되었다.

〈한비자〉「설림상편」에 보면 '가치부전'의 좋은 얘기가 나온다.

은(殷)나라 주(紂)왕은 밤을 새워가며 잔치를 벌이고 즐겨 노는 바람에 날이 가는 줄도 모르고 있었다.

어느날, "오늘이 며칠이냐?"하고 주위의 신하에게 묻자 아무도 아는 사람이 없었다. 그래서 기자(箕子)에게로 사람을 보내어 묻게 하였다. 기자는 '천하의 주인으로 있으면서 온나라가 날 가는 줄도 모르고 있었으니, 이래 가지고는 천하를 보존하지 못한다. 온 나라가 다 모르는 것을 나 혼자 알고 있다고 한다면 내 몸이 위태롭다'고 생각하고는 가신(家臣)에게 "나도 술이 취해서 모른다"라고 대답해 보냈다.

110. 제28계 상옥추제(上屋抽梯) : 올려놓고 사다리 치우기

제28계

가지이편(假之以便) 사지사전(唆之使前) 단기수응(斷其授應)
함지사지(陷之死地) 우독(隅毒) 위부당야(位不當也)

교묘한 방법으로 적을 속여 함정에 빠져들게 한다.
함정에 빠진 적은 전후 상호지원이 불가능하도록 끊어버리고
사지로 몰아넣는다.
재난을 만나게 하려면 그 시기를 잘 잡아야 한다.

적을 내 멋대로 주무른다 !

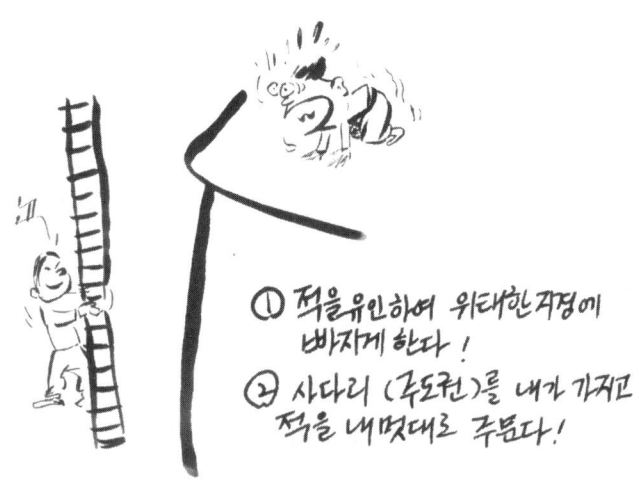

① 적을 유인하여 위태한 지경에 빠지게 한다 !
② 사다리 (구도권)를 내가 가지고 적을 내멋대로 주무른다 !

제28계 '상옥추제(上屋抽梯)'는 '집 위로 올려놓고 사다리를 치워버린다'고 하는 계략이다. 이는 세 가지로 해석할 수 있다. 첫째는, 적군을 유인하여 함정으로 몰아넣어 퇴로를 끊어 섬멸시키는 것이다. 둘째는, 필사적인 결전이 요구되는 상황에서 부하들을 일부러 사지에 몰아넣어 죽는 힘을 다해 싸우도록 하는 것이다. 셋째는, 아군은 좋은 곳으로 빠져나가고 적군은 뒤따라오지 못하도록 차단하는 것이 그것이다.

첫번째의 경우, 적을 함정으로 유인하기 위해서는 각종 기만책이 강구되어야 한다. 〈손자병법〉「병세」제5에는 '이리동지(以利動之)' 즉 '이익을 보여주어 움직이게 하라'고 되어 있고, 아군의 입장에서는 「구변」제8에 '양배물종(佯北勿從)' 즉 '거짓 위장으로 피해 달아나는 적은 따라 가지 말라!'고 하여 적의 함정에 빠지지 않도록 경고하였다.

두번째 경우, 필사항전이 요구되는 상황에서 볼 때 「구지」제11에 논한 바 '여등고이거기제(如登高而去其梯)' 즉 '마치 높은 곳에 올려놓고 사다리를 제거함과 같이 하라'고 하여 '상옥추제'의 계략과 그대로 일치되는 어구가 나온다. 세번째의 경우, 나는 좋은 길로 빠져나가고 적은 못 오도록 막아버리는 것인데, 이는 퇴각 시에 사용하는 방법이다. 처세적으로 보면, 대부분의 독재자들이 자기를 바짝 좇는 제2인자를 제거해 버린다든지 아니면 격심한 거리를 두는 경우가 바로 그것이다.

111. 제29계 수상개화(樹上開花) : 당당한 허풍으로 속이기

제29계

차국포세(借局布勢) 력소세대(力小勢大) 홍점우륙(鴻漸于陸)
기우가용위의야(其羽可用爲儀也)

어떠한 형태를 빌려 위세를 당당하게 보이면
비록 작더라도 크게 할 수 있다.
기러기가 하늘 높이 줄지어 날아다니는 것을 보라.
깃털이 풍부하여 두 마리일지라도 의기 왕성하게 보이는 것이다.

제29계 '수상개화(樹上開花)'는 실제에 있어서는 그보다 못한데 허풍을 실어 마치 무언가 있는 것처럼, 또는

큰 것처럼 그럴듯하게 속여넘기는 계략이다. 열세의 병력으로 우세한
적을 대할 때 흔히 사용하는 전술로 말에 가마니를 달고 이리저리 뛰
어다니게 하여 마치 대군이 있는 것처럼 꾸민다거나, 특히 야간 전투
시 요란스럽게 북을 치고 횃불을 높이고 함성을 지르는 따위가 그것
이다.

자중지란(自中之亂)의 전법이 주 전법이긴 하였지만, 기드온의 300
용사가 미디안의 13만 5천 명과 전투를 벌일 때도 이와 같은 '수상개
화'의 계략을 사용하였다. 삼국시대는 어느덧 촉의 제갈공명과 위의
사마중달의 양웅에 의하여 판도가 결정되었다.

A.D. 227년 제갈공명이 1차 출병한 이래 무려 7년에 걸쳐 전쟁이
계속되었다. 위를 토벌하기 위하여 다섯 번이나 거사한 제갈공명은 사
마중달의 철저한 장기전으로 인하여 식량이 떨어지고 보급수송이 차
단되는 등 악전고투 끝에 결국 A.D. 234년 오장원에서 병사하고 만다.

강유는 공명이 죽은 것을 비밀에 붙이고 생전 공명의 유명(遺命)을
받들어 '수상개화'의 모략으로 철수를 개시하였다. 긴급보고를 받은
사마중달은 공명군이 철수하는 길로 바짝 좇아갔으나 아니나다를까
군기를 펄럭이며 북을 치며 위풍도 당당하게 반격의 태세를 갖추고
있는 공명군이 아닌가! 사마중달은 공명이 죽은 줄도 모르고 "이런,
잘못 건드렸다가는 공명의 꾀임에 또 빠지겠구나!"하면서 추격을 멈
추고 되돌아갔다.

안전하게 공명군이 빠져나간 뒤에야 비로소 공명이 이미 죽었음을
알게 된 사마중달은 '나는 살아 있는 사람은 잘 상대하는데 죽은 사
람의 상대는 서툴러서 말이야'라며 쓴웃음을 지었다.

그 후에 근처의 백성들은 '죽은 공명이 산 중달을 달아나게 하였다
(死諸葛走生中達)'고 하는 말을 만들었다. 세상에는 '수상개화'를 이

용하여 이익을 챙기려는 많은 사기꾼들이 있다. 실제 내용은 가짜이
면서 겉으로는 진짜인 것처럼 허위상표와 광고를 일삼는 자들이다.
또 어떤 사람은 겉으로는 그럴듯하게 많이 알고 대단한 것처럼 보이
나 실제 속으로 들어가 보면 껍질밖에 없는 사람도 있다. 자신을 과대
포장하고 사는 사람들이다.

　위나라의 문제(文帝)는 인재를 등용함에 있어서 "재능이 뛰어나고
말 잘하는 자는 등용하지 마라. 특히 세상에 널리 알려진 유명인은 실
제로는 쓸 수 없는 자이다"라고 하였다.

　'명성은 땅바닥에 그려 놓은 떡과 같다. 먹을 수 없기 때문이다'라
고 하여 '그림의 떡' 즉 '화병(畵餠)'이라고 하는 말이 생겨났다. 실속
없이 번드레한 이름만 있는 자를 경고하기 위함이다.

112. 제30계 반객위주(反客爲主) : 손님이 주인 행세를 하다

제30계

승극삽족(乘隙揷足) 액기주기(扼其主機) 점지진야(漸之進也)

빈틈이 있으면 비집어 들어가고
점차적으로 주도권을 잡아라.
눈치 못채는 교묘한 방법으로 파먹어 들어가
마침내 내 것으로 만들어라.

제30계 '반객위주(反客爲主)'는 '손님이 주인 행세를 하는 것'을 말하는데, 주인이 눈치채지 못하는 가운데 교묘하게 주인의 자리를 빼앗는 계략이다. '반객위주'는 곧 '주객전도(主客顚倒)'와 그 맥을 같이 한다.

그 순서는 첫째, 손님으로 일단 들어가고 둘째, 빈틈을 노리고 셋째, 깊숙이 발을 들여놓고 넷째, 주도권을 장악하고 다섯째, 주인을 슬며시 밀어내고 여섯째, 주인으로 행세하는 것이다.

〈이솝우화〉에 나오는 이야기다. 추운 겨울날 여행 중에 야숙을 하던 사람이 "나의 말이 추우니 발끝만 움막 안에 넣게 해달라"고 움막 주인에게 간청하자 이를 허락하였다. 시간이 지나자 이번에는 머리까지 넣어달라고 하였다. 또 허락하였다.

결국 움막 주인은 밖으로 밀려 나가고 말이 움막 안을 차지하였다. 이것이 바로 '반객위주'요 '주객전도'이다. 두견새의 생태를 보면 이와 똑같다.

두견새는 알을 부화하지 않는다. 꾀꼬리는 이를 구별하지 못하고 제 알과 함께 두견새의 알을 품어 부화시킨다. 두견새의 알은 꾀꼬리 알보다 빨리 부화하며 성장 속도가 빠르다. 어느덧 부화된 알은 힘을 쓸 정도로 성장하여 뒤늦게 부화한 꾀꼬리 새끼들을 등에 업고 둥지 밖으로 떨어뜨린다. 그리하여 고스란히 둥지를 차지하고 꾀꼬리 어미가 물어다주는 먹이를 맛있게 먹는다. 기가 막힌 '반객위주'이다.

이 세상에는 이와 같이 '반객위주'를 하는 사람들이 의외로 많다. 남이 잠도 자지 못하면서, 수년 동안 고생하여 이루어놓은 사업체나 지위를 교묘한 방법을 동원하여 하루아침에 주인 행세를 하는 사람들이 있다는 것이다. 은인의 등을 쳐 먹는 경우가 그것이다.

'반객위주'의 본래의 의미와는 다소 차이가 있으나 '한 인간의 정당한 평가는 관 뚜껑을 덮은 후에야 비로소 결정이 된다'는 뜻의 '개관사정(蓋棺事定)'은 〈진서(晋書)〉「유의전(劉毅傳)」에 나오는데, 인생을 살면서 그저 끌려다니는 객(客)으로 살았는가 아니면 역사의 흐름을 주도한 주인(主人)으로 살았는가를 돌아보게 하는 매우 의미 있는 말이라 할 수 있다. 만약에 객으로 사는 인생이라면 주인으로 사는 인생으로 바꾸어야 할 것이다. 이런 의미에서 볼 때 '반객위주'는 곧 '객의 삶에서 주인의 삶으로 바꾸는 것'이니 이 또한 본래의 의미와 상통하다 할 수 있다. 손님으로 사는 세상은 재미가 없다. 어떤 일을 하더라도 주인의 마음으로 하면 같은 일을 하더라고 기쁨이 있는 것이다.

야간에 순찰을 돌아야 하는 간부의 마음도 그렇다. 내 부대, 내 식구라고 생각하면 즐겁게 순찰을 돌 수 있는 것이다. 그렇지 않고 누가 시켜서 마지못해 순찰을 돈다면 재미도 없고 형식적인 순찰이 될게 뻔하다. 인생도 이와 같다. 인생을 주인공으로 살아가자. 그래야 관 뚜껑이 닫힐 때 '인생을 주인공으로 살았던 사람, 여기에 잠들다'라고 기록되어지지 않겠는가.

113. 제31계 미인계(美人計) : 미인을 이용하라

제31계

병강자(兵强者) 공기장(攻其將) 장지자(將智者)
벌기정(伐其情) 장약병퇴(將弱兵頹) 기세자위(其勢自萎)
이용어관(利用禦冠) 순상보야(順相保也)

강대한 적에게는 주로 장수에게 초점을 맞추어라.
지모 있는 장수에게는 그 의지를 꺾도록 노력하라.
장수의 투지가 약해지고 군의 사기가 저하되면
적의 전력은 저절로 줄어든다.
적의 약점을 확대시켜 마음대로 조종할 수 있다면
승기를 잡을 수 있다.

제31계

'미인계(美人計)'는 말 그대로 미인을 교묘히 이용하여 목적을 이루는 계략이다. 병력이 강하고 장수가 뛰어나면 쉽게 무너지지 않는다. 기운이 미치지 못하기 때문이다.

이에 대응함에 있어 패물을 주거나 하는 따위는 오히려 그들을 부하게 하는 것이니 하책이다. 이 때는 미인계를 이용한다. 그리하여 그 마음을 기쁘게 하고 그로써 몸을 망치게 하고, 전의를 상실하게 하여, 부하들로부터 원성을 사게 한다. 그리하면 쉽게 무너진다.

미인계는 동서고금을 막론하고 즐겨 사용되어지는 계략이다. 강한 바위를 뚫는 것은 부드러운 물방울이다.

여자문제에 대하여 마키아벨리는 "군주는 두려움은 사도 좋지만 원한을 사서는 안 된다. 군주는 신하의 여자나 재물을 손대서는 안 된다. 인간이란 아비를 살해한 것은 잊지만 자기 여자나 재산을 빼앗기는 것은 잊지 않는다"고 말하였다.

'미인일소경도성(美人一笑傾倒城)' 즉 '미인이 한 번 웃으면 성이 기울어진다'는 말이 있다. '경국지색(傾國之色)' 즉 '임금이 혹하여 국정을 게을리하여 나라를 위기에 빠뜨리게 할 만큼의 미인'이란 말도 있다.

<성경>에 나오는 대표적인 미인계는 삼손과 데릴라의 사건일 것이다. 사자를 맨 손으로 때려 죽였으며, 나귀 턱뼈 하나로 천 명을 살해하였던 천하의 삼손도 한낱 여자의 손에 의하여 망해 버렸던 것이다.

미인계에 대한 고사는 매우 많다. 그 중 가장 오래되었다고 하는 미인계로는 중국의 폭군인 은나라 주왕에게 주나라 문왕이 달기를 보내 녹여버렸다는 이야기와 유명한 오월 전쟁 당시 미인 서시(西施)의 이야기가 있다. 제1차 세계대전 당시 활동한 희대의 간첩 마타하리의 이야기도 빼놓을 수 없다. 그녀는 잡힌 후 사형집행 시 눈도 안 가리고 멋진 모자를 쓰고 죽었다.

후한 왕조 11대 환제 때 손수(孫壽)라는 미인은 스스로 남자를 녹이는 뇌살법(惱殺法)을 만들었다.

수미(愁眉) - 근심에 찬 듯 눈썹을 찌푸림.
제장(啼粧) - 눈 아래를 운 듯이 살짝 바르는 화장법
절요보(折腰步) - 약간 허리를 굽히고 살짝 살짝 흔들며 걷는 법
우치소(齲齒笑) - 충치가 아플 때 웃는 것처럼 웃는 법

힘센 남자는 세상을 지배하였지만 기실 그 남자는 여자가 지배하였으니 정작 세상은 여인천하(女人天下)였던가.

114. 제32계 공성계(攻城計) : 무방비를 보여 속여라

허자허지(虛者虛之) 의중생의(疑中生疑)
강유지제(剛柔之際) 기이복기(奇而復奇)

준비가 되어 있지 않은 때에는
오히려 무방비 상태를 보여 주어라
그리하면 적은 어리둥절하게 된다.
적은 대병력이고 이쪽은 소병력이 되는 위기 시에
이러한 계략을 사용하면
필경 이쪽에 무슨 음모가 있을 것으로
짐작하여 섣불리 들어오지 못한다.

제32계 공성계(攻城計)는 텅 빈 성을 보여줌으로써 적으로 하여금 아군이 무슨 음모가 있는 것으로 짐작하게 만들어 위기를 모면하는 계략이다.

당나라 현종 때 토번인(吐蕃人)이 자주 과주로 쳐들어왔다. 그곳으로 장수규(張守珪)가 수비대장으로 파견되었다. 부임 후 그는 주민들을 독려하여 성벽의 수복에 진력하였다. 준비가 채 되기 전에 느닷없이 토번인이 또 쳐들어왔다. 주민들은 매우 놀라 허둥지둥하였다. 장수규가 말하였다.

"그들은 강세이고 우리는 약세이다. 활로 대항하기 어렵다. 모략으로 적을 쫓아내야 한다"

이어 성벽 위에 주연 준비를 명하고 악사를 불러 연주하게 하였다.

장수규를 비롯한 부장들이 주거니 받거니 하면서 떠들며 요란을 피웠다. 이를 본 토번인은 "이번에는 필경 무슨 음모가 있을 것이다"하면서 되돌아 가버렸다. 허(虛)할 때는 허(虛)로써 적의 실(實)을 막는 것이다. 허허실실(虛虛實實)의 묘미이다.

공성계는 지휘관의 냉정한 판단과 적을 속일 수 있는 대담성과 연출력이 무엇보다도 요구된다. 자칫 잘못하면 오히려 큰 낭패를 당하고 마는 것이 공성계이다. 공성계하면 제갈공명이 행한 양평관의 멋진 공성계를 빼놓을 수 없다.

제갈공명은 양평관에 주둔하면서 위연에게 병력을 주어 동으로 향하게 하였다. 양평관에는 겨우 1만 명의 수비병만 남았다. 이때 위나라의 사마중달이 20만 명의 대군을 이끌고 양평관으로 쳐들어왔다. 이미 떠나버린 위연을 불러들이기에는 너무 늦었다. 장병들은 모두 실색하여 어찌할 바를 모르고 안절부절하였다.

제갈공명은 태연하게 전군의 기를 내리게 하고, 북을 거두어들이고, 성문을 활짝 열게 하고, 티끌하나 없이 주위를 청소시키고, 자신은 도사와 같은 옷을 입고 망루에 올라 거문고를 탔다. 헐레벌떡 쳐들어와 이 모습을 본 사마중달은 "무슨 음모가 도사리고 있다. 이전에도 속았지만 이번에야말로 속지 않는다"하며 그대로 물러나고 말았다.

이튿날 제갈공명은 손뼉을 치며 너털웃음을 하며 부하들에게 말하였다. "사마중달은 내가 복병을 하고 함정 속으로 유인하려는 것으로 생각한 것이다" 후일 이 사실을 들은 사마중달은 배가 뒤틀렸다. 이것이 A.D. 230년에 있었던 제갈공명의 공성계이다. 이것은 고도의 심리전이다. 실로 지휘관끼리의 치밀한 머리 싸움이다. 이럴 때 '지(智)'의 우열이 판가름나는 것이다. 예리한 감각, 혜안, 통찰력은 탁월한 리더에게 언제나 요구되는 것이다.

115. 제33계 반간계(反間計) : 적의 간첩을 이용하라

제33계

의중지의(疑中之疑) 비지자내(比之自內) 불자실야(不自失也)

의심 가운데 또 의심을 만들어라
그것이 적의 내부에 생기면 적은 저절로 붕괴된다.

제33계 반간계(反間計)는 적의 간첩을 역이용하는 계략이다. 이것은 현대전에 있어서도 매우 유용하게 이용될 수 있고, 기업의 산업 스파이도 이런 계략으로 역이용할 수 있다.

전국시대 연의 소왕(昭王)이 죽자, 혜왕(惠王)이 즉위하였는데 혜왕은 태자 시절부터 장군 악의와 사이가 좋지 않았다. 제(齊)의 명장인 전단(田單)은 이를 간파하고 간첩을 연나라에 보내 이간의 모략을 시작하였다. 즉 낭설을 퍼뜨리기를 "악의는 혜왕의 미움으로 혹시 살해되지 않을까 떨었다. 그래서 제나라 공략을 핑계삼아 실제로는 제나라와 연합하여 제왕이 되고자 하였다" 이 낭설에 혜왕은 악의를 파면시켰다. 악의는 결국 조나라로 망명하였다.

이 이야기는 적의 간첩을 역이용한 예는 아니지만 간첩의 위력을 보여주는 한 토막이다. 간첩의 역사는 대단히 깊다. 손자 시대 훨씬 전인 B.C. 3600~3400년경 이집트의 제12대 왕조시대에 듀트 장군이 중무장한 200명의 병사를 밀가루 포대에 넣어 꿰맨 후 적지로 잠입시킨 기록이 있고, B.C. 1200년 그리스와 트로이 간에 있었던 유명한 토로이 전쟁에서 유리시즈가 사용하였던 목마의 간계, 〈성경〉에서 모세

가 여호수아를 비롯한 12족장의 대표들을 가나안 땅 정탐꾼으로 보내
그 땅의 상태와 살고 있는 주민들의 동향과 모습을 보고하게 하였던
기록, 1221년 징기스칸이 부하장군 수부타이를 이용한 유언비어 유포
등은 동서고금을 막론하고 간첩의 이용이 얼마나 성행하였는가를 잘
보여주고 있는 예이다.

유명한 진평의 이간책을 보자. 한의 유방이 항우와 싸우다가 형양
성에 포위 당하였다. 장기간의 포위에서 탈출하고자 궁리할 때 호군
중위인 진평(陳平)이 유방에게 하나의 묘책을 건의하였다. 즉 항우와
막료 중에 범증, 종리매, 주은 등이 강직하니 이들을 서로 의심하게
만들며, 이를 위하여 공작금으로 금 1만 근이 필요하다는 것이다. 유
방은 진평에게 금 4만 근을 주고 일을 추진시켰다.

진평은 간첩을 항우 진영에 잠입시켜 거짓 소문을 퍼뜨리게 하였다.

"항우의 장수들은 공적이 모두 큰데 항우가 그들에게 영지를 나누
어주지 않아 언젠가는 항우를 죽이고 땅을 나누어 각자가 왕이 되고
자 한다"

이 소문을 들은 항우는 혈안이 되어 그 장수들을 찾으려 하였다.
또한 항우가 유방에게 항복을 촉구하는 사자를 보내자 진평은 성대한
주연을 준비하고 사자가 도착하자마자 크게 실망한 듯 "아부(범증)의
사자인 줄 알았는데 항우의 사자이구먼!"하고 준비한 기름진 음식을
모두 팽개쳤다.

항우 앞으로 돌아간 사자는 이 사실을 항우에게 고하니 항우는 드
디어 범증을 의심하였고, 이를 안 범증은 더 이상 머물 이유가 없어서
고향으로 내려 가다가 종기가 나서 죽었다. 결국 유방은 시간을 벌어
형양성을 탈출하였다. 진평의 이간책은 결국 유방이 천하를 통일하는
데 결정적인 것이 되었다.

116. 제34계 고육계(苦肉計) : 제 살을 찢어라

인불자해(人不自害) 수해필진(受害必眞) 가진진가(假眞眞假)
문이득행(問以得行) 동몽지길(童蒙之吉) 순이손야(順以巽也)

사람은 누구나 스스로 자기 몸에 해를 끼치지 않으려 하는데
만약 상해를 입는다면 이것은 진짜라고 생각하게 된다.
이것을 진짜같이 보여주고 또 적에게 그것을 믿게 한다면
이간의 계는 성공할 수 있다.
몽쾌에 따르면 비록 적의 장수가 우매하여 속아 넘어 갈지라도
사리에 합당한 거짓상황에 접할 때 더욱 믿게 되는 것이다.

제34계

고육계(苦肉計)는 제 몸을 고통스럽게 만들어 상대를 믿게 만드는 계략이다. 범죄를 행하고도 자신의 결백을 주장하기 위하여 면도칼로 손목을 긋는 자학행위는 종종 범죄자들에 의하여 보여진다.

오왕 합려에게 요리(要離)가 진언하였다.

"대왕께서는 위나라의 경기(慶忌)를 두려워합니다만, 제가 그를 죽이겠습니다. 먼저 제 처자식들을 잔인한 형벌에 처하시고 제 오른 손을 잘라 버리십시오. 그리하면 아무리 영리한 경기라도 저를 신임할 것입니다"

그리하여 요리는 국사범(國事犯)으로 꾸며져 국외로 추방되었고, 그의 처자는 화형에 처해졌다. 제후에게 망명한 요리는 그 사실을 퍼뜨렸고 소문에 소문을 물고 위나라의 경기에게 들어갔다.

마침내 요리는 위나라로 찾아들어가 경기를 만나니 경기는 요리를 완전히 믿었다. 3개월이 지나자 경기는 대군을 이끌고 오나라를 정벌하러 나갔다. 장강 중류에 이르렀을 때다. 경기 옆에 바짝 있던 요리는 마침 바람이 세게 불어오자 약한 몸을 휘청거리며 경기 옆으로 기우는 듯하다가 들고 있던 창을 자연스럽게 경기를 향하여 깊숙이 찔렀다. 그리하여 경기는 순식간에 죽었다.

이와 같이 고육계는 자신과 자신이 아끼는 대상을 완전히 망치고야 성공할 수 있는 계략이다. 〈오자병법〉의 저자 오기 장군도 그가 신임을 받기 위하여 의심을 살 만한 자신의 처자식을 모두 제 손으로 죽여버린 무정한이었다.

적벽대전에서의 고육계는 이미 알려진 유명한 이야기다.

대격전이 일어나기 직전에 조조 진영에서 채중과 채화 두 사람이 거짓 탈출하여 주유 진영으로 왔다. 이때 주유는 일부러 황개를 모함으로 몰아 살이 찢어지도록 태형을 가하였다. 수일 후에 참모인 함택이 황개가 준 밀서를 가지고 조조에게 투항하였다.

그 밀서에는 황개가 조조와 손잡고 주유를 깨뜨리고자 하는 내용이 적혀 있었다. 조조는 아직도 의심하고 있는데 주유 진영으로 거짓 투항시켰던 채중의 보고서가 도착하자 이를 완전히 믿었다.

황개는 "뱃머리에 청색기를 올린 배가 바로 황개의 배이니 그리 알라!"고 조조에게 몰래 보냈고 드디어 결전의 날이 왔다. 황개는 10척의 배에 마른 풀과 장작을 쌓고 기름을 부은 다음 겉을 포장한 채 조조의 배가 몰려 있는 곳으로 다가갔다. 조조는 의심을 풀고 황개의 배가 접근하는 것을 허용하니 순간 그 배들은 불덩이로 변하여 조조의 배들을 모두 타버리게 하였다. 이것이 주유가 행한 유명한 고육계이다.

117. 제35계 연환계(連環計) : 적끼리 얽어매라

장다병중(將多兵衆) 불가이적(不可以敵) 사기자누(使其自累)
이살기세(以殺其勢) 재수중길(在帥中吉) 승천총야(承天寵也)

적이 강대할 때에는 맞부딪치면 안 된다.
계략을 통하여 적끼리 서로 얽어매이도록 만들어
그 힘을 소멸시켜야 한다.
교묘히 지휘하여 자유자재로 군사를 움직인다면
승리는 획득된다.

제35계

연환계(連環計)는 쇠고리 같이 서로 얽어맴으로써 자유를 속박하고 능력껏 힘을 발휘하지 못하도록 하는 계략이다. 송대의 명장 필재우(畢再遇)의 연환계를 소개한다.

그는 번번히 계략으로 적을 유인하였다. 나아가듯 보이고는 물러서고 물러서듯 하면서 나아갔다. 땅거미가 질 무렵 그는 향료를 사용해 삶은 콩을 땅바닥에 뿌려두고 재차 싸움을 걸고 잠시 후 슬그머니 도망하듯 보였다. 이때를 놓칠 새라 적들은 곧바로 추격을 하였으나 그들의 말은 이미 굶주림에 지쳐 있었다.

향료 냄새를 풍기는 콩 냄새를 맡자 말들은 정신없이 땅에 코를 박고 주워 먹기 바쁘다. 아무리 채찍을 가하여도 꼼짝도 않는다. 이때 필재우는 다시 병력을 돌이켜 맹렬히 반격하여 대승을 거두었다. 말을 교묘하게 얽어맨 이것도 연환계이다. 단순히 어떤 행동을 부자유스럽게 매는 것도 연환계이지만, 어떤 계획을 실행하면서 제2, 제3의 복합적인 단계까지 조치하는 것도 연환계라 할 수 있다.

연환계하면 아무래도 방통이 적벽대전을 앞두고 조조에게 행한 연환계가 대표적이며, 이것이 연환계의 출처라 할 수 있다.

주유 몰래 밀서를 빼내 조조에게 갔던 장간(蔣幹)은 조조의 밀명을 받고 다시 주유에게 갔다. 황개가 조조에게 붙겠다는 것이 사실인지 확인차 보낸 것이다. 주유는 장간을 보자 짐짓 버럭 화를 내며 "당장에 서산의 암실에 가두어라!"고 명하였다. 서산 기슭의 조그마한 암실에 갇힌 장간은 문득 책 읽는 소리에 발을 옮겼다.

큰 바위 초가집에 범상치 않은 인물이 〈손자병법〉〈오자병법〉을 읽고 있었다. 바로 방통이었다. 방통은 옛날 유비가 수경 선생에게 '방통이나 공명이나 어느 한 쪽만 얻으면 천하를 얻을 수 있다'고 들었던 인물이 아닌가. 그 자리에서 장간은 방통을 구슬러 같이 배를 타고 몰래 조조에게 갔다.

천하의 책사를 손에 넣은 조조는 방통을 데리고 자랑스럽게 진영을 보여주었다. 잘 배치된 진영을 칭찬하자 조조는 기분이 좋아 더욱 방통에게 극진하였다. 방통은 조조에게 병자가 없느냐고 물으니 오랫동안 비위생적인 수상생활을 한지라 조조군에는 많은 병자가 있었고 그로 인하여 조조도 고심한 터였다.

조조는 방통에게 묘안을 부탁하였고 방통은 이렇게 대답하였다.

"땅을 오랫동안 밟지 못하면 건강에 나쁩니다. 나 같으면 큰배는 30척, 중간배는 50척을 하나로 하여 옆으로 줄을 짓게하여 배머리와 배꼬리를 쇠사슬로 묶고 그 위에 넓은 판자를 깔아 땅처럼 만들겠습니다. 또한 강 가운데 들어가서도 흔들리지 않아 곧바로 돌진할 수 있을 것이니 오나라의 군선은 단번에 부수어버릴 것입니다"

결국 이렇게 해서 배들은 묶여졌고, 황개의 고육계와 더불어 방통의 연환계가 감쪽같이 이루어져 조조가 참패를 당하고 말았다.

118. 제36계 주위상(走爲上) : 도망가는 게 상책이다

제36계 '주위상(走爲上)'은 '상황이 불리하면 버티지 말고 도망가라'고 하는 계략이다. 경우에 따라서는 36계 줄행랑이 최고의 전략이 될 수 있다. 36계 '주위상'은 강한 적에 대하여 절대 무모하게 버텨 깨어지지 말고 기회를 기다리기 위하여 몸을 피하여 보존하는 것이 그 주된 정신이다.

'주위상'의 유래는 중국 남북조시대로 거슬러 올라간다. 황하의 양자강을 중심으로 송(宋), 제(齊), 양(梁), 진(陳), 북위(北魏), 동위(東魏), 서위(西魏), 북제(北齊), 북주(北周) 등 여러 나라가 난립하고 있었다. 이때에 제나라의 회계 태수인 왕경칙(王敬則)이 반란을 일으켜 제나라 서울로 진격하고 있었는데 제나라 왕은 이를 보고 "왕경칙이 도망치고 있다"고 소문을 퍼뜨렸다. 민심 수습차원이었을 것이다.

이 소문을 들은 왕경칙은 제나라 왕 소도성을 비꼬기를 "단장군(檀

일단 튀고 보자!

쓸데없는 자존심만
내세웠다간 망청
찢긴다!

36계의 참의미는
전력을 보존하여
훗날을 기약하는것!

36계는 비겁자의
계략이 아니다!

將軍)의 36계는 달아나는 것을 상책으로 하고 있다. 저 부자(父子)는 일찌감치 달아나는 재주밖에 없다"고 빈정거렸다. 여기에서 '36계'가 유래되고 있다. 실제로 단장군은 남조 송나라의 탁월한 명장이었으며 전쟁에 임하여 여러 번 도망하는 전술로 전승을 한 기록이 있다. 왕경 칙은 단장군이 행한 36계 '주위상'의 계략을 부정적인 의미로 비꼰 것이다.

　본래 36계 '주위상'의 계략은 매우 경제적이며, 속이 깊은 계략이다. 아무 대책 없이 그냥 도망치는 것은 비겁자가 행하는 것이지만 우선 전투력을 보존하여 기회를 기다리기 위하여 이른바 '작전상 후퇴'는 결코 비겁한 처사가 아닌 것이다.

　〈손자병법〉「모공」제3에는 전력비에 따른 현명한 전투 방법이 제시된다. 그 중에서 '불약즉능피지(不若則能避之)'라 하여 '상대가 안 될 정도로 열세 시에는 교전을 회피하라'는 말이 있다. 이것이 바로 36계 '주위상'과 맥을 같이 한다. 알량한 자존심을 지키기 위하여 턱도 없는 병력으로 강력한 상대를 맞아 끝까지 버티게 되면 부대는 결국 전멸하고 만다. 이보다 더 바보 같은 일이 어디 있겠는가. '과연 도망할 것인가 아니면 버틸 것인가?' 이것을 판단하는 데는 장수의 혜안이 무엇보다도 중요하다. 이 결심이 잘못되면 부대는 무너진다. '주위상'은 처세에 있어서도 적용된다.

언제 물러날 것인가? 나아갈 때 나아가고 물러설 때는 때를 알아서 과감히 용퇴하는 것이 훗날 좋은 명성으로 남을 수 있다. 자리에 연연하여 구차하게 질질 끌면 결국 끌려나간다. 나이가 들면서 오랜 습관에 젖어 자리에 머물고 싶어하는 것은 관성의 법칙으로 당연할지 모르나 물러날 때는 깨끗하게 물러나는 것이 아름답다. 그리고 더 나아가 살아 있는 삶 가운데서도 언제든지 죽음의 세계로 물러날 수 있는 준비도 늘 필요한 것이다.

황석공소서(黃石公素書)

119. 혐의를 받고도 의연하며 밝혀 면하려 하지 않는다/ 120. 박학하면서도 물어보는 것은 그 아는 것을 더 넓게 하기 위함이다/ 121. 의젓한 행동과 조용하고 적은 말씨는 수양인의 태도이다/ 122. 굴욕을 이기면 안정을 찾는다/ 123. 족함을 아는 것이 가장 좋은 것이다/ 124. 자신만을 믿는 자보다 더 고독한 자는 없다/ 125. 아랫사람에게 똑똑하게 보이려고 하지 마라/ 126. 소문은 좋은데 실속이 없는 자가 있다/ 127. 이미 반갑게 맞이해 놓고 후에 박절히 대한다면 반드시 배반한다/ 128. 자기 잘못은 생략하고 남의 잘못은 신랄하게 책하는 자는 지도자가 될 수 없다/ 129. 일단 임명했으면 신임하라/ 130. 작은 원한을 용서하지 않으면 반드시 큰 원한이 생긴다/ 131. 아랫사람을 모욕하면 가까운 사람이 없어진다/ 132. 나 자신부터 올바르게 해야 남들이 따른다

〈황석공소서(黃石公素書)〉는 황석공(黃石公)이라고 부르는 기상노인이 한나라 창건의 주역인 장량(張良, 子房)에게 전수해 준 병서라고 전해진다. 〈황석공소서〉가 아닌 〈삼략(三略)〉을 전해주었다고도 하나 현재로서는 밝히기 어렵다. 진(晉)의 전란 때 도둑이 장량의 무덤을 파헤쳐 옥침(玉枕) 중에서 이 책을 얻었다고 하며, 책의 표지에는 '불량한 자, 불신명한 자, 성현이 아닌 자에게는 전하지 말고, 또 전수할 만한 위인이 못된 자이거나 적절한 인재를 얻고도 전하지 아니해도 화를 입으리라'는 황석공의 글이 적혀 있었다. 장량은 이 책을 얻고 이를 전수시킬 만한 인재를 찾지 못해 무덤 속에 함께 넣어두도록 했을 것으로 추정되며, 장량 사후 500년 만에 도둑에 의해 세상에 공개되었다.

장량은 〈황석공소서〉를 10년 동안이나 익히고 익혀 병법의 도를 깨달아 한신과 함께 유방을 도와 천하를 평정하는 위업을 달성하였다고 한다. 〈황석공소서〉는 1,316언(言)으로 구성되어 있으며, '소서(素書)'라는 말 그대로 소박하고 작은 책이지만 처세의 진수를 담고 있는 대단히 특이한 책이라 할 수 있다.

119. 혐의를 받고도 의연하며 밝혀 면하려 하지 않는다

견혐이불구면(見嫌而不苟免)
견리이불구득(見利而不拘得)
차인지걸야(此人之傑也)

혐의를 받고도 의연하며 굳이 밝혀 면하려 하지 않고
이익을 보았지만 초연하며 잡으려 욕심내지 않는다.
이런 자를 일컬어 걸물(傑物)이라 한다.

큰 인물과 작은 인물을 분별하는 방법이다. 큰 인물은 굳이 자신을 변명하려 하지 않고 있는 그대로 받아들인다. 진실은 언젠가 밝혀지게 마련이다. 작은 인물은 자신에게 좋은 말을 하면 금방 기분이 좋아져서 어쩔 줄 몰라하고 조금이라도 나쁜 말을 듣게 되면 그것을 참지 못하여 방방 뜬다.

토마스 캠피스(Thomas A. Campis)가 지은 〈그리스도를 본받아라〉는 유명한 고전에 나오는 어구가 있다.

'남이 자신을 높게 평가하여도 지나치게 좋아할 필요가 없으며, 남이 자신을 비방하여도 지나치게 기분 상할 필요가 없다. 왜냐하면 남이 자신을 높이든 낮추든 자기 자신은 결코 달라지는 것이 없기 때문이다'

매우 맞는 말이다. 세상 평판에 의하여 본래의 수준이 달라지는 것은 사실상 없는 것이다. 작은 인물은 평판에 너무 민감하게 반응하여

혐의를 받고도 의연할수 있는가?

성을 내는 어려움!
누구든지 성을 낼수 있다.
그것은 쉬운일이다.
그러나 올바른 대상에게
올바른 정도로
올바른 시간에
올바른 목적으로
올바른 방식으로
성을 내는것은
모든 사람들이 할수있는
일이 아니며 또한
쉬운일도 아니다!
- 아리스토텔레스 -

분노를 억제하지 못하는것은
수양이 부족한 표시이다 -플루타크-

노하기를 더디하는자는 용사보다 낫고
자기마음을 다스리는 자는 성을 빼앗는 자보다
나으니라 -잠언 16:32-

항상 마음이 평판으로 인하여 어지럽고, 매사에 평판을 의식하며 살아간다. 그렇기 때문에 무엇 하나 제대로 깊이 있게 이루어놓은 일이 없다. 눈치를 보면서 남에 의한 인생을 살아가기 때문에 자신을 깊이 돌보지 못하기 때문이다.

큰 인물은 이익을 보고도 초연할 줄 안다. 조선 인조 때의 장군 이희건(李希建)은 1624년 용천 부사로 부임하였는데 한달 만에 이괄이 반란을 일으켰다. 이때 이희건이 장만을 따라 이괄을 추격할 때의 일이었다. 그는 항상 장수들의 행동이 더딘 것을 한탄하였다.

안현의 싸움에서 이괄의 반란군이 벼랑을 타고 기어올라오자, 이희
건이 포수를 다섯 겹으로 전방에 배치하고 궁수는 그 뒤에 있게 한
후 "반란군이 멀리 있거든 활을 쏘고 10보 밖에 오거든 비로소 포를
쏘아라"고 명령하였다. 비 오듯 내리꽂는 화살 공격에도 불구하고 반
란군들이 올라오니 한 포수가 10보가 되기도 전에 겁에 질려 포를 쏘
았다. 이때 이희건은 그 군사를 즉시 목을 베었다. 조금 뒤에 반란군
이 10보 밖에 이르자 동시에 많은 포를 집중하여 쏘니 반란군이 마침
내 무너졌다.

반란군들이 평정되자 이희건은 그날로 바로 돌아가려 하였다. 이때
사람들이 "어찌하여 공을 아뢰어 상을 기다리지 않소?"라고 묻자 그
는 "국토를 지키는 신하로서 부득이 임지를 떠나와 싸움에 임하였거
니와 이제 평정이 되었으니 빨리 돌아가는 것이 마땅하지 않소?"라고
하면서 길을 재촉하였다. 소인배들이 상을 운운할 때 그는 사사로운
이익을 취할 것을 원치 않았던 것이다.

120. 박학하면서도 물어보는 것은 그 아는 것을 더 넓게 하기 위함이다

구인지지

박학절문(博學切問)
소이광지(所以廣知)

많이 알면서도 간절하게 물어보는 것은
그 아는 바를 더욱 넓게(깊게) 하기 위함이다.

세상은 모두 나의 학교이며,
사람들은 모두 나의 스승이다 !

知之爲知之
不知爲不知
是知也 !

!

아는 것은 안다하고
모르는것은 모른다고 해라.
그게 바로 아는것이다 !

마음먹기에 따라서
나를 둘러싼 모든 것들이
나를 일깨워주는 선생이
될 수 있다.

누구에게든 반드시 그 가운데는
배울것이 있다.

마음 문을 닫아버리면
그만큼 손해다 !

많이 아는 사람일수록 고개를 숙인다. 그리고 남에게 묻기를 주저하지 않는다. 왜냐하면 많이 아는 사람일수록 자신이 알고 있는 지식이 얼마나 작은 것인가를 제대로 알기 때문이다. 지구상에 널려 있는 지식의 양을 생각해 보면 정말 얼마만큼 인간의 지식이 보잘것없는 것인가를 알게 된다. 마치 바다 백사장의 작은 모래 한 알보다도 작은 지식의 양일 것이다. 그런데 지식이 빈천한 사람일수록 마치 자기가 모든 것을 다 아는 것처럼 자만하고 그 지식을 떠

벌리기 일쑤이다. 그렇기 때문에 이런 사람은 남에게 묻기를 싫어한
다. 이런 사람은 발전이 없다. 경험을 통하여 겨우 주워담은 빈약한
지식만을 평생 끌어안고 살다가 죽을 수밖에 없다. 참으로 위대한 삶
은 죽을 때까지 공부하며, 학문의 깊이를 더하기 위하여 애쓰는 삶일
것이다. 그런 자가 겸손하며, 그런 자가 존경을 받을 수 있다. 흔히 알
고 있는 '절차탁마(切嗟琢磨)'라는 말은 〈논어(論語)〉「학이편(學而篇)
」에 나오는데, '끊고 닦고 쪼고 갈다'라는 의미를 가졌으며, 이는 아
무리 수재라 하더라도 학문이나 덕행을 닦지 않으면 훌륭한 사람이
될 수 없다는 뜻이다.

121. 의젓한 행동과 조용하고 적은 말씨는 수양인의 태도이다

구인지지

> 고행미언(高行微言)
> 소이수신(所以修身)
>
> 고상하고 의젓한 행동과 조용하고 적은 말씨는
> 그 몸에 수양이 밴 까닭이다.

행동이 경박하고 말이 천박한 사람은 수양인의 모습이 아
니다. 의젓한 행동과 조용하며 적은 말씨를 가진
자가 수양인의 모습이다. 주변에 보면 별 것 아닌 일로 지나치게 호들
갑을 떨며 과도한 몸짓을 하는 사람들이 있는데 이런 자는 수양이 몸
에 배지 아니한 소치이다.

122. 굴욕을 이기면 안정을 찾는다

안막안어인욕(安莫安於忍辱)

굴욕을 참고 이기는 것만큼 마음을 안정되게 하는 것은 없다.

유방을   도와 천하를 평정한 한신의 젊은 무명시절의 일화
이다. 한신은 강소성 회음현 태생이었다. 그는 젊

어서 가난하였기 때문에 남에게 빌어먹기 일쑤였다.

친구였던 남창 정장의 집에 석 달씩이나 붙어 지내다가 따가운 눈총이 견디기 어려워 집을 나왔는가 하면 빨래터의 아낙네에게 수십일 간 밥을 얻어먹기도 하였다. 하루는 고마운 마음에 빨래터의 아낙네에게 이렇게 말하였다.

"내 반드시 표모의 은혜를 갚으리라"

그러자 표모가 화를 내며 말하였다.

"대장부가 스스로 벌어먹지 못하기에 불쌍히 여겨 밥을 거둬주었을 뿐인데 내 어찌 보답을 바라겠소"

그러나 한신은 비록 빌어먹을지언정 꿈을 버리지 않았다.

당시 진나라가 약해진 틈을 타서 사방에서 영웅을 자처하는 인물들이 일어나 천하를 도모하고자 하였다. 한신도 이러한 영웅이 되려는 큰 꿈을 안고 허리에 칼을 차고 팽성으로 출발하려 하였다.

바로 그때 저작거리에서 불량배를 만났다.

"너는 몸집이 좋고 허리에 칼을 찼다고 해서 우쭐대고 있는데 별볼일이 없어 보이는구나. 나하고 한번 겨루어 볼테냐? 자신이 없거든 내 바지 가랑이 밑으로 기어 지나가거라"

한신이 그를 보니 덤벼보라는 자세로 우뚝 서있었다. 이때 한신은 잠시 생각하였다.

'이런 놈을 한칼에 베어버리는 것쯤은 어렵지 않으나 나는 내 앞길을 위하여 이런 놈과 굳이 싸울 필요가 없다. 참자. 대장부가 한순간의 굴욕을 참지 못한다면 어찌 대장부라 할 수 있으며 장차 어떻게 큰일을 도모할 수 있겠는가? 큰물도 때로는 나뭇잎 밑으로 흘러 들어가는 법.'

그리하여 한신은 굴욕을 꾹 참고 말없이 머리를 숙여 그의 사타구니 밑을 기어 빠져나갔다. 이를 보고 있던 사람들이 그를 겁쟁이라고 놀려댔다. 그러나 한신은 아랑곳하지 않고 걸음을 재촉하여 거리를 빠져나갔다.

훗날 과연 한신은 큰공을 세워 초왕이 되어 고향을 찾았는데, 일찍이 그에게 밥을 먹여주었던 표모를 찾아 천금을 주어 보답하였으며, 가랑이 밑을 기게 하였던 불량배를 불러 중위(中尉)의 벼슬을 주면서 말하기를 "이 사람이 나를 욕보일 때 내가 어찌 죽일 수 없었겠는가. 죽인다 하여도 내 이름이 드러나는 것이 아니었기 때문에 참고 오늘날의 공을 성취할 수 있었다"고 하였다.

이것이 바로 굴욕을 참고 이기는 자에게 주는 하늘의 복이 아닐 수 없다. 한신은 말년에 반역이라는 죄목으로 한고조의 미움을 받아 죽게 되는데 이때 유명한 '토사구팽(兎死狗烹)' 즉 '교활한 토끼를 사냥하고 나면 좋은 사냥개는 삶아 먹힌다'고 하는 말을 남기게 된다. 무슨 일이든지 지나치게 튀어나오면 정을 맞게 되어 있다.

123. 족함을 아는 것이 가장 좋은 것이다

본덕중도

길막길어지족(吉莫吉於知足)

길(吉)한 것 중에 가장 좋은 길(吉)은 족함을 아는 것이다.

사람의 욕심은 끝이 없다. 아무리 채우고 채워도 채워지지 않는 것이 욕심이 아닌가 한다. 마치 모래 위에 물을 붓는 것과 같음이라. 〈성경〉에 나오는 사도 바울은 족함을 아는 것을 배웠다고 「빌립보서」 4장 10절로부터 말하고 있다.

'내가 궁핍하므로 말하는 것이 아니라 어떠한 형편에든지 내가 자족(自足)하기를 배웠노니 내가 비천에 처할 줄도 알고 풍부에 처할 줄도 알아 모든 일에 배부르며 배고픔과 풍부와 궁핍에도 일체의 비결을 배웠노라.'

참으로 대단한 경지의 사람이라 아니할 수 없다.

사도 바울은 로마 시민권을 가진 당시 매우 해박한 지식인이었고 최고의 지위에 있을 수 있었으나, 예수를 위하여 모든 것을 포기하고 그를 위하여 평생을 바치면서 어떠한 형편에 처하여 있더라도 자족하는 비결을 배운 사람이다.

'길(吉)한 것 중에 가장 좋은 길은 족함을 아는 것이다'라고 하는 이 어구는 바로 사도 바울과 같은 사람에게 그대로 들어맞는 말이다. 자족할 수만 있다면 세상은 달라질 수 있다. 자족할 줄 모르는 인간들이 경쟁적으로 서로를 부딪치니 세상은 어지럽고 살기 힘든 것이다. 자족할 줄 모르는 세상은 곧 '남의 불행이 나의 행복'이 되어버리기 십상이다. 있는 처지에서 자족할 수 있도록 모두가 노력할 일이다.

〈십팔사기(十八史記)〉 권3에 보면 '득농망촉(得隴望蜀)'이라는 말이 나온다. 후한의 세조 광무제가 차례로 군웅들을 타도하고 9년 후 농서 감숙성을 평정하였을 때 "인생은 만족을 모른다. 이미 농(隴)을 얻었지만 촉(蜀) 또한 원한다"고 하면서 그의 끝없는 정복 욕심을 말하였다. 그리하여 마침내 건무 13년에 촉을 정복하고 전국 제패의 위업을 달성하였다.

그로부터 170여 년 후 위·촉·오의 삼국시대에 조조는 한중에 쳐들어갔는데, 이때 부하가 이 기회에 익주의 유비를 정벌한다면 반드시 이기리라고 진언하였으나 조조는 "나는 광무제가 아니다. 농을 이

미 손에 넣었으니 더 이상 촉을 바랄 필요가 있겠는가"하고 말하였다. '득농망촉(得隴望蜀)'은 끝없는 인생의 욕심을 잘 말해주고 있는 고사이다. 욕심은 죄를 낳고 죄는 사망을 낳느니라.

124. 자신만을 믿는 자보다 더 고독한 자는 없다

본덕종도

고막고어자시(孤莫孤於自恃)

자기 자신만을 믿는 자보다 더 고독한 자는 없다.

간혹 자신이 가진 지식이 모든 것의 잣대가 되어 자기 자신 외에는 믿지 못하는 사람이 있다. 이러한 자가 높은 지위에 오르면 많은 사람들이 피곤하고 괴로워진다. 어떤 말도 이런 사람 앞에서는 통하지 않는다.

이런 사람에게는 어떠한 지혜로운 조언이나 직언도 계란으로 바위치기이다. 말이 통하지 않는 것이다. 그렇기 때문에 이런 사람 주위에는 진실로 따르는 사람이 점점 사라지게 되고 결국은 혼자 고독한 신세가 되어버린다. 그렇지만 그러한 상황조차도 인식하지 못하는 경우가 많다. 혼자 착각하며 살아간다. 자기가 하는 것이 모두 옳고, 자기가 하고 있는 행동은 다른 사람을 위해서 그렇게 한다고 착각하는 것이다.

언젠가는 자기의 깊은 뜻을 알게 될 날이 올 것으로 기대한다. 그렇지만 그것은 완전한 착각이다. 결코 마음이 떠나면 돌아오지 않는 법이다. 지위나 계급 때문에 겉으로는 충성을 하는 듯하지만 이미 떠나 있는 마음은 돌아오지 않는 것이다. 이보다 비극은 없다.

대부분의 독재자의 말로가 비참한 이유가 바로 여기에 있다. 독재자 스탈린의 말로는 비참하였다.

1953년 2월 28일 저녁 스탈린은 크렘린에서 소련공산당 정치국 위원들과 함께 영화를 본 후 그들 모두를 데리고 크렘린 부근 쿤트세보에 있는 별장으로 늘 하던 대로 늦은 만찬을 가졌다. 늦은 만찬이 끝난 3월 1일 아침에 스탈린은 잠을 잤는데 이때 뇌출혈이 발병하였다.

당시 혼수상태에서 급하게 조치를 취하였다면 스탈린은 살아날 수 있었지만 측근들은 짐짓 모른 채 그를 죽게 방관하여 버렸다.

29년 간의 긴 독재 끝에 74세와 나이로 희대의 독재자는 이렇게 측근에게 버림받아 죽어버린 것이다. 의식 불명의 상태에 있었던 스탈

자신만을 믿는자는 불행한 자이다!

권력자 에게 불평을
늘어놓는것 보다
멀리 떨어져
있는편이
유익할 때가
많다!
〈J·라브뤼에르〉

출입금지!
적인금지!

린을 두고 그의 충복이었던 베리아는 '스탈린이 자고 있으니 그냥 두라'고 하여 그대로 죽게 놓아두었다.

스탈린이 죽자 베리아는 '이 지구상에 생존하여 온 모든 사람들 가운데 가장 위대한 창조적인 천재'라고 조롱하였다. 아직도 스탈린 같은 자가 이 땅에 존재하는가?

지혜로운 자는 과감하게 권한을 위임할 줄도 알아야 하며, 비록 마음에 차지는 않지만 훈련을 위해서도 아랫사람에게 기회를 주며, 칭찬할 줄도 알고, 격려를 하며, 더불어 지혜를 모을 수 있어야 한다.

'도리불언(桃李不言) 하자성혜(下自成蹊)'라는 말은 〈사기(史記)〉의 저자 사마천이 이광(李廣) 장군을 칭찬할 때 사용한 말인데, '복숭아

나무와 오얏나무는 말이 없어도 그 밑으로 길이 절로 난다'고 하는 의미로서, 훌륭한 사람 밑에는 비록 말이 없더라도 저절로 사람들이 모여든다고 하는 뜻이다.

125. 아랫사람에게 똑똑하게 보이려고 하지 마라

이명시하자암(以明示下者闇)

자신의 수양이 없고 지식도 어두운데
아랫사람에게 똑똑하다는 것을 내보이려고 하는 것은
암매함을 드러내는 것이다.

제대로   수양되고 쌓은 것이 없는데 그저 아랫사람에게 똑똑하다는 소리를 듣고 싶어 억지 애를 쓴다면 불쌍한 위인이 아닐 수 없다. 그럴 바에는 차라리 말을 아끼고 조용히 처신하는 것이 훨씬 보기 좋을 때가 있다. 또한 자신이 똑똑하다는 것을 사람들에게 보이기 위하여 자신이 전공한 분야도 아닌 것을 그럴듯한 포장을 해서 마치 다 아는 것처럼 이리 저리 떠벌리는 사람이 있다.

간혹 보면 저 사람이 그 분야에 대하여 별로 공부할 시간도 없었을 것인데 어떻게 해서 저렇게 그 분야를 다 아는 것처럼 떠들고 있는가 의아스러울 때가 있다. 이것도 건드려보고, 저것도 건드려보며, 마치 만물박사인 것처럼 행동하는 사람들을 두고 하는 말이다.

사실 어느 한 분야만이라도 제대로 정통하려면 평생을 바쳐도 부족할 때가 많다. 평생을 살면서 어느 한 분야에 대해 정통할 수 있다면 그는 행복한 사람일 것이다. 남에게 똑똑하게 보이는 것이 중요한 것이 아니고 진실로 그 자신이 속으로 알차며, 깊이가 있고, 선한 양심과 진리로 가득 차 있다면 그것이 가장 바람직한 것이다.

126. 소문은 좋은데 실속이 없는 자가 있다

준 의

명불승실자모(名不勝實者耗)

소문에 비해 실속이 없는 자를 모(耗)라 한다.

소문은 그럴듯한데 막상 대화를 해보면 금방 그 빈천한 바닥이 드러나는 사람이 있다. 이른바 빛 좋은 개살구이다. 몇 마디만 더 깊이 있게 들어가면 더 이상 나올 것이 없는 사람에게 딱 들어맞는 명구가 아닐 수 없다.

주변에 보면 만물박사처럼 모르는 게 없는 것처럼 떠벌리는 사람이 있다. 처음에 들으면 그럴듯하다. 그러나 어느 한편을 집중적으로 파고들면 제대로 깊이 있게 아는 것이 없는 경우가 허다하다. 차라리 소문이 나지 않음만 못한 사람이 되어서는 안 된다.

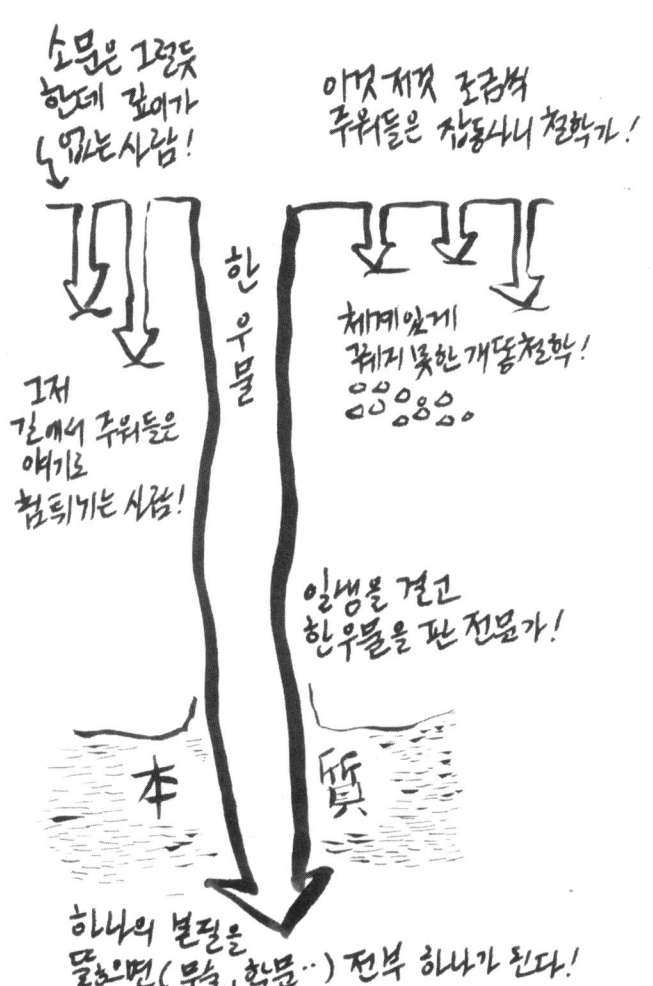

소문은 그럴듯 한데 깊이가 없는 사람!

이것 저것 조금씩 주워들은 짬뽕나니 철학가!

그저 길에서 주워들은 얘기로 껍득기는 사람!

체계있게 꿰지 못한 개똥철학! 응응응응응

한 우물

일생을 걸고 한 우물을 판 전문가!

本   質

하나의 본질을 뚫으면 (무술, 학문…) 전부 하나가 된다!

127. 이미 반갑게 맞이해 놓고 후에 박절히 대한다면 반드시 배반한다

기영이거자괴(旣迎而拒者乖)

이미 환영하여 맞이해 놓고 후에 언제 맞았는가 하고
거부하는 태도를 보이면 반드시 배반한다.

달면 삼키고 쓰면 뱉는다는 말이 있다. 우선 이익이 될 것 같아서 사람을 불러들였다가 단맛을 다 뺀 후에는 나 몰라라하고 팽개친다면 언젠가 이런 사람은 뒤에서 비수를 꽂을 수 있다. 일단 사람을 신임하여 밑으로 불러들였으면 끝까지 책임을 지는 것이 도리이다. 그렇지 않으면 처음부터 불러들이지 말아야 할 것이다.

128. 자기 잘못은 생략하고 남의 잘못은 신랄하게 책하는 자는 지도자가 될 수 없다

약기이책인자불치(略己而責人者不治)

자기 자신의 잘못은 생략하고
남의 잘못만을 책하는 자는 남을 다스릴 수 없다.

사람은 본능적으로 자신의 잘못에 대하여는 관대하고 남의 잘못에 대하여는 엄격한 경향이 있다.

〈성경〉「누가복음」 7장 41절에 나오는 '형제의 눈 속에 있는 티는 보고 네 눈 속에 있는 들보는 깨닫지 못하느냐!'라고 하는 예수의 가르침은 이를 정확히 지적하고 있다.

아랫사람의 입장에서 윗사람의 잘못된 행동에 대하여 충직한 직언을 할 때 이를 받아들일 수 있는 도량 있는 상관은 반드시 성공한다. 그런데 이게 현실적으로 쉽지 않다.

〈전국책(戰國策)〉「진책(秦策)」에 보면 '극천하이굴신(克天下以屈臣)' 즉 '신하에게 굴하고 천하에 이긴다'라고 하는 말이 나온다. 이 말은 상사로서의 체면을 버리고 부하의 의견이나 주장에 귀를 기울임으로써 천하를 얻는다는 의미이다. 상관이 그러한 도량을 가져야 똑똑한 많은 사람들이 그의 밑에 모여든다.

직언을 할 수 있는 분위기가 되어 있는 조직은 성공할 수 있다. 감히 직언을 할 수 없는 분위기의 조직은 반드시 망하고 만다. B.C. 260년, 전국시대 최대의 결전이었던 장평(長平)의 전투에서 조나라를 상대로 진나라가 대승하였다. 그러나 진나라는 비록 승리를 거두었지만 손실도 컸기 때문에 1년을 정비하는 기간을 가졌다.

진의 소왕은 다시 한번 조나라를 토벌하려고 군사를 일으켰는데 이때 무안군 백기(白起) 장군은 시기상조를 들어 반대하였다. 그럼에도 불구하고 소왕은 무리한 공격을 하여 5개 군단을 잃는 등 손실이 막대하였으나 결국 조나라의 수도 한단을 포위하였다. 그러나 거듭된 전투로 인하여 손실이 급증하자 다급하여진 소왕은 병상에 누워 있는 무안군 백기 장군에게 누운 채라도 좋으니 군대를 지휘할 것을 명령하였다.

장평의 전투를 대승리로 이끈 백기에게 마지막 기대를 건 것이다.
이때 백기 장군은 병상에 평복(平伏)한 채 이렇게 진언을 하였다.

"철군하여 주십시오. 지금 조나라를 토벌하지 않더라도 천하를 평
정할 수 있는 길이 있습니다. '신하에게 굴하고 천하에 이긴다'고 합
니다. 신하에게 이기고 천하에게는 패하는 일이 되어서는 안 됩니다.
여기서는 저의 의견을 들어주십시오"

알량한 체면 때문에 부하의 진언을 무시한 채 큰 일을 그르치는 일
이 있어서는 안 될 것이다. 진실로 도량이 큰 사람만이 듣기 거북한
말을 포함하여 모든 것을 받아들일 수 있다.

129. 일단 임명했으면 신임하라

준 의

소임불가신(所任不可信)
소신불가임 자탁(所信不可任者濁)

이미 임명해 놓고도 믿지 않는다거나
믿는다고 하면서도 임명하지 않는다면 그 행위가 흐린 것이다.

앞에서 나온 '기영이거자괴(旣迎而拒者乖)' 즉 '이미 환영하여 맞이해 놓고 후에 언제 맞았는가 하고 거부하는 태도를 보이면 반드시 배반한다'고 하는 어구와 맥을 같이 한다.

그렇기 때문에 처음부터 사람을 정확히 분별하는 것이 중요하며, 일단 등용을 하였으면 끝까지 책임을 지는 태도가 중요한 것이다.

130. 작은 원한을 용서하지 않으면 반드시 큰 원한이 생긴다

준 의

소원불사즉대원필생(小怨不赦則大怨必生)

작은 원한을 용서하지 않으면 반드시 큰 원한이 생긴다.

사람에 따라 비록 작은 원한이라 할지라도 그것이 비수가 되어 상상하지도 못할 보복을 당할 우려가 있다. 하잘것없다고 업신여길 때 그야말로 큰 코 다치게 되는 것이다. 그렇기 때문에 누구에게도 원한 사는 일은 해서는 안 된다.

귀곡 선생의 문하를 나온 장의(長儀)는 여러 나라 유세의 길에 나서게 되면서 초나라 재상의 식객이 되었다. 어느날 주연을 벌이고 있는 중에 재상의 귀중한 보석이 분실되었는데 그 자리에 참석하였던 장의가 의심을 받아 채찍으로 수백 번 얻어맞았으나 알지 못하는 일을 거짓 자백할 수는 없었다.

초죽음이 되어 집으로 돌아온 그에게 아내가 울자 이렇게 물었다. "내 혀를 봐라[見我舌], 혀가 안에 있느냐 없느냐?" 아내가 혀는 있다고 하자, "그렇다면 걱정할 것 없다"고 말하였다.

그 후 장의는 연형지책(連衡之策)을 내걸고 강국 진(秦)나라의 재상으로 파격적인 등용이 되었다. 그리고는 일찍이 자신을 도둑으로 내몰았던 초나라의 재상에게 도전장을 보냈다.

"일찍이 그대를 따라 술을 마셨을 때 그대는 내가 그 보석을 훔쳤다고 매질하였다. 그대는 그대의 나라를 잘 지켜라. 나는 이번에야말로 보석이 아니라 그대의 나라를 훔칠 것이다"

그리하여 장의는 소진의 합종지계(合從之計)를 하나씩 끊어버리고 연형(連衡)에 성공하여 초나라를 비롯한 6개국 연합을 차례로 무너뜨렸다.

작은 원한이 커져서 나라 전체가 무너지는 결과를 빚은 유명한 이야기이다. 작은 원한이라고 그냥 두지 말라. 사람에 따라서는 그 작은 원한 때문에 살인도 불사하는 경우도 생길 수 있음이라. 주위를 둘러보아 마음에 걸리는 사람이 있으면 가능한 빨리 풀어주는 것이 현명한 사람의 처신이다. 그리고 사람을 함부로 무시해서는 안 된다. 나름대로는 다 자존심이 있으며 건드리면 폭발하는 뇌관이 하나씩 있게 마련이다.

〈한비자〉「내저설하편」에 보면 이런 얘기가 나온다. 제나라 중대부(中大夫) 중 이역(夷射)이라는 사람이 있었다. 어느날 왕의 초대로 술을 마시게 되었다. 너무 취한 나머지 밖에 나와 바람을 쐬고 있었는데 마침 문을 지키는 문지기를 만났다. 문지기는 이전에 벌을 받아 발을 끊는 형을 받았던 사람이었다. 문지기는 이역을 보자 술을 좀 달라고 하였다. 그러자 이역은 "죄를 지은 놈이 무슨 술을 달라고 하느냐"라고 호통을 쳤다. 문지기는 잠시 물러갔다가 이역이 떠난 다음 문 처마의 빗물 떨어지는 근처에다 오줌을 눈 자리처럼 물을 뿌려 두었다.

이튿날 왕이 나왔다가 그것을 보고 화를 벌컥 내었다.

"어느 놈이 감히 여기다가 이런 짓을 했느냐?"

문지기가 대답하기를 "미처 보지 못했습니다만, 지난 밤에 중대부 이역이 거기 서 있었습니다" 그래서 왕은 이역을 사형에 처하게 하였다.

131. 아랫사람을 모욕하면 가까운 사람이 없어진다

> **안 례**
>
> 소경생죄(經上生罪)
> 모하무친(侮下無親)
>
> 윗사람을 가벼이 여기면 죄가 되고
> 아랫사람을 무시하면 가까운 자가 없어진다.

조직   사회에서는 상하 질서가 엄연히 존재한다. 비록 윗사람이 자신의 취향에 맞지 않다고 해도 결코 가볍게 여겨서는 안 된다.

〈성경〉「에베소서」6장에 보면 상전을 어떤 마음으로 모셔야 하는지를 잘 말해주고 있다.

'두려워하고 떨며 성실한 마음으로 육체의 상전에게 순종하기를 그리스도께 하듯 하여 눈가림만 하여 사람을 기쁘게 하는 자처럼 하지 말고, 그리스도의 종들처럼 마음으로 하나님의 뜻을 행하여 단 마음으로 섬기기를 주께 하듯 하고 사람들에게 하듯 하지 말라.'

이와 마찬가지로 윗사람 또한 아랫사람을 존중히 여길 줄 알아야 한다. 비록 직책으로 아랫사람이지만 인간 자체에 있어서는 위와 아래가 있을 수 없는 것이다.

간혹 윗사람이 아랫사람을 비방하거나 인격적으로 무시하는 경우가 있는데 세상에 비밀은 없는 법이어서 이러한 행위는 곧 아랫사람들에게 전파되어 똑똑한 사람들이 서서히 그 상사에게서 떠나버리는 결과를 낳게 된다.

주어지는 봉급이나 임금에 목을 매는 시대는 지나갔고 인격적으로 지낼 만한 조직의 풍토를 원하고 있는 것이다. 이렇듯이 모두가 하나의 귀중한 인격체임을 명심하고 사람을 대할 때 따뜻한 마음과 진실한 마음으로 대하여야 한다. 이런 사회적인 풍토가 조성될 때 나라는 더욱 발전할 수 있다. 세상에서 가장 위대한 사람이 있다면 마음을 바다같이 가지고 모든 사람을 품을 수 있는 넉넉한 가슴을 가진 사람일 것이다.

〈한비자〉「설림상편」에 보면 재미 있는 얘기가 나온다. 자어(子圉)가 상(商)나라 대신에게 공자(孔子)를 소개하였다. 공자가 돌아간 뒤에 자어는 대신에게로 가서 공자를 만난 인상을 물었다. 그러자 대신은 "공자를 만나고 나서 당신을 보니 당신이 마치 벼룩이나 이처럼 보이는구려. 내 곧 공자를 왕께 소개할 생각이오" 자어는 공자가 자기보다 더 왕에게 소중히 쓰여질까 염려되어 이렇게 대꾸하였다.

"왕께서 공자를 만나보시면 이번에는 당신이 벼룩이나 이처럼 보이게 될 것이오"

이에 대신은 겁을 먹고 다시는 그런 생각을 하지 않았다.

132. 나 자신부터 올바르게 해야 남들이 따른다

> 석기이교인자역(釋己而教人者逆)
> 정기이화인자순(正己而化人者順)
>
> 나 자신이 올바른 마음과 행동을 못 가지고
> 남을 가르치려고 한다면 따르지 않고
> 나 자신부터 바르게 해야 따르는 법이다.

니미츠 (Chester Nimitz)는 제2차 세계대전 중 미드웨이 해전 등 여러 해전에서 일본군을 무찔러 일본으로부터 무조건 항복을 받아내는 데 맥아더와 함께 크게 기여한 미국의 해군 원수였다.

1912년 3월, 그가 막 진수된 신형 잠수함 스킵잭호의 함장으로서 해상 훈련을 하고 있을 때였다. 그의 부하 중에 월슈라고 하는 수병이 햄튼 정박지에서 심한 파도로 인하여 그만 물에 빠지고 말았는데 그는 기관실 보일러병으로서 수영을 잘하지 못하였다. 순식간에 그는 익사 직전의 상태에 빠졌으며 큰 파도 때문에 구명대가 닿지 못하였고 보트도 내리지 못하였다.

이러한 상황에서 그를 구하기 위하여 얼어붙은 듯한 찬 바다 속으로 뛰어든 사람이 있었으니 그가 바로 함장 니미츠였다. 그는 목숨을 내걸고 수병을 구하기 위하여 뛰어든 것이었다. 그러나 수병을 끌어

올리기 위하여 파도와 싸우던 니미츠는 지친 나머지 바깥 바다로 나가는 물살을 맞설 힘을 잃고 있었는데 다행히 물에 빠진 두 사람을 전함이 발견하고 구조정을 내려 구조하였다.

이러한 니미츠의 용감한 행동에 대하여 보건성은 은색 인명구조 메달을 수여하였고, 동시에 그의 부하 사랑과 솔선수범은 전 해군에 알려져 큰 감명을 주었다. 이렇게 윗사람이 먼저 올바른 행동과 마음을 써야 조직이 살아난다. 이러한 니미츠의 행동을 보고 당시 전속신청서를 냈던 11명이 동시에 포기하였다.

제갈량심서(諸葛亮心書)

〈제갈량심서(諸葛亮心書)〉는 제갈공명이 한(漢)이 쇠망할
무렵인 서기 280년대에 남양(南陽)의 초가집에 은거해 있
을 때 초고(草稿)가 된 것을 후일 촉(蜀)의 재상으로 재임
중에 있을 때 완성한 것으로 추정된다. 당시까지 많은 병
서가 강태공의 병법에 미치지 못한 것으로 인식하고 제갈
공명은 〈손자병법〉과 〈육도〉 등 많은 병서를 토대로 스승
에게 배운 것을 소화하여 실제로 활용할 수 있는 50편을
한 권의 책으로 엮었다. 이것이 바로 〈제갈량심서(諸葛亮
心書)〉이다. 미려한 문장보다는 오히려 소박한 문장을 구
사하여 국가경영에서부터 필부의 생활에 이르기까지 모조
리 다루고 있어서 반드시 일독할 가치가 있는 만고의 양서
(良書)로 손색이 없다.

133. 군대의 기틀을 똑바로 세우라

부병권자(夫兵權者)
시삼군지사령(是三軍之司令)
주장위세(主將威勢)

무릇 군대의 지휘권을 가진 자는
전군의 사령(司令 : 통솔자)이요.
주장(主將)의 위세를 가진 자이다.

군대의 지휘관은 그만이 가지고 있는 권위와 힘이 있다. 그렇기 때문에 지휘관이 어떤 마음으로 임하느냐에 따라 그가 지휘하는 부대는 달라진다.

북아프리카 전선에서 롬멜에게 연전 연패하였던 영국군은 몽고메리라고 하는 탁월한 지휘관이 제8군사령관으로 부임하면서 달라지기 시작하였다. 1년 반이나 롬멜에게 쫓기던 영국군은 롬멜 소리만 들어도 오금을 떨었으며 사기는 말이 아니었다.

신임 몽고메리 사령관은 부임하자마자 일일이 병사들과 어울리면서 그들의 애로사항을 깊은 관심으로 들었다. 일찍이 이런 모습은 영국군에서는 찾아볼 수 없었다. 권위의식을 없애기 위하여 허름한 작업복에 베레모를 쓴 사령관이 일개 병사들과 전술 토의를 하고 애로사항을 진지하게 묻는 모습을 본 병사들은 이제 자기들을 알아주는 지휘관이 왔음을 알고 서서히 용기를 되찾았다.

몽고메리는 병사들의 사기를 높이는 가장 좋은 방법은 그들에게 작

은 승리라도 자주 갖게 해주는 것이라는 것에 착안하여 철저한 훈련
과 작전 준비를 통하여 이를 실행하였다.

이러한 노력의 결과 1942년 8월 31일 밤, 독일군의 공격으로 시작
된 유명한 '엘 알라메인' 전투에서 몽고메리의 영국군은 롬멜의 독일
군을 격파하였으며, 이로써 전장의 주도권을 연합국 방향으로 돌려놓
았다. 사막의 여우 롬멜은 그를 철저히 연구하여 주도면밀히 대비한
사막의 생쥐 몽고메리에게 잡힌 것이다.

후일 몽고메리는 그의 저서인 〈지도자가 가는 길〉에서 '최고 지휘
관을 꿈꾸는 사람은 전쟁 기술을 깊이 연구하고 전문적인 지식을 모
두 습득하여 놓지 않으면 안 된다'라고 언급하였다. 몽고메리는 영국
군 참모총장과 나토군 부사령관을 역임한 후 오늘날 베스트셀러가 된
〈전쟁의 역사〉를 집필하고 1976년 89세의 나이로 세상을 떠났다.

무릇 군의 최고 지휘관은 위세를 가진 자이므로 전쟁을 승리로 이
끌기 위한 부단한 노력과 부하들을 사로잡을 수 있는 매력적인 리더
십을 가지고 있지 않으면 안 된다.

134. 사람을 판단할 수 있는 7가지 비결

지인지도유칠언(知人之道有七焉)
일왈(一曰) 문지이시비(問之以是非) 이관기지(而觀其志)
이왈(二曰) 궁지이사변(窮之以詞辯) 이기변(而其變)
삼왈(三曰) 자지이계모(恣之以計謀) 이관기식(而觀其識)
사왈(四曰) 고지이화난(告之而禍難) 이관기용(而觀其勇)
오왈(五曰) 취지이주(醉之以酒) 이관기성(而觀其性)
육왈(六曰) 임지이리(臨之以利) 이관기렴(而觀其廉)
칠왈(七曰) 기지이사(期之以事) 이관기성(而觀其性)

사람을 알아보는 일곱 가지 방법이 있다.
첫째, 시비를 물어보아 그 뜻을 알 수 있다.
둘째, 궁지에 몰아넣어 그 말하는 바를 듣고 변화를 알 수 있다.
셋째, 창졸지간에 꾀를 시험해 보아 그 지식정도를 알 수 있다.
넷째, 환난을 당했을 때 그 용기 정도를 알 수 있다.
다섯째, 술 취하게 한 후에 그 심성의 됨됨이를 알 수 있다.
여섯째, 이익이 돌아오는 일을 맡긴 후 그 청렴도를 알 수 있다.
일곱째, 일의 기한을 준 후 그 성정이 급한지를 알 수 있다.

사람을 판단하는 방법에는 여러 가지가 있다. 술을 먹여 취하게 한 후에 그 본성을 파악한다는 재미 있는 방법도 등장하고 있다. 필자는 군 생활을 하면서 간부에게 요구하는 4가지 힘이 있다. 이른바 '4력(力)'인데, 첫째는 실력(實力)이요, 둘째는 체력(體力)이요, 셋째는 매력(魅力)이요, 넷째는 영력(靈力)이다.

우선 간부는 실력이 있어야 한다. 많이 알아야 한다. 이는 전술적인 지식과 기술적인 능력 모두를 포함한다. 특히 전사, 병법 등 군사 전문분야에 해박해야 한다. 그 다음은 체력이 있어야 한다. 아무리 지력이 뛰어나도 몸이 허약하면 큰 일을 감당할 수가 없다. 그래서 열심히 운동하고 체력을 길러야 한다. 전시에 대비하여 밤을 며칠 지샐 수 있는 끈기 있는 정신력과 체력이 요구된다. 그 다음은 매력이 있어야 한다. 이는 사람을 끄는 힘을 말한다. 아무리 똑똑하고 체력이 좋아도 인간적인 매력이 없으면 안 된다. 그래야 부하들이 충심으로 따른다. 마지막으로 영력이 있어야 한다. 영력은 신앙심을 말한다. 절대자에 대한 확고한 믿음, 이는 어떤 난관에서도 능히 이기게 하는 힘이다. 특히 사생관을 해결하여 주는 강력한 힘이다. '사력(死力)을 다하여 사력(四力)을 배양하자!' 모든 간부들이 이러한 모토로 노력하면 좋을 것이다.

"평범한 노력은 평범한 결과를 낳고, 특별한 노력은 특별한 결과를 낳는다"

135. 장수는 이런 자가 되어야 한다

인애흡어하(仁愛洽於下)
신의복린국(信義服隣國)
상효천문(上曉天文)
중찰인사(中察人事)
하성지리(下誠地理)
사해내시(四海內視) 여가실(如家室)
차천하지장야(此天下之將也)

인애를 가지고 아랫사람을 사랑하고
이웃나라를 신의로서 굴복하게 하고
위로는 국내외 정세와 천문을 알고
공정히 인사를 살피며
아래로는 지리를 모두 알고
천하의 정세보기를 마치 자기 집 내부를 보듯이 밝히 알면
이런 장수를 천하의 장수라 한다.

브래들리 (Bradley)는 제2차 세계대전 당시 유럽진공군의 제12집단군 사령관으로서 파리를 해방시킨 명장이었으며, 육군참모총장 그리고 NATO 군사위원회 최고의장을 지낸 미국의 원수이다. 그의 이름을 딴 브래들리 장갑차는 오늘날 미국의 주력 장갑차이다. 그는 사단장으로 재직할 당시 인애를 가지고 아랫사람을 대한 인물로 유명하다. 그는 전입하는 신병에게 두려움을

없애주고 소속감을 심어주기 위하여 무척 애를 썼다. 그래서 한 명의 병사가 보충대에서 전입될 예정이면 미리 그 병사의 인적사항을 세밀히 파악하여 그가 사용한 물품에 이름을 일일이 새겨주고, 신고를 받을 때는 병사의 어머니보다도 더 세심하게 가족사항과 생활환경 등을 물어 기쁨과 놀라움을 자아내곤 하였다. 또한 신체규격에 맞는 피복과 군화를 미리 정해진 사물함에 위치시켜 놓고 피복에는 사단마크, 그 신병의 명찰과 계급장까지 부착하여 놓았으며, 신병이 많을 때는 역에 군악대를 대기시키고 손수 마중을 나갔다. 신병들이 부대에 도착하면 목욕을 시키고 비록 전장이라 하더라도 따뜻한 식사를 제공하였다. 이렇게 하니 신병들은 감격하여 금방 부대와 친하여졌고 브래들리의 명령이라면 무엇이든지 목숨을 걸고 따랐다.

브래들리는 1950년 육군 원수로 진급, 1953년에 전역하였으며, 1981년에 세상을 떠나면서 〈한 군인의 이야기(A Soldier's Story)〉라는 책을 남겼다.

21세기 신세대 장병들에게 딱 맞는 리더십이 있다면 이 같은 '서비스 리더십(Service Leadership)'이라 할 수 있다. 이는 부하를 '고객'으로 보는 리더십이다. 고객이란 자기의 돈으로 자기가 좋아하는 가게를 찾는 사람들이다. 절대로 억지로 고객을 끌어들일 수는 없는 것이다.

마음이 움직여져야 하는 것이다. 지휘관이 권위와 계급으로만 근엄하게 지휘를 한다면 육체는 따라갈지라도 결코 마음은 따라가지 않는다. 이제 지휘관은 마치 가게의 주인처럼 부드럽고, 친절하게, 최상의 서비스를 부하들에게 제공해 줄 수 있어야 부하들이 진심으로 따르게 됨을 알아야 한다. 아랫사람이라고 해서 함부로 대하는 풍토가 사라지는 시대에 도래했다. 어찌 가게주인이 손님을 마구 대할 수 있겠는가? 쫄딱 망하고 싶은가?

136. 장수는 이런 자가 되어서는 안 된다

부위장지도(夫爲將之道) 유팔폐언(有八弊焉)
일왈(一曰) 탐이무염(貪而無厭)
이왈(二曰) 투현질능(妬賢嫉能)
삼왈(三曰) 신참간망(信讒奸妄)
사왈(四曰) 료피불자료(料彼不自料)
오왈(五曰) 유예불자결(猶豫不自決)
육왈(六曰) 황부어주색(荒浮於酒色)
칠왈(七曰) 간사이자겁(奸詐而自怯)
팔왈(八曰) 교지이불이례(狡之而不以禮)

무릇 장수의 도에는 여덟 가지 폐단이 있다.
첫째, 탐욕스럽고 무염한 자
둘째, 현명한 자를 투기하고 미워하는 자
셋째, 윗사람이 자기를 믿으면 간교한 책략으로 참언하는 자
넷째, 남은 잘 헤아리고 비판하지만 자신의 정도는 모르는 자
다섯째, 일 처리가 우유부단하고 결단력이 없는 자
여섯째, 성격이 거칠고 부화하여 주색에 빠지는 자
일곱째, 간사하고 잘 속이지만 자신은 비겁한 자

장수는 많은 부하를 거느리고 있기 때문에 그의 성격에 따라 많은 부하들이 고통을 받거나 혹은 기쁨을 얻게 된다. 위에서 제시한 여덟 가지의 폐단은 무릇 장수된 자는 깊이 생각할 일이다. 특히 장수가 탐욕스럽고 무염하면 많은 해가 따른다.

장수의 욕심을 채워주기 위하여 아랫사람은 돈을 싸 받쳐야 하고

늘 그 주변에 기웃거려야 한다. 장수가 주색에 빠지는 경우도 조심하여야 한다. 장수가 주색에 빠지면 올바른 지휘를 할 수 없다.

오늘날 '성희롱'에 해당하는 행위를 장수가 행한다면 군대의 기강이 무너진다. 돈, 여자, 술은 장수가 항상 조심하여야 할 치명적인 영역이다.

137. 좋은 복심(腹心)을 두라

복 심

부위장자(夫爲將者) 필유복심(必有腹心)
무복심자(無腹心者) 여인야행(如人夜行)
무소지수족(無所指手足)
무이목자(無耳目者) 여명연(如冥然)
이거부지운동(而居不知運動)
무아조자(無牙爪者)
여기인식물(如飢人食物) 독물무불사의(毒物無不死矣)

무릇 장수에게는 반드시 충직한 복심이 있어야 한다.
복심이 없으면 밤중에 다닐 때 손발이 없는 것과 같고
귀와 눈이 없는 자가 길을 갈 때
깜깜하여 움직일 수 없는 것과 같다.
또 어금니가 없는 자가
굶주려 음식을 먹으려 하지만
씹을 수가 없어 먹을 수 없는 것과 같다.

단 한명의 심복이라도!

평생동안 단 한명이나도 자신을 위해
목숨을 바칠수 있는 사람을 가졌다면
그의 人生은 성공한것이다!

역사적으로 보면 어떤 큰 일을 이루었을 때는 그 내면
에는 항상 목숨을 건 복심(腹心)들이 존재

하였다. 이른바 수족과도 같은 심복들이다.

만약 자객 전제가 합려를 위하여 목숨을 바쳐 요왕을 암살하지 않았
더라면 합려는 오나라 왕으로 올라설 수 없었다. 그렇게 되었다면 〈손

자병법〉이 세상에 과연 공개되었을지도 의문이다. 왜냐하면 합려에게 천거하기 위하여 합려 밑에 있던 오자서가 손무를 만나 그가 쓴 죽간으로 된 병법을 합려에게 갖다 바쳤기 때문이다.

〈후한서(後漢書)〉 「마원전(馬援傳)」에 보면 '비군유택신(非君唯擇臣) 역신택군(亦臣擇君)'이라는 말이 나온다. 이 말은 '군주만이 신하를 선택하는 것이 아니고 신하 또한 군주를 택한다'는 뜻이다. 과거에도 그러했는데 하물며 오늘날에 있어서야….

〈좌전(左傳)〉 「애공(哀公)」에도 보면 '양금택목(良禽擇木)'이라 하여 '좋은 새는 나무를 골라서 앉는다'는 말이 있다. 자신을 알아주고 자신에게 관심을 베푸는 사람을 위하여 목숨도 바치고, 심복으로서 충성도 하는 것이다.

충성심이란 묘한 것으로서 억지로 충성심을 발휘하게 할 수는 없다. 진정한 마음에서 우러나야 충성을 할 수 있는 것이다. 더구나 목숨을 바치게 되는 그런 상황에서는 더욱 그러하다. 좋은 심복을 한 명이라도 둔 상관은 행복한 사람일 것이다.

138. 공은 부하에게 돌리고 죽음은 진정으로 애도하라

고지장자(古之將者)
양인여양기자(養人如養己子)
유난즉이신선지(有難則以身先之)
유공즉이신후지(有功則以身後之)
사자애이장지(死者哀而葬之)

옛날 장수들은 부하들을 보살피기를 마치 자기 자식처럼 했다.
어려움이 있을 때는 그 몸을 먼저 던져서 해결하려 했고
공이 있을 때는 부하에게 돌리고 자신은 뒤에
이를 얻었고 죽은 부하는 진정으로 애도하며 장사 지내 주었다.

부하를 사랑하는 진정한 장수의 모습을 말하고 있다. 〈손자병법〉「지형」제10편에서 말하였듯이 '시졸여애자(視卒如愛子)' 즉 '병사보기를 사랑하는 자식같이 한다'면 어떠한 부하라도 상관을 위하여 목숨을 바치게 된다.

임진왜란 당시 경상도 낙동강 서쪽 내륙 일대에서 용맹을 떨쳤던 정기룡 장군은 부하에게 모든 공을 돌린 장군으로 유명하다. 당시에는 왜병의 머리를 베어오는 자에게 크게 공로를 평가하였으며, 또한 머리는 왜적에게 돈으로 팔기도 하였다. 그런데 정기룡 장군은 자기가 벤 왜병의 수급을 부하들에게 나누어주어 공을 부하들에게 돌림으로써 부하들의 사기를 높여 그를 따라 목숨을 걸고 싸우는 강군으로 만드

는 동시에 머리를 팔아 식량을 구하여 굶주린 백성을 구제하였다.

당시 정기룡과 함께 싸웠던 김태허는 후일 "정 장군은 언제나 적병만 보면 용기가 솟구쳤고 찢어질 듯한 눈은 더욱 커졌지. 그는 언제나 자기가 벤 수급을 모조리 다른 사람에게 나누어주면서 '나는 다음에 가지면 되지'라고 말하고는 그 다음에도 또 다른 사람에게 나누어주곤 하였다"라고 술회하였다.

정기룡 장군과 같은 사람이야말로 부하들로부터 마음에 우러나는 진정한 존경을 받을 수 있다. 이렇게 벌과 책임은 자신에게, 공은 부하에게 돌릴 수 있는 장수라야 진짜 장수라 할 수 있다. 부하를 정성껏 대하고, 마음을 다하여 아끼는 장수가 많은 군대는 반드시 승리를 거둔다.

상관은 속일 수 있을지라도 부하는 속일 수 없다. 자신의 상관이 진정으로 자신들을 위하는 것인지 아니면 출세의 방편으로 이용하는 것인지를 부하들은 겉으로 비록 말은 안 하여도 훤히 꿰뚫고 있다. 진정으로 부하들을 대하라. 그리고 한마음으로 만들어라. 왜냐하면 승리는 바로 사람의 마음이 어떠하냐에 결정적으로 달려 있기 때문이다. 병법의 진수는 바로 여기에 있다고 결론지을 수 있다.

139. 우물을 파기 전에 먼저 목마르다고 하는 장수는 자격이 없다

장 정

부위장지도(夫爲將之道)
군정미급(軍井未汲)
장불언갈(將不言渴)

무릇 장수가 해야할 도리에
진지에서 우물을 파기 전에
목마르다라고 말해서는 안 된다.

지휘관에게

있어서 솔선수범만큼 강한 리더십을 발휘하게 해주는 것도 없다.

유명한 정복 왕 알렉산더는 매우 용감하였던 전형적인 솔선수범형이었다. B.C. 325년 인도의 라비강과 체납강 사이에 있는 말리 인이라고 불리는 아라타족을 정벌할 때의 일이었다. 알렉산더에 의하여 도시를 강탈당하였던 인도인들이 성채로 도망하여 방비하기에 이르렀다. 이때 알렉산더가 그 성채를 탈취할 것을 명령하였는데 부하들이 겁을 내어 머뭇거렸다. 이때 알렉산더는 공격용 사다리를 낚아채어 스스로 성벽에 올랐다. 그리하여 다른 부하들이 성벽을 타고 합류할 때까지 단독으로 싸우다가 허리와 가슴에 기다란 화살을 맞았다.

결국 알렉산더는 기절한 채 성밖으로 운반되었으며 알렉산더는 죽었다는 소문이 퍼졌다. 뒤늦게 의식을 회복한 알렉산더는 곧바로 부하들 앞에 모습을 보임으로써 험한 전쟁을 승리로 이끌 수 있었다. 이것이 지휘관의 솔선수범이다.

알렉산더는 B.C. 325년 9월 인도의 남부 게도로시아의 대 사막을 가로지르는 대 행군을 하고 있었는데, 이때 그는 부하와 똑같이 말을 뿌리치고 걸었으며, 목이 말라 모두들 고통을 받는 중에 한 신하가 물을 구하여 갖다주게 되었는데 "목마른 병사들을 두고 내 혼자 물을 마셔 갈증을 해소할 수는 없다"고 하면서 물잔을 내동댕이쳤다. 이러한 알렉산더였기에 불과 33세의 나이로 죽기까지 위대한 정복자가 되었던 것이다. 이상은 <알렉산더 대왕사>에 나오는 이야기이다.

알렉산더는 늘 자신을 겸손한 위치에 두려고 노력했는데 오늘날 차관급에 해당하는 한 관리에게 명하여 매일 아침 일어날 때와 잠자러 들어갈 때 "알렉산더 왕이시여, 당신도 언젠가는 죽습니다!"를 외치게 했다고 한다.

<성경>「사무엘상」23장에 보면 다윗 왕이 적국인 블레셋 사람이 진을 치고 있는 베들레헴 성문 곁에 있는 우물물을 마시고 싶어하자 세 용사가 목숨을 걸고 치고 들어가 물을 길어 다윗에게 바치는 장면이 나오는데, 이때 다윗은 "생명을 돌아보지 아니하고 갔던 사람들의 피이다"하고 마시지 않고 그 물을 하나님께 부어드렸다.

이와 같이 부하들이 상관을 위하여 목숨을 아끼지 않게 하는 원리는 상관의 이해타산이나 가식이 없는 '진정한 사랑'과 아무리 어렵고 위험한 일에 처하더라도 앞장서서 행하는 '솔선수범'이라 할 수 있다.

다윗 왕도 자신을 낮추게 하는 특별한 방법을 사용했는데, 이 이야기는 <미드라쉬>라고 하는 책에서 나온 것이다.

어느날 다윗 왕은 보석 세공장이에게 명하기를 "내가 싸움에서 이겼을 때도 겸손할 줄 알고, 내가 절망에 처했을 때도 나에게 힘을 줄 수 있는 말을 한마디 생각해서 이 반지 위에 새겨라"고 하였다. 고민

끝에 세공장이는 지혜를 가진 솔로몬 왕자에게 부탁했는데 이때 솔로 몬은 "이것 또한 지나가리라!"는 말을 주었다. 나에게 오는 영광이나 기쁨도 결국은 머지않아 지나가는 것이고, 나에게 오는 슬픔과 절망 도 결국은 곧 지나갈 것이니 이보다 더 자신을 돌아볼 수 있는 좋은 말이 어디 있겠는가!

영원한 것은 세상에 없는 것이다. 이러한 진리를 알면 이 진리가 인간을 자유롭게 할 것이다.

고대병법의 교훈과
디지털 시대를 살아가는 젊은이들에게

유명한 프리드리히(Friedrich) 2세는 이런 말을 남겼다.

"병법의 대가가 되기 위해서는 전쟁에 대한 부단한 연구가 필요하다. 그러나 우리가 한평생을 전쟁연구에 다 바쳐도 병법의 대가가 되기에는 충분하지 않다"

이 말은 매우 맞는 말이라 할 수 있다. 필자의 경우, 근 25년을 바쳐 전사와 병법을 연구하고 있고, 그 노력의 산물로 그동안 14권의 전사와 병법관련 책을 집필하였다. 그리고 보다 실제적인 전장감각을 체득하기 위하여 이태리의 칸네 섬멸전 현장을 비롯하여 그리스의 마라톤 전투 현장, 벨기에의 워터루 전투 현장, 폴란드의 탄네베르크 섬멸전 현장, 중동전쟁 현장 등 30개국을 직접 답사도 하였다.

이와 같이 젊음을 다바쳐 전사와 병법을 결합하여 전쟁의 본질을 뚫고자 나름대로 애를 썼으며, 그리하여 이른바 '손자병법의 대가(大家)'라고 하는 확실히 분에 넘치는 별칭도 얻었다. 그렇지만 분명히 말할 수 있는 것은 필자는 '병법의 대가(大家)'도 아니며, 또한 가지고 있는 지식과 깨달음의 양도 지극히 적은 것임을 숨김없이 고백한다.

내 자신은 내가 잘 알기 때문에 이런 말을 하는 것이다. 아무리 공부해도, 아무리 책을 써도 인간의 머리에 담아둘 수 있는 양은 너무나 제한적이다. 그래서 〈성경〉 전도서 12장 12절에 보면 "여러 책을 짓는 것은 끝이 없고 많이 공부하는 것은 몸을 피곤케 하느니라"고 하는 딱 맞는 말이 나온다. 전적으로 동감한다.

이제 독자 여러분은 〈손자병법〉을 비롯한 10권의 고대중국병서 중의 핵심적인 어구를 이해하였다. 책을 마무리하면서 몇 가지를 정리하고자 한다. 과연 병법의 진수는 무엇이며, 그리고 수 천년전의 고대병법이 오늘날 디지털 시대를 사는 우리에게 어떤 교훈으로 유용할 것인가 하는 것이다. 깨닫는 바에 따라 많은 이견이 있을 수 있지만 필자는 단 세 가지로 병법이 우리에게 가르쳐주는 황금 같은 교훈을 정리하였다.

첫째, 가능하면 싸우지 말라는 것이다.

싸움을 좋아하면 반드시 화를 입게 되어있다. 개인이건 국가이건 싸움은 좋지 않다. 그래서 병법은 우리에게 가능하면 싸우지 말 것을 가르쳐주고 있다.

백 번 싸워 백 번 이긴다 해도 결코 좋지 않은 것이다. 싸우는 과정에서 상대는 물론 나도 반드시 피해가 있게 마련이기 때문이다.

예로부터 싸움을 좋아하는 사람이나 국가가 끝까지 가는 예를 보지 못한다. 싸움은 싸움을 낳고, 그 싸움이 궁극적으로는 개인이나 국가를 파멸로 이끌기 때문이다. 가장 좋은 것은 싸우지 않고도 목적을 달성하는 것이다.

개인간의 관계에 있어서도 가능한 적을 만들지 말아야 한다. 싸움이 일어날 징조가 보이면 지혜롭게 피하고, 또한 싸움의 불씨를 만들지 말라. 가능한 양보하고, 참고, 손해보는 삶을 사는 것이 장래를 보아 훨씬 유리할 때가 많다.

가능한 싸우지 말라. 이것은 병법이 우리에게 가르쳐주는 첫 번째의 귀중한 교훈이다.

둘째, 어쩔 수 없이 싸워야 한다면, 반드시 유리한 조건을 만든 후에 싸우라는 것이다.

가능한 싸움을 피해야 하겠지만 살다보면 어쩔 수 없이 싸움에 휘말릴 경우가 있다. 그것이 개인이건 국가의 차원이건 마찬가지다. 싸워야 할 때는 반드시 이길 수 있는 여건을 만든 후에 싸워야 한다.

무턱대고 감정에 치닫거나, 아무런 승산(勝算)의 준비도 없이 막연한 기대감으로 싸움에 임해서는 그야말로 '백전백패(百戰百敗)'를 면할 수 없다. 일단 싸움을 해야하는 상황에 직면하면 냉정해야 한다. 그리고 치밀하고 과학적인 방법을 동원하여 승산을 계측해야한다.

지금 이대로 싸운다면 과연 이길 수 있겠는가? 어떤 면이 부족한가? 그렇다면 언제 싸워야 유리한가? 주도권을 장악하기 위해서는 그동안 무엇을 준비해야 하는가? 유리한 조건만 만들어주면 싸움은 쉬워진다. 그것이 바로 전략이다.

이 책자 앞머리 〈손자병법〉에서 설명된 오사(五事)는 승산(勝算)을 판단하는 과학적인 기준이다. 그리고 각종 속임수와 교란의 책략으로 제시되는 14가지의 궤도(詭道)나 적을 알기 위하여 그리고 적을 이용하기 위하여 간첩을 부리는 용간(用間), 군의 유리한 태세를 갖추는 「군형(軍形)」, 동맹세력을 잘 이용하거나 주변국가와 조화롭게 균형을 이루는 「모공(謀攻)」 등은 유리한 조건을 만드는 제 수단들이라 할 수 있다.

특히 모든 구성원을 한마음으로 만드는 상하동욕(上下同欲)의 태세는 싸움 전에 유리한 조건을 만들기 위해 어떤 것보다도 최우선적으로 중요시되어야하는 요건이다.

싸울 수밖에 없다면 그저 무모한 용기나, 운에만 맡기지 말고, 반드시 싸워서 이길 수 있는 유리한 조건을 만든 후에 싸우라고 하는 것이 병법이 우리에게 가르쳐주는 두 번째의 귀중한 교훈이다.

셋째, 싸움 후의 상태를 늘 염두에 두라는 것이다.

싸움을 하되, 반드시 싸움 후에 야기될 수 있는 상황을 고려하라는 것이다. 그래서 싸우면서도 이 싸움을 어느 선에서 끝낼 것인가? 즉 최종상태(end state)는 무엇이 되어야 할 것인가를 고민해야 하며, 싸움 후에 과연 그 결과가 장기적으로 개인이나 국가의 이익에 어떤 영향을 미칠 것인가를 면밀히 예측하여 살펴보아야 한다.

이런 측면에서 볼 때 '반드시 이긴다'는 '필승(必勝)'과 '지지 않는다'고 하는 '불패(不敗)'의 수준을 잘 구분할 필요가 있다. '필승(必勝)'만을 목표로 한다면 그것을 성취하기 위한 많은 피해가 예상되며, 전후 자체 복구의 문제와 상대적으로 피폐해진 상황에서 주변국과의 전후 유리한 지위 획득에 어려움이 있을 수 있다.

그러나 한 단계 욕심을 낮추어 그저 '지지 않을' 수준인 '불패(不敗)'에 목표를 둔다면 많은 면에서 유리할 수 있다. 그래서 '졸속(拙速)' 즉 '다소 욕심에는 차지 않지만 빨리 끝내는 것'을 권장하기도 하는 것이다.

눈앞에 있는 승리에 목을 매기보다는 그 승리 후에 있게 될 여러 가지 폐해, 그리고 미래를 바라볼 때 어떠한 상태가 궁극적으로 유리한가를 고민하는 것, 이것이 바로 병법이 우리에게 가르쳐주는 세번째의 귀중한 교훈이다.

이상으로 병법이 우리에게 가르쳐주는 핵심적인 교훈을 정리해 보았다. 물론 얼마든지 다른 방향에서 교훈을 도출할 수 있다.

그것은 독자 여러분의 소중한 몫이다. 이제 하나를 알아 열을 깨치는 수준으로 나아가지 않았는가?

글을 맺으면서 21세기 디지털 시대를 살아가는 젊은이에게 주문하고 싶은 것이 있다. 그것은 시대의 변화에 따라 항상 기동성(機動性) 있는 사고로 대처하라는 것이다. 말 그대로 평범하지 말고, 튀어라는 것이다. 변하지 않으면 더 이상 존재할 수 없는 세상이 오고 말았다.

옛날 만화에서 나온 똥딴지같은 공상들이 이제 현실로 재현되고 있다. 이른바 '또라이'같은 발상이 시대를 이끌고 있는 것이다. 그저 평범한 생각은 평범한 결과를 가져올 뿐이다. 특별한 발상, 기존의 틀을 깨뜨린 획기적인 발상이 새로운 세상을 만들어 낸다.

〈성경〉 사무엘상 17장에 보면 소년 다윗이 거인 골리앗을 상대하는 장면이 나온다. 이때 다윗은 사울왕이 친히 건네준 갑옷을 집어던지고 맨몸으로 나선다. 그것을 바라본 모든 사람들은 깜짝 놀란다. 그러나 다윗은 그들의 우려에도 아랑곳하지 않고 민첩한 동작으로 달려나가 물매 돌을 집어던져 골리앗의 미간에 정통으로 명중시킨다. 이것이다! 다윗은 기존의 전형적인 전투방식에서 완전히 탈피한 것이다.

만약 기존의 관념대로 무거운 갑옷을 입었다고 하자. 과연 조그만 소년인 다윗이 그 무게를 어떻게 견뎌냈겠으며, 과연 날렵하게 뛰어 다닐 수 있었겠는가? 만약 무거운 갑옷 대 갑옷 그리고 단순히 육체와 육체의 대결이었다면 다윗은 그 자리에서 즉각 거꾸러졌을 것이다. 다윗은 구습을 과감히 던져버리고 새로운 발상으로 승부한 것이다. 이미 근육질의 싸움의 시대는 지났다. 머리가 무기다. 갑옷을 던져버리자! 이것이 바로 21세기 디지털 시대에서 성공하고 승리하는 비결이 될 것이다.

글·그림 / **노 병 천 (盧炳天)**

저자는 육군사관학교 35기 보병장교로 임관하여 대령으로 예편하였다.
병법과 전사연구가로서의 탁월한 재능을 널리 인정받고 있는 그는 어렵고 난해하여
쉽게 접근하기 어려웠던 병서(兵書) 및 세계전사(世界戰史) 등을 그만의 독특한 양식으로 기술하여
상당한 반향을 일으킨 바 있다. 근 25년 이상을 병법과 전사에 몰두해온 저자의 열정은 지금도 계속되고 있다.

한권으로 독파하는
중국 10대 병법

| 발행일 / 2013년 1월 10일 | 글·그림 / 노병천 |

| 펴낸이 / 이정수 | 펴낸곳 / 연경문화사 | 등록 / 1-995호 |

| 주소 / 서울시 강서구 양천로 551-24 한화비즈메트로 2차 807호 | 대표전화 / 02-332-3923 |

| 팩시밀리 / 02-332-3928 | 이메일 / ykmedia@korea.com |

| 값 12,000원 | ISBN I978-89-8298-139-5   03390 |